W0268146

ENTWICKLUNGSGESCHICHTE UND MORPHOLOGIE DER WIRBELLOSEN

VON

KARL HEIDER

SONDERDRUCK
AUS DER KULTUR DER GEGENWART
III. IV. BAND 2. II

1928
Springer Fachmedien Wiesbaden GmbH

ISBN 978-3-663-15441-9 ISBN 978-3-663-16012-0 (eBook)
DOI 10.1007/978-3-663-16012-0

Softcover reprint of the hardcover 1st edition 1928

VORWORT.

Der vorliegende Aufsatz „Über Entwicklungsgeschichte und Morphologie der Wirbellosen" erschien 1913 in Teil III, Abt. IV, Bd. 2 des bekannten Sammelwerkes „Kultur der Gegenwart". Er wurde vielfach zu Unterrichtszwecken herangezogen. Da die Anschaffung des genannten Bandes für Studierende nicht immer leicht durchführbar ist, so entstand der Gedanke, den Aufsatz in einem Sonderdruck weiteren Kreisen der Studentenschaft zugänglich zu machen.

Meine Zeit erlaubt mir nicht, den ganzen Text dem heutigen Stande der Wissenschaft entsprechend durchzuarbeiten. Es mag vorläufig genügen, auf einige Punkte hinzuweisen:

Zu Seite 231: Die Trochosphaera aequatorialis Semper, welche lange Zeit als der Urtypus einer geschlechtsreifen Trochophora betrachtet wurde, wird in neuerer Zeit auch in anderer Weise zu deuten versucht.

Zu Seite 257: Die Ansicht, daß die Tardigraden zu den Onychophoren Beziehungen haben, wird durch die neueren vielversprechenden Untersuchungen von E. Marcus gestützt.

Zu Seite 299: Die im Jahre 1909 von Schepotieff genauer beschriebenen Larven von Cephalodiscus zeigen eine so auffallende Übereinstimmung ihres Baues mit den Larven der ectoprocten Bryozoen, daß an einer bis in alle Einzelheiten bestehenden Homologie der Teile in beiden Gruppen nicht zu zweifeln ist. F. Braem hat das Verdienst, diese Beziehungen zuerst klar erkannt zu haben. Vgl. den Aufsatz: Pterobranchier und Bryozoen. Von F. Braem, Zool. Anz., Bd. XXXVIII, Nr. 24, 1911.

Zu Seite 317 D.: Zur Phylogenie der Echinodermen hat K. Grobben in einem neueren Aufsatze Vorstellungen entwickelt, welche sehr beachtenswert sind. Indem er von einer Cephalodiscus-ähnlichen Stammform mit jederseits fünf Lophophorarmen ausgeht, gelingt es ihm, für manche Erscheinungen der normalen sowie der abnormen Entwicklung der Echinodermen ein besseres Verständnis zu eröffnen, als dies bisher möglich war. Das häufige Auftreten eines gelegentlich erscheinenden rechten Hydrocoels mit fünf Ausstülpungen die denen des linken Hydrocoels gleichen, das Vorkommen von zwei Seeigelscheiben, einer linken und rechten, und ähnliches erfährt auf diese Weise eine ungezwungene Erklärung. Vgl. K. Grobben, Theoretische Erörterungen betreffend die phylogenetische Ableitung der Echinodermen. Sitzb. Ak. Wiss. Wien, Abt. I, 132. Bd., 9. u. 10. Heft, 1924.

Zu Seite 330: Literatur wäre bei dem Abschnitt Vielbändige Handbücher der Zoologie hinzuzufügen:

Handbuch der Zoologie, begründet von W. Kükenthal, herausgegeben von Th. Krumbach. Berlin und Leipzig. W. De Gruyter & Co.

ferner zu dem folgenden Abschnitte: Lehrbücher der Zoologie wären zwei vortreffliche Werke hinzuzufügen:

Steche, O., Grundriß der Zoologie. Leipzig 1919. Eine sehr empfehlenswerte „Einführung in die Lehre vom Bau und von den Lebenserscheinungen der Tiere“ und

Kühn, A., Grundriß der allgemeinen Zoologie. Leipzig 1922 (3. Aufl. 1928). Eine ganz vorzügliche Zusammenfassung der Tatsachen der Morphologie und Physiologie der Tiere.

Berlin, im Januar 1928.

Karl Heider.

INHALTSVERZEICHNIS.

Berichtigung:

Seite 280, Zeile 20 von oben: statt *(pa)* lies: *(pa_1)*.

I. EINLEITUNG.

Vor die Aufgabe gestellt, eine tierische Form wissenschaftlich zu beschreiben, werden wir folgende Punkte zu beachten haben:

Tektonik der Tiere.

1. Die Achsen- oder Symmetrieverhältnisse oder das rein Promorphologische, um mit Haeckel zu sprechen. Wir werden zu erörtern haben, ob das betreffende Wesen radiär oder bilateralsymmetrisch gebaut ist und welche Hauptrichtungen durch besondere Organbildungen im Körper gekennzeichnet sind. Es wird sich hieran die Behandlung der Frage schließen, ob die Wiederholung gleichartiger Organe nur im Umkreise der Hauptachse, also nach Antimeren, oder auch in regelmäßiger Aufeinanderfolge nach der Länge der Hauptachse, das heißt nach Metameren, stattfindet.

2. Den Schichtenbau des Körpers. Im allgemeinen kann man aussprechen, daß die Haut die äußere Körperschicht, die Darmwand die innerste Körperschicht der Tiere darstellt, zwischen welchen sich je nach Organisationshöhe der betreffenden Form noch mannigfaltige Zwischenschichten einschieben.

3. Den Bau und die Anordnung der einzelnen Organe. Erst nach Feststellung der Achsenverhältnisse und des Schichtenbaues werden wir auf die mit ihrer Funktion so innig verknüpfte Gestalt der einzelnen Organe resp. Organsysteme einzugehen haben. Wir werden hierbei vor allem das relative Lageverhältnis der Organe zueinander im Auge behalten müssen.

4. Den histologischen Aufbau der Organe. Wir werden den einzelnen Geweben, der Zusammensetzung der Organe aus Zellen und dem spezifischen Charakter der Zellen und der Zellprodukte unsere Aufmerksamkeit zuzuwenden haben. Auch in dieser Beziehung scheiden sich die großen Stämme des Tierreichs vielfach in ungemein charakteristischer Weise. Es sei daran erinnert, daß Knorpel- und Knochengewebe fast ausschließlich im Kreise der Vertebraten zur Entwicklung kommt, daß nur bei diesen geschichtete Epithelien zu finden sind, daß in jenen Gruppen, in denen stärkere Cuticularisierung der Körperoberflächen eintritt, die Fähigkeit Wimperepithelien zu entwickeln völlig abhanden kommt, wie bei den Nematoden und Arthropoden, daß Nesselzellen zu den charakteristischen Eigentümlichkeiten einer Gruppe der Coelenteraten gehören, während den Spongien Kragenzellen zukommen und Ähnliches.

Gleichsam als hätte die Natur uns selbst auf die im vorstehenden gekennzeichnete Reihenfolge in der Erkenntnis des morphologischen Aufbaues der tierischen Form verweisen wollen, so ergibt sich in der Entwicklung der einzelnen Lebensformen aus dem befruchteten Ei eine mit der vorstehenden Aufstellung übereinstimmende Folge fortschreitender Differenzierung. Schon Karl Ernst von Baer unterschied in der embryonalen Entwicklung der Tiere vier Abschnitte:

1. Die Periode der Furchung. Sie kann als jene Zeitperiode in der Entwicklung betrachtet werden, in welcher uns von Differenzierungen eigentlich nichts als die primären Achsen- und Symmetrieverhältnisse der betreffenden Lebensform entgegentreten. Schon das befruchtete Ei (Fig. 1) ist stets ein axial gebauter Organismus und die primäre Eiachse (*a*—*v*) erhält sich in allen folgenden Entwicklungsstufen, wenngleich vielfach später in ihren Beziehungen zu den einzelnen Organen sich verändernd. Wenn durch aufeinanderfolgende Zellteilungen (Furchung des Eies) ein anfangs mehr homogenes Material an einzelnen Bausteinen oder Lebenselementen geschaffen wird (Fig. 2), so zeigt letzteres die vom Ei überkommene axiale Anordnung, während frühzeitig die Ausbildung von Nebenachsen, das Auftreten bilateral-symmetrischer Blastomerenanordnung usw. einsetzt. Entwicklungsperioden.

2. Die Periode der Keimblätterbildung. Sie ist der Anlage des primären Schichtenbaues der betreffenden Lebensform gewidmet. Ist in der Periode der Furchung — wie erwähnt — nur ein mehr gleichartiges, bloß nach Achsen- und Symmetrieverhältnissen geordnetes Zellmaterial gegeben, so kommen jetzt differente Körperschichten: die Keimblätter des Embryos in Erscheinung. Da von der unendlichen Mannigfaltigkeit einzelner Organbildungen noch nichts vorhanden ist, so tritt uns in dieser Periode der Schichtenbau des betreffenden Wesens in vereinfachter übersichtlicher Form entgegen — Grund genug für die Tatsache, daß die Aufklärung der Vorgänge der Keimblätterbildung ein Lieblingsthema für die Untersuchungen der Embryologen gebildet hat.

3. Die Periode der Organentwicklung. In dieser werden aus den nun angelegten Körperschichten die einzelnen Organe hervorgebildet. Ein fortschreitender Umwandlungs- und Differenzierungsprozeß, von einfachsten Anlagen bis zu immer komplizierteren Bildungen führend, bringt schließlich die definitive Form der einzelnen Organe hervor.

4. Die Periode der histologischen Differenzierung. Verhältnismäßig spät, erst dann, wenn die Organe des Embryos sich anschicken, zur selbständigen Ausübung ihrer Funktion überzugehen, treten jene mannigfaltigen Umwandlungen an ihren Zellen ein, welche zu diesen Funktionen in Beziehung stehen. Nun erst werden Interzellularsubstanzen gebildet, Wimpern entwickelt, Muskel- und Nervenfibrillen treten in Erscheinung, die Drüsenzellen zeigen Spuren ihres charakteristischen Inhaltes usw. Demgegenüber weisen die Zellen der Entwicklungsstufen der früheren Perioden, wie man sich auszudrücken pflegt, embryonalen Charakter auf. Es sind mehr gleichartige, der Differenzierung entbehrende Elemente.

A. Achsen- und Symmetrieverhältnisse.

Nicht im Sinne geometrisch streng festgelegter Linien oder kristallographischer Achsen, sondern mehr zur Kennzeichnung bestimmter den Körper durchsetzender Richtungen sprechen wir bei der Beschreibung der uns hier interessierenden Lebensformen von Körperachsen. So z. B. wenn wir im Körper des Menschen eine vom Scheitel zum Fußpunkt ziehende Hauptachse von einer die rechte und linke Körperhälfte verbindenden Dextrosinistralachse und einer vom Rücken zur Bauchseite ziehenden Dorsoventralachse scheiden. Wir würden besser von dextrosinistraler resp. von dorsoventraler Richtung sprechen. Immerhin hat die Annahme bestimmter Achsen, die ja in manchen Fällen schärfer als in dem herangezogenen Beispiele ausgeprägt erscheinen, sich in der Beschreibung der Tiere eingebürgert und mag sonach auch hier festgehalten werden. Wir unterscheiden *isopole* und *heteropole* Körperachsen. Von isopolen Achsen sprechen wir dann, wenn die betreffende Körperrichtung zwei Organbildungen gleichartiger Natur miteinander verbindet, wie z. B. im Körper des Menschen die beiden Schultergelenke und die beiden Hüftgelenke durch eine in dextrosinistraler Richtung verlaufende Linie verbunden gedacht werden können. Als heteropole Achsen werden solche bezeichnet, deren Enden durch differente Organbildungen eingenommen erscheinen. So ist die dorsoventrale Richtung im Körper des Menschen und der Bilaterien eine heteropole, da sie Organe der Rücken- mit den davon verschiedenen Organen der Bauchseite verbindet. Die Haupt- oder Körperlängsachse der Tiere ist stets eine heteropole, da sie Regionen differenter Art, z. B. die Schnauzenspitze mit der Schwanzspitze verbindet. Es tritt im Tierreiche im allgemeinen die Tendenz zutage, mit fortschreitender Differenzierung an Stelle von isopolen heteropole Körperachsen zur Ausbildung zu bringen.

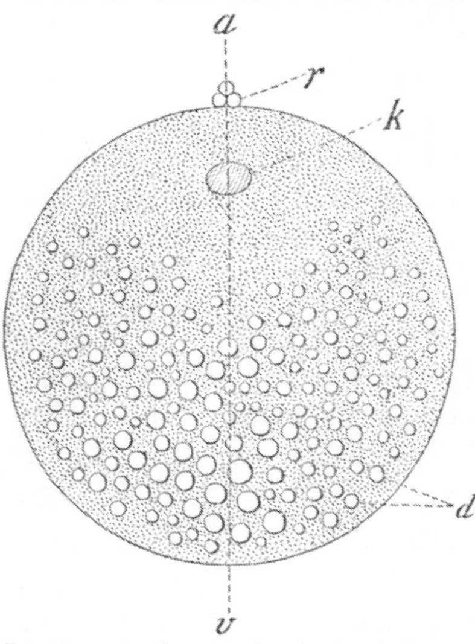

Fig. 1. Befruchtete Eizelle im Durchschnitt (Schema). *a—v* primäre Eiachse, *a* animaler Pol, *v* vegetativer Pol, *r* Richtungskörperchen, *k* erster Furchungskern, *d* Nahrungsdotterkügelchen.

Wir unterscheiden bei den Tieren folgende durch ihre Achsen- und Symmetrieverhältnisse gekennzeichnete Haupttypen der Gestaltung:

1. Der monaxone Typus, welcher durch das Vorhandensein einer einzigen, heteropol differenzierten Achse, der primären Längsachse, gekennzeichnet ist. Schon das befruchtete Ei (Fig. 1) ist in den meisten Fällen ein monaxones Gebilde. Die Hauptachse (*a—v*), hier als primäre Eiachse bezeichnet, reicht vom animalen zum vegetativen Pole. Der animale Pol (*a*) ist durch die Lage der Richtungskörperchen (*r*), durch die genäherte Lage des Zellkerns (ersten Furchungskernes *k*) und durch dichtere Ansammlung plastischer proto-

plasmatischer Substanzen (Bildungsdotter) gekennzeichnet, während die dem vegetativen Pole (*v*) genäherte Eihälfte durch reichlicheres Vorhandensein von Nahrungsdotter (*d*) auffällt. Wenn dann in der Periode der Furchung (Fig. 2A) durch fortgesetzte Zellteilungen der Eiinhalt in eine größere Zahl von Furchungskugeln (Blastomeren) zerfällt, erhält sich der gekennzeichnete axiale Bau. Sowohl an den Furchungsstadien, als auch an dem darauf folgenden Stadium der einschichtigen Keimblase (Blastulastadium Fig. 2B) kennzeichnet sich der animale Pol als jene Stelle des Keimes, an welcher die Zellen die geringste Größe aufweisen, während die Zellen des vegetativen Poles durch beträchtlichere Größenentwicklung und körnchenreicheren Inhalt auffallen.

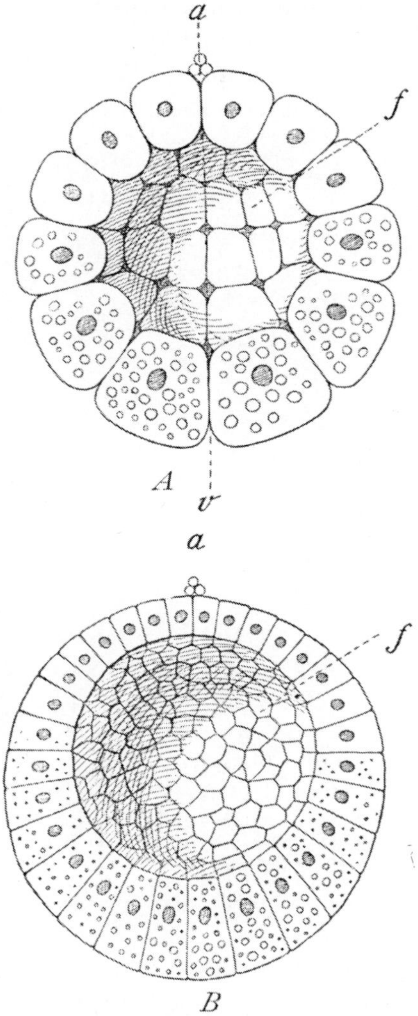

Fig. 2. *A* Späteres Furchungsstadium, *B* Blastulastadium im Durchschnitt (Schema). *a—v* primäre Eiachse, *a* animaler Pol, durch die Richtungskörperchen gekennzeichnet, *v* vegetativer Pol, *f* Furchungshöhle (Blastocoel), auch als primäre Leibeshöhle bezeichnet.

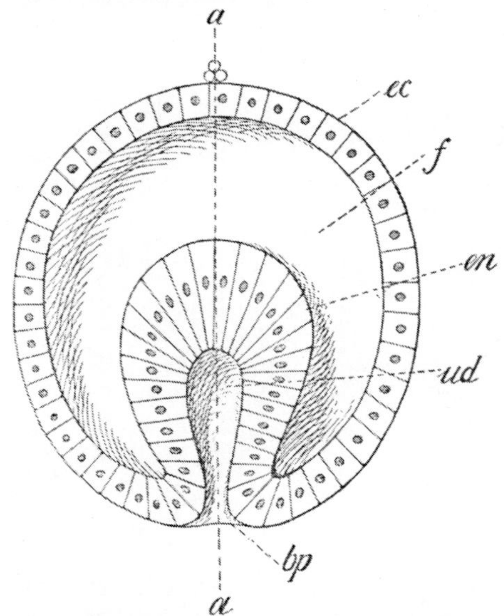

Fig. 3. Einstülpungs-Gastrula im Durchschnitt (Schema). Man vergleiche das vorhergehende Stadium Fig. 2 *B*. Durch Einstülpung der Zellen der vegetativen Hälfte ist der Urdarm (*ud*) entwickelt worden. *a—a* primäre Eiachse, *ec* Ectoderm oder äußeres Keimblatt, *en* Entoderm oder inneres Keimblatt, *f* primäre Leibeshöhle, aus der Furchungshöhle hervorgegangen, *ud* Urdarmhöhle, *bp* Urmund oder Blastoporus.

Wenn sodann die Periode der Keimblätterbildung einsetzt, indem die Zellen des vegetativen Poles durch einen Einstülpungsvorgang in das Innere verlagert werden (Fig. 3), wodurch das erste primäre Organ des Keimes, der Urdarm (*ud*), zur Entwicklung gelangt (Gastrulastadium), so bleibt auch hier noch vielfach der ursprüngliche monaxone Bau des Keimes erhalten. Die primäre Körperachse (*a—a*) zieht in diesem Falle vom Scheitel der Gastrula zu dem gegenüberliegenden Urmund (Blastoporus *bp*).

2. Der radiär-symmetrische Typus geht aus dem monaxonen Bau dadurch hervor, daß im Umkreise der Hauptachse bestimmte unter sich gleichartige Organe in mehrfacher Zahl zur Entwicklung kommen. Sie kennzeichnen uns dann die sogenannten Nebenachsen. Wir sprechen in diesem Falle von so vielen Radien, als derartige ausgezeichnete Organe zu beobachten sind. So würde in dem Falle des von uns gewählten Beispieles (Stauridium cladonema [Fig. 4], ein Hydroidpolyp) durch das Auftreten von vier Tentakeln eine vierstrahlige Radiärsymmetrie begründet sein. Wir können dies Wesen durch zwei den Radien entsprechende Schnittebenen (*r*—*r* in Fig. 4 B) in vier gleiche Viertel zerlegen. Aber auch durch zwei, gegen die genannten um 45° verschobene interradial gelagerte Ebenen (*i*—*i*) wird eine solche Teilung in vier gleiche Viertel bewerkstelligt werden können. Derartige Teilstücke bezeichnen wir sodann als Gegenstücke oder Antimeren.

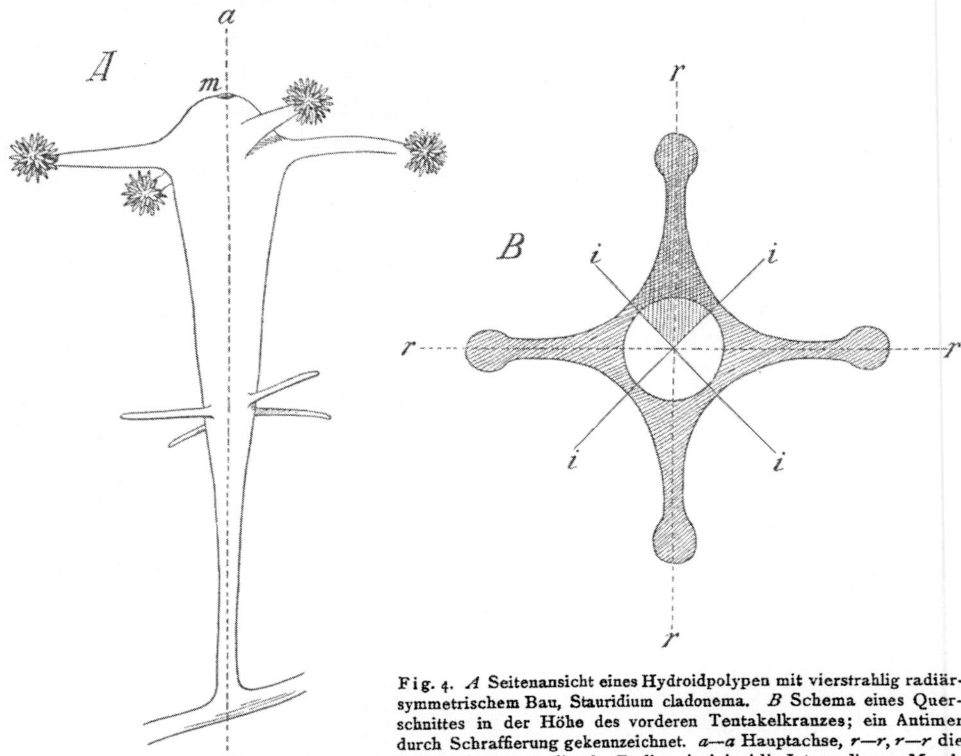

Fig. 4. *A* Seitenansicht eines Hydroidpolypen mit vierstrahlig radiärsymmetrischem Bau, Stauridium cladonema. *B* Schema eines Querschnittes in der Höhe des vorderen Tentakelkranzes; ein Antimer durch Schraffierung gekennzeichnet. *a*—*a* Hauptachse, *r*—*r*, *r*—*r* die Nebenachsen resp. die vier Radien, *i*—*i*, *i*—*i* die Interradien, *m* Mund.

3. Der disymmetrische Typus findet sich selten z. B. in der merkwürdigen Gruppe der Rippenquallen oder Ctenophoren (Fig. 5). Er kann gewissermaßen als Vorstufe des Bilateraltypus betrachtet werden und läßt sich von dem vierstrahligen Radiärtypus ableiten unter der Annahme, daß von den vier Radien je zwei (*b*, *b* und *c*, *c* in Fig. 5 B) unter sich gleich, aber von den benachbarten different entwickelt wurden. Wir haben sonach hier zwei isopole differente Nebenachsen.

4. Der Bilateraltypus, welcher dem Bau der meisten Tiere, an denen wir ein Vorn und Hinten, ein Rechts und Links, eine Rücken- und eine Bauchseite unterscheiden können, zugrunde liegt. Der Bau einer Eidechse kann uns hier als Typus dienen. Die heteropole Körperlängsachse oder Hauptachse verbindet die Schnauzenspitze mit der Schwanzspitze. Von den beiden in jedem beliebigen Querschnitte zu konstruierenden Nebenachsen ist die vom Rücken zum Bauch ziehende heteropol, während die von rechts nach links laufende isopol ist. Ein anderes Beispiel bilateralsymmetrischen Körperbaues stellt ein vielen Wurm- und Molluskenformen zukommendes Jugendstadium, die sog. *Trochophora* (Fig. 6) dar. Der birnförmige Körperumriß erinnert an die Ctenophoren (Fig. 5 A). Wie dort so ist auch hier der eine Pol der Hauptachse (*a*—*a'*) durch ein eigenartiges Sinnesorgan (die sog. Scheitelplatte *sp*) eingenommen, während wir am Gegenpol den After (*an*) vorfinden. Zwei Wimperkränze (*pt* und *mt*) umziehen den Äquator des Körpers. Die Bauchseite (*v*) ist durch die Lage der Mundöffnung (*m*) und durch eine vom postoralen Wimperreifen gegen den After sich erstreckende Wimperfurche (*nt*) markiert.

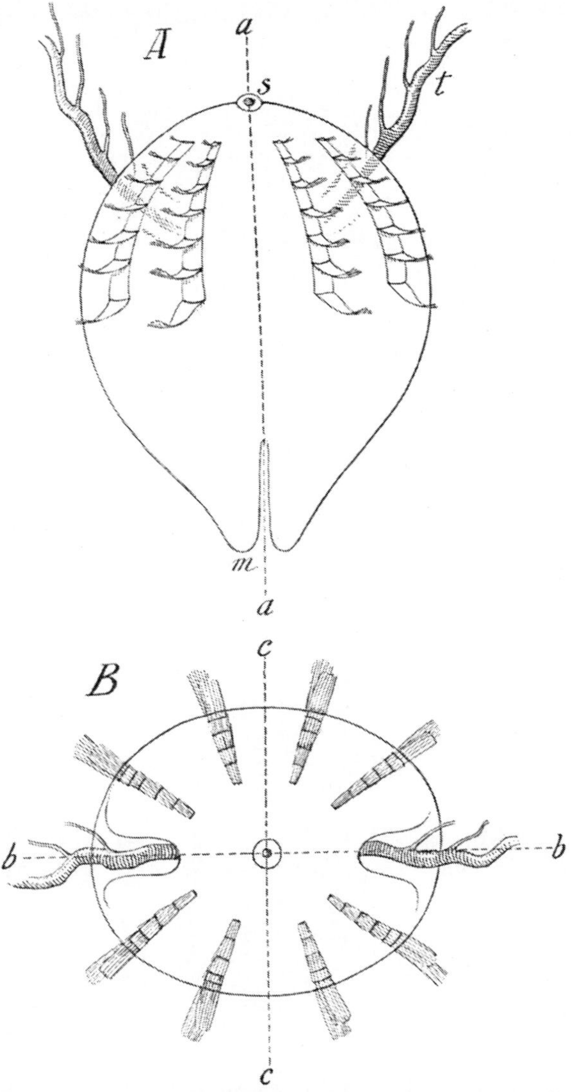

Fig. 5. Schematische Darstellung des Baues einer Rippenqualle zur Verdeutlichung des disymmetrischen Typus. *A* Seitenansicht, *B* Ansicht vom Scheitelpole. *a*—*a* Hauptachse, *b*—*b*, *c*—*c* Nebenachsen, *m* Mund, *s* Sinneskörper, *t* Fangfäden oder Tentakel.

Das Hauptkennzeichen dieses Bauplanes ist darin gegeben, daß der Körper durch eine einzige Ebene (Fig. 6 C, *d*—*v*), welche durch die Lage der Hauptachse und der Dorsoventralachse bestimmt ist, in zwei spiegelbildlich gleiche Hälften zerlegt werden kann. Darin ist es auch begründet, daß an jedem Querschnitte gleichartige Organbildungen nur in der Zweizahl auftreten können.

5. Der asymmetrische Typus. Er geht aus dem Bilateraltypus dadurch hervor, daß die rechte und linke Körperhälfte sich in differenter Weise

entwickeln. Derartige Fälle von asymmetrischer Körperentwicklung sind besonders im Kreise der Mollusken (bei den Schnecken) verbreitet. In diesem Falle sind dann drei aufeinander senkrecht stehende, heteropol entwickelte Körperachsen oder Richtungen zur Ausbildung gekommen.

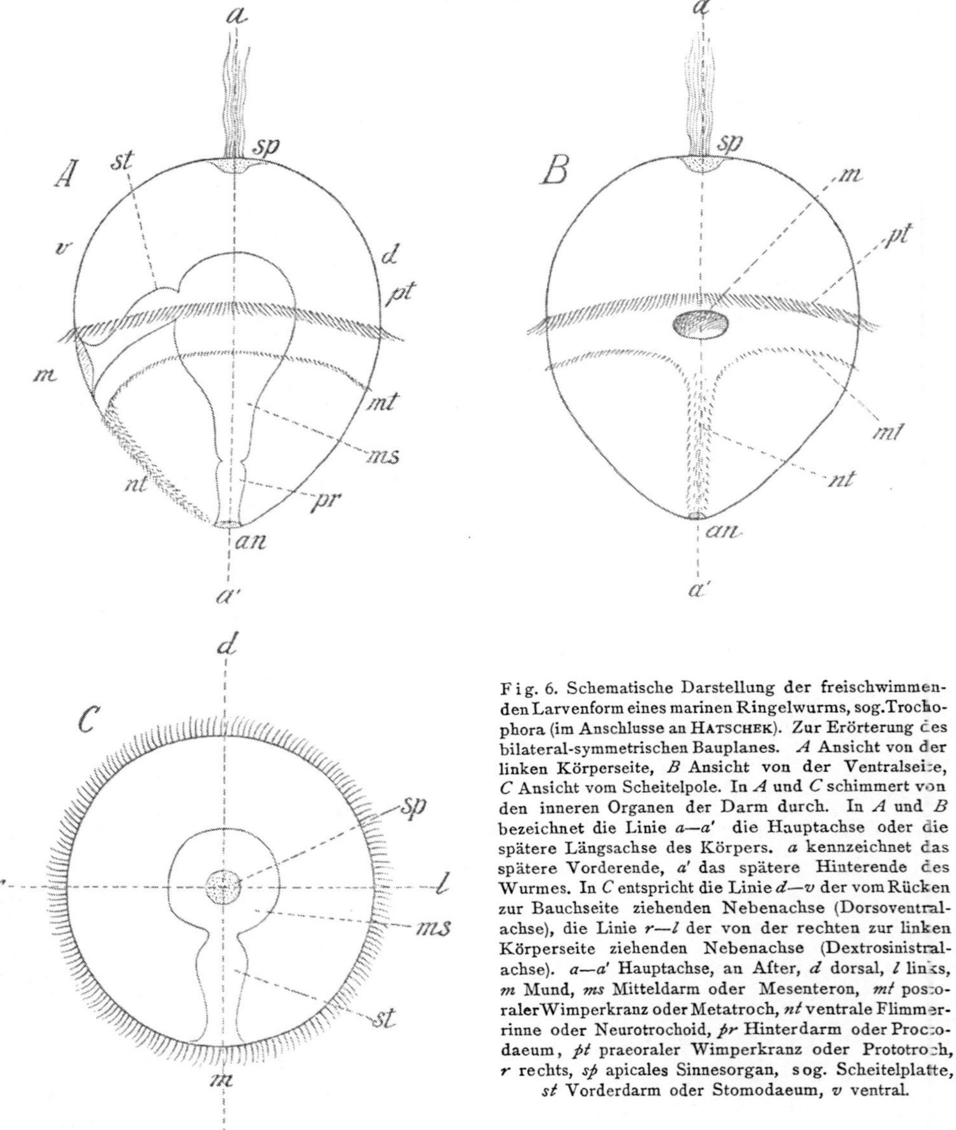

Fig. 6. Schematische Darstellung der freischwimmenden Larvenform eines marinen Ringelwurms, sog. Trochophora (im Anschlusse an HATSCHEK). Zur Erörterung des bilateral-symmetrischen Bauplanes. *A* Ansicht von der linken Körperseite, *B* Ansicht von der Ventralseite, *C* Ansicht vom Scheitelpole. In *A* und *C* schimmert von den inneren Organen der Darm durch. In *A* und *B* bezeichnet die Linie *a—a'* die Hauptachse oder die spätere Längsachse des Körpers. *a* kennzeichnet das spätere Vorderende, *a'* das spätere Hinterende des Wurmes. In *C* entspricht die Linie *d—v* der vom Rücken zur Bauchseite ziehenden Nebenachse (Dorsoventralachse), die Linie *r—l* der von der rechten zur linken Körperseite ziehenden Nebenachse (Dextrosinistralachse). *a—a'* Hauptachse, an After, *d* dorsal, *l* links, *m* Mund, *ms* Mitteldarm oder Mesenteron, *mt* postoraler Wimperkranz oder Metatroch, *nt* ventrale Flimmerrinne oder Neurotrochoid, *pr* Hinterdarm oder Proctodaeum, *pt* praeoraler Wimperkranz oder Prototroch, *r* rechts, *sp* apicales Sinnesorgan, sog. Scheitelplatte, *st* Vorderdarm oder Stomodaeum, *v* ventral.

B. Antimeren und Metameren.

Schnittebenen, welche durch den Körper eines Tieres derartig gelegt werden, daß die Längsachse in sie fällt und daß der Körper durch dieselben in gleiche oder spiegelbildlich gleiche Teile zerlegt wird, teilen den Körper in Gegenstücke oder Antimeren. Wir haben schon oben (S. 180) davon gesprochen. Bei bilateral-symmetrischen Tieren sind nur zwei spiegelbildlich gleiche Antimeren vorhanden: die rechte und linke Körperhälfte. Die Ebene (Fig. 6C, *d—v*), welche hier die beiden Antimeren voneinander trennt, wird als Medianebene bezeichnet. Sie ist für die Auffassung des Körperbaues der Bilaterien von besonderer Wichtigkeit. In sie müssen alle jene Organe fallen, welche nur in der Einzahl vorhanden sind, z. B. bei Vertebratenembryonen: der Darm, die Chorda und das Medullarrohr. Dagegen müssen bei streng durchgeführter bilateraler Symmetrie alle Organe, welche nicht in die Medianebene fallen, doppelt vorhanden sein.

Der Körper eines radiärsymmetrischen Tieres zerfällt durch Teilung in der Richtung der Interradien (*i, i* in Fig. 4B) in so viele Antimeren als Radien zu unterscheiden sind, und zwar sind die Antimeren in diesem Falle gleich und kongruent. Dagegen kann hier jedes einzelne Antimer durch eine radiär geführte Schnittebene in zwei spiegelbildlich gleiche Hälften geteilt werden.

Die Antimeren bezeichnen uns also jene seitlichen Körperabschnitte, welche durch gleichartige Organbildungen gekennzeichnet sind. Dagegen finden wir bei vielen Tieren eine Wiederholung gleichartiger Organbildungen in hintereinander gelegenen Körperabschnitten (Fig. 7), und diese werden dann als Folgestücke oder Metameren bezeichnet. So zeigt uns z. B. ein Tausendfuß zahlreiche hintereinander folgende Beinpaare. In den meisten Fällen sind die einzelnen Metameren durch Ringfurchen voneinander getrennt. Wir sprechen daher von metamerer Segmentierung und bezeichnen die hintereinander folgenden, durch gleichartige Organentwicklung gekennzeichneten Körperabschnitte als Segmente. So beruht z. B. jene Ringelung, welche der Körper des Regenwurmes und vieler anderer Tiere auf den ersten Blick erkennen läßt, auf metamerer Segmentierung.

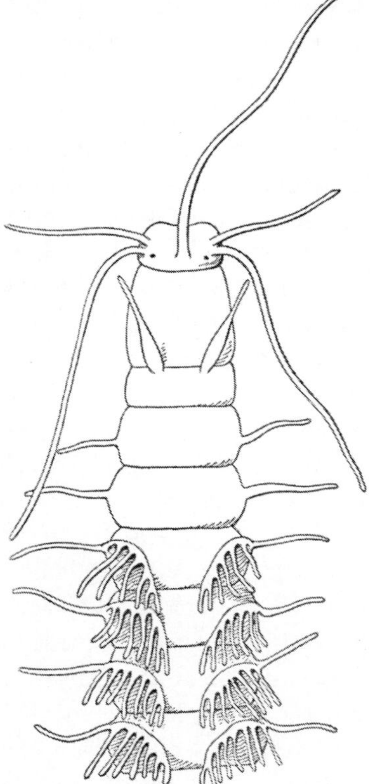

Fig. 7. Vorderes Körperende eines marinen Ringelwurms, Eunice limosa (nach EHLERS) als Beispiel für metamere Segmentierung des Körpers. Der Rumpfabschnitt des Tieres zerfällt in hintereinander folgende Ringel oder Segmente, welche gleichartig oder ähnlich gebaut sind.

Die Entwicklungsgeschichte lehrt, daß metamere Entwicklung des Körpers zuerst in den Bildungen des mittleren Keimblattes (des Mesoderms) zum Ausdruck kommt. Da das mittlere Keimblatt innige Beziehungen zur Entwicklung der Geschlechtsorgane der Bilaterien erkennen läßt, so wäre man wohl versucht, in einer regelmäßigen Aufeinanderfolge multipel ausgebildeter Geschlechtsdrüsen (Gonaden) den ersten Urquell für die Entstehung metamerer Segmentierung zu erblicken. Besonders sind es die Verhältnisse bei den metamer gegliederten Bandwürmern, welche nach dieser Richtung suggestiv wirken.

Sind alle Körpersegmente eines metamer gegliederten Tieres unter sich gleich oder doch nahezu gleich, so sprechen wir von homonomer Segmentierung. Aber das in der Natur so unendlich wirksame Gesetz fortschreitender Differenzierung führt in vielen Fällen dazu, daß gewisse Segmentgruppen zu höheren Einheiten zusammengefaßt und von den übrigen Regionen des Körpers different werden. Wir sprechen im Falle derartiger Regionenbildung an metamer gegliederten Tieren von heteronomer Segmentierung. So besteht der Körper eines Insekts aus drei Abschnitten: Kopf, Brust und Hinterleib, von denen jeder aus einer bestimmten Zahl von Körpersegmenten zusammengesetzt ist. Die einzelnen Segmente dieser drei Regionen, durch die Beschaffenheit ihrer Anhänge sowie durch sonstige Merkmale des Baues deutlich voneinander verschieden, erscheinen bei ihrem ersten Auftreten im Insektenembryo viel gleichartiger entwickelt.

C. Protozoen und Metazoen.

Die erste oberste Einteilung des Tierreiches führt zur Scheidung zweier großer Stämme, die wir mit Haeckel als *Protozoen* und *Metazoen* bezeichnen. Wir rechnen zu den Protozoen alle jene niedersten, meist einzelligen Organismen, welche sich nach der Art ihrer Ernährung und Fortbewegung als nähere Verwandte der tierischen Reihe kennzeichnen. Freilich sind hier die Grenzen gegenüber niedersten pflanzlichen Formen vielfach kaum zu finden. Den Protozoen werden als Metazoen alle jene Tiere gegenübergestellt, deren Körper aus zahlreichen Zellen zusammengesetzt, eine Individualität höherer Ordnung, eine aus einer Zellkolonie hervorgegangene Lebenseinheit darstellt. Indem diese den Körper der Metazoen zusammensetzenden Einzelelemente sich verschiedenen Aufgaben widmen, kommt es zur Sonderung differenter Gewebe, daher man die Metazoen auch als „Gewebetiere" bezeichnet hat. Es gehört zu den Eigentümlichkeiten der Metazoen, daß die ersten zur Anlage kommenden Gewebsformen des Körpers schichtweise entwickelt werden. Diese Schichten werden als „Keimblätter" bezeichnet, wonach für die Metazoen auch der Ausdruck „Keimblattiere" geprägt wurde. Wir können sagen, daß der Aufbau aller Metazoen sich in letzter Linie auf das Gastrulastadium (Fig. 3, S. 179) zurückführen läßt.

Es hat nicht an Versuchen gefehlt, die Kluft zwischen Protozoen und Metazoen zu überbrücken. Man hat gewisse, einfach organisierte Lebensformen in eine zwischen diesen stehende, vermittelnde Gruppe der Mesozoen vereinigt. Es handelt sich hier um Wesen etwas zweifelhafter Art. Während es in gewissen Fällen parasitäre Formen sind und der Gedanke naheliegt, daß ihre Organisation infolge des Schmarotzertums eine sekundäre Vereinfachung erfahren hat, möchten wir es in anderen Fällen nur mit Jugendzuständen zu tun haben, deren Entwicklungzyklus bisher ungenügend erkannt ist. Im allgemeinen weist uns die Ontogenie der Metazoen den Weg, auf dem die Kluft zwischen Protozoen und Metazoen zu überbrücken ist. Sie lehrt uns, wie der Metazoenorganismus, von einem einzelligen Ausgangspunkte (der Eizelle) ausgehend, durch mannigfaltige mit Zellteilungen verbundene Umwandlungen zu immer komplizierteren Organisationsstufen emporsteigt.

D. Übersicht des zoologischen Systems.

Zur Orientierung der Leser und um für das Folgende ein übersichtliches Schema des Aufbaues des Tierreiches nach seinen über- und untergeordneten Gruppen vorauszuschicken, bringen wir hier eine Zusammenstellung des in diesen Blättern zur Anwendung kommenden Systems. Es handelt sich uns hierbei mehr um eine Gruppierung zum Zwecke, dem Leser das Verständnis zu erleichtern, als um eine Aufstellung von streng wissenschaftlichem Charakter. Daher haben auch einzelne Gruppen, wie die nur als populärer Sammelbegriff zu betrachtende der „Würmer oder Vermes" hier Aufnahme gefunden.

Regnum animale. Tierreich.

Subregnum Unterreich	Divisio Abteilung	Subdivisio Unterabteilung	Typus Tierkreis
I. **Protozoa** **Urtiere**			I. Protozoa
II. **Metazoa** **Keimblattiere**	*A. Coelenterata* *Pflanzentiere*		II. Spongiaria Schwammtiere
			III. Cnidaria Nesseltiere
			IV. Ctenophora Rippenquallen
	B. Bilateria	a) Protostomia	V. Vermes Würmer. Hierher die Scolecida und Annelida
			VI. Arthropoda Gliederfüßler. Hierher die Crustacea, Arachnomorpha und Antennata
			VII. Mollusca Weichtiere
			VIII. Tentaculata Kranzfühler. Hierher die Bryozoen und Brachiopoden
		b) Deuterostomia	IX. Chaetognatha Borstenkiefer. Hierher Sagitta
			X. Enteropneusta Schlundatmer
			XI. Echinodermata Stachelhäuter
			XII. Chordonia Chordatiere. Hierher die Tunicata (Manteltiere), Acrania (Kopflose) und die Vertebrata (Wirbeltiere)

Es ist hier nur die Gliederung der Gruppen des Tierreiches bis herab zu den Typen (Tierkreisen) gegeben worden. Wie sich die Typen weiter in Klassen und Ordnungen auflösen, soll gelegentlich an verschiedenen Stellen des Textes angedeutet werden. Im übrigen sei auf die Aufstellung von C. Grobben in Claus-Grobben, Lehrbuch der Zoologie, 2. Auflage, Marburg 1909, S. 21, verwiesen, der wir hier im wesentlichen nachgefolgt sind.

Wir haben im vorhergehenden als Beispiele einige Grundformen morphologischer Gestaltung herangezogen, die uns weiterhin noch mehrfach beschäftigen werden. Es sind dies die Formen der *Gastrula* (Fig. 3), der *Ctenophore* (Fig. 5) und der *Trochophora* (Fig. 6). Wir werden sehen, daß viele Formen der tierischen Organisation sich in letzter Linie auf diese Urtypen zurückführen lassen.

II. COELENTERATA. PFLANZENTIERE.

Die niedersten Formen der *Metazoen* stehen ihrem Baue nach dem oben gekennzeichneten Gastrulastadium noch ziemlich nahe und lassen sich unschwer auf diese Grundform zurückführen. Immerhin begegnen wir schon hier einer verwirrenden Mannigfaltigkeit von Gestalten. Es handelt sich zum Teil um massige am Grunde des Meeres festgewachsene Gebilde, wie bei den Schwämmen, zum Teil um blumenähnliche Wesen, wie bei den Seeanemonen, um baumförmig verästelte Formen, anscheinend mit Blütenköpfchen, wie sie uns in der Gruppe der Korallen entgegentreten, oder um jene wundervollen Glasglocken des Meeres, die man als Quallen bezeichnet. So abweichend von allen anderen tierischen Gebilden erschienen den ersten Untersuchern diese merkwürdigen Wesen, daß sie sie als Zoophyten dem Pflanzenreiche zu nähern suchten. Linné, im Ausdrucke stets geistreich und von treffender Kürze, nennt sie: „Plantae vegetantes, floribus animatis." Bei näherer Betrachtung erweisen sie sich als echte Tiere, Darmwesen, welche ihre Beute mit Fangfäden erhaschen, mit dem Munde verschlingen und in ihrem Magen verdauen. Einigen dieser Formen kommen komplizierte Sinnesapparate und ein wohlentwickeltes Nervensystem zu.

Es wird sich für uns darum handeln, die ganze Mannigfaltigkeit jener Formen, die wir als *Coelenteraten* zusammenfassen, in Gruppen zu ordnen, für jeden einzelnen dieser so gewonnenen Typen das Grundschema des Baues zu erläutern und auf Grund ihrer Entwicklungsweise die Zurückführung auf die einfache Form des Gastrulastadiums zu versuchen.

Halten wir zunächst drei Grundtypen der Coelenteraten auseinander: 1. den Schwammtypus (Typus der Spongien oder Poriferen), 2. den Nesseltiertypus (Typus der Cnidarien) und 3. den Kammquallentypus (Typus der Ctenophoren). Erst wenn wir uns mit diesen drei Typen vertraut gemacht haben, werden wir uns in die Lage versetzt sehen, das ihnen Gemeinsame ins Auge zu fassen.

A. Spongien oder Poriferen, Schwämme.

Die Schwämme sind vorwiegend Bewohner des Meeresgrundes. Eine einheitliche Grundform ist an ihnen kaum festzustellen. Als klumpige, massige, unregelmäßige Gebilde erscheinen sie auf Steinen festgewachsen, manche nehmen verästelte Gestalt an, andere überziehen die Felsen des Meeresgrundes als unregelmäßig geformte Krusten. Von Bewegung ist an ihnen kaum etwas zu bemerken. Doch finden wir ihre Oberfläche von feinen Lücken (Poren) durchsetzt, welche sich manchmal, dank der Wirksamkeit kontraktiler Zellen, öffnen und schließen. Eine Strömung des Wassers, durch Geißelzellen des inneren Kanalsystems verursacht, fließt durch diese Poren (Fig. 8 *po*) ein und verläßt den Schwamm durch eine größere After- oder Kloakenöffnung (Fig. 8 *os*), die man unpassenderweise als Osculum bezeichnet. Mit dieser Wasserströmung werden kleinste Nahrungspartikelchen herbeigeführt. Der Schwamm erscheint als eine Einrichtung zur Filtration des Seewassers.

Um den Grundbauplan dieser lethargischen Wesen zu erkennen, müssen wir uns an die kleineren und gracilen Formen halten, die wir in der Gruppe der Kalkschwämme vorfinden. Es sind dies Formen, die sich ein Skelett aus zierlichen Kalknadeln bauen, ein Lieblingsobjekt morphologischer Forschung seit den Zeiten, da die jugendfrische Begeisterung Haeckels sich ihrem Studium zuwandte.

Bau der Spongien.

Ein Entwicklungsstadium aus dem Kreise dieser Formen, ein Miniaturschwämmchen einfachster Art, wird als *Olynthus* bezeichnet (Fig. 8). Es stellt sich uns als ein zylinderförmig gestaltetes oder mörserförmiges (schlauchartiges) Hohlwesen dar. Die Hauptachse des Körpers ist leicht festzustellen. Mit dem einen Pole derselben ist das Tier an einer festen Unterlage angewachsen, während wir an dem gegenüberliegenden Pole eine größere Öffnung, das schon erwähnte Osculum, die Ausströmungs- oder Afteröffnung (Fig. 8 *os*) erkennen. Das Innere nimmt ein einheitlicher Hohlraum, die Magen- oder Gastralhöhle, ein, welcher, durch zahlreiche in der Leibeswandung befindliche Poren (*po*) gewissermaßen sekundär entstandene vervielfältigte Mundöffnungen darstellend, Detritus-erfülltes Wasser des Meeres zugeführt wird. Die äußere Oberfläche des Körpers ist von einem zarten Plattenepithel (Fig. 9 *ep*, Fig. 10 *ek*) bedeckt, die Innenwand der Gastralhöhle dagegen erscheint mit einem hohen Zylinderepithel (*en*) bekleidet, welches wir nach dem eigentümlichen Charakter seiner Zellen als Kragengeißelzellen-Epithel bezeichnen. Diese Kragenzellenschicht enthält die eigentlichen fressenden und verdauenden Elemente des ganzen Wesens. Die Verdauung vollzieht sich nämlich hier nicht im Inneren des Gastralraumes unter dem Einflusse fermentierender Sekrete. Es ist noch die ursprüngliche, von den Protozoen überkommene Form der intrazellulären Verdauung vorhanden.

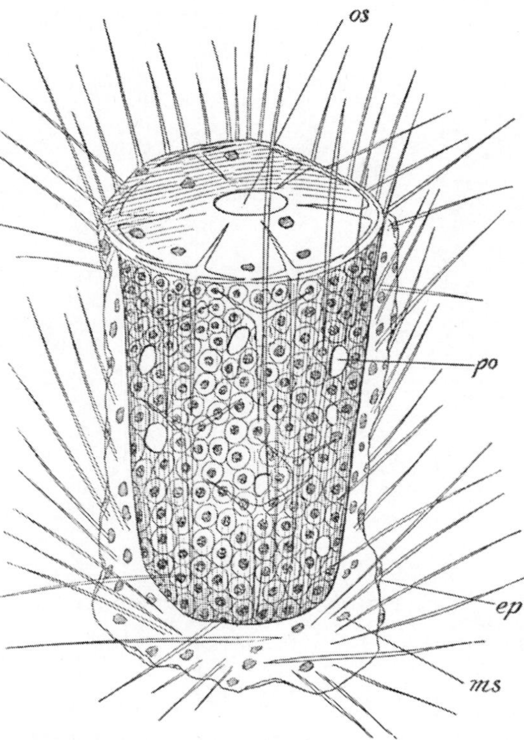

Fig. 8. Olynthus-Stadium von Sycon raphanus. Nach F. E. SCHULZE. *ep* oberflächliches Plattenepithel, *ms* Mesenchymzellen, *po* Wandporen, *os* Osculum.

Die Kragenzellen (Fig. 9 *en*, Fig. 10 *en*) haben im allgemeinen zylindrische Gestalt. Uns interessiert an ihnen vor allem ihr freies, gegen den Gastralraum gerichtetes Ende. Wir finden hier die bewegliche Geißel, durch deren Schwingungen Nahrungspartikelchen herbeigestrudelt werden, und ferner einen die Stelle des Geißelursprungs umziehenden feinen Plasmasaum, den sog. Kragen, welcher, manschettenförmig gestaltet, vielleicht einen Fangtrichter für die Aufnahme feinster Nahrungspartikelchen darstellt. Erst im Zellplasma vollzieht sich der Akt der Verdauung, deren Produkte sodann an die übrigen Zellen des Körpers weitergegeben werden.

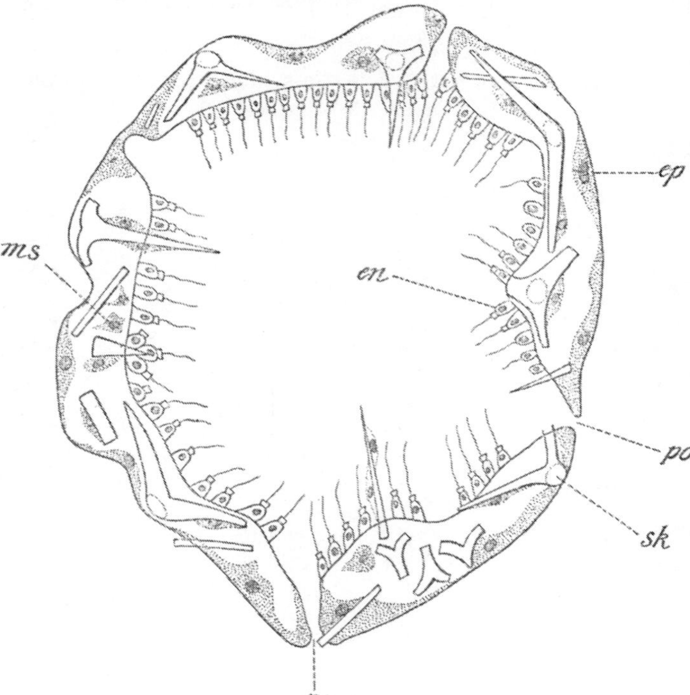

Fig. 9. Querschnitt durch ein olynthus-ähnliches Entwicklungsstadium eines Kalkschwammes. Nach O. MAAS. *en* innere Kragenzellenschicht, *ep* oberflächliches Plattenepithel, *ms* Mesenchymzellen, *po* zuführende Wandporen, *sk* Kalknadeln.

Zwischen diesen beiden Epithelschichten, der zarten äußeren und der Kragenzellenschicht, findet sich eine dritte Körperschicht eingeschoben, welche dem Schwämmchen Substanz und Festigkeit verleiht. Es handelt sich um ein mesenchymatisches Gewebe (Fig. 9 *ms*, Fig. 10 *m*), ein Bindegewebe von gallertartiger oder knorpeliger Konsistenz, welches sternförmig verästelte Bindegewebszellen in einer festen Grundmasse, der Interzellularsubstanz, zerstreut erkennen läßt. Allerdings finden sich zwischen diesen Zellen verschiedene andere, besonderen Charakters. Manche geben als Kalkbildner (Calycoblasten) den zierlich gestalteten Kalknadeln den Ursprung, andere werden zu jugendlichen Eizellen (Fig. 10 *o*) oder, wenn ein männliches Schwämmchen vorliegt, zu Samenmutterzellen. Doch tritt die Entwicklung reifer Geschlechtszellen — welche hier, noch nicht zu Gonaden vereinigt, sich

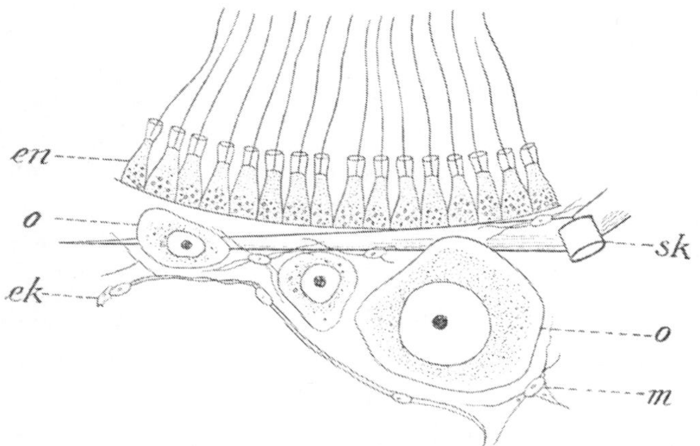

Fig. 10. Körperschichten einer Spongie (Sycon raphanus). Nach F. E. SCHULZE aus HATSCHEKS Lehrbuch. *ek* äußeres Plattenepithel, *en* Schicht der Kragengeißelzellen, *m* Mesenchymzellen der mittleren Körperschicht, *o* junge Eizellen, *sk* Teil einer dreistrahligen Kalknadel.

im Mesenchym zerstreut vorfinden — meist erst später ein. Was wir als *Olynthus* bezeichnen, ist vielfach nur ein vorübergehendes Entwicklungsstadium der Kalkschwämme, die erst in späteren Entwicklungsstufen geschlechtsreif werden.

Der Vergleich der *Olynthus*form mit der Entwicklungsstufe der Gastrula (Fig. 3) scheint für den ersten Blick keine großen Schwierigkeiten darzubieten. Wir setzen voraus, daß die Hauptachse des Olynthus der Primärachse der Gastrula gleichzusetzen ist. Ferner dürfen wir, so scheint es, den inneren Hohlraum des Olynthus unbedenklich dem Gastralraum oder der Urdarmhöhle der Gastrula vergleichen. In diesem Falle wird man das Kragenepithel als innere Körperschicht dem Entoderm der Gastrula homologisieren können. Der Unterschied, der darin gegeben ist, daß die Leibeswand der Gastrula aus zwei Zellschichten, die des Olynthus aber aus drei Schichten (äußeres Plattenepithel, Mesenchym und Kragenzellenschicht) besteht, fällt nicht allzusehr ins Gewicht; denn die Entwicklungsgeschichte lehrt, daß die beiden äußeren Zellenschichten (Plattenepithel und Mesenchym) eigentlich nur als differente Erscheinungsformen einer einzigen Körperschicht, des ursprünglichen Ektoderms, zu betrachten sind. Dann besteht aber die Leibeswand des Olynthus wie die der Gastrula nur aus zwei Körperschichten, die wir hier wie dort als Ektoderm und Entoderm zu bezeichnen berechtigt sind.

Die Poren in der Leibeswand des Olynthus sind sekundär entstandene Durchbrechungen. Ebenso ist das Osculum eine Neubildung, welche im Gastrulastadium noch nicht vorhanden ist. Der Blastoporus oder Urmund des Gastrulastadiums hat sich — wie das so vielfach vorkommt — verschlossen. Er lag an jenem Ende der Hauptachse, welche jetzt dem Olynthus als Festsetzungspunkt dient.

Die hier — etwas dogmatisch — vorgetragene Zurückführung des Olynthus auf die Ausgangsform der Gastrula wird durch die Entwicklungsgeschichte bis zu einem gewissen Grade bestätigt.

Entwicklung der Spongien.

Werfen wir zu diesem Zweck einen Blick auf die ersten Entwicklungszustände der Kalkschwämme, indem wir uns an *Sycandra raphanus* halten, dessen Embryologie, hauptsächlich durch F. E. Schulze aufgeklärt, als Schulbeispiel der Spongienentwicklung betrachtet werden kann. Die ersten Vorgänge der Embryonalentwicklung werden — wie erwähnt — im mütterlichen Körper durchlaufen. Die Vorgänge der Eifurchung (Fig. 11) sind ziemlich reguläre. Jedenfalls ist die Furchung eine totale und anfangs auch nahezu äquale. Die befruchtete Eizelle teilt sich in 2, dann in 4, später in 8 usw. Zellen. Im achtzelligen Stadium (Fig. 11 C) hat der Embryo vorübergehend eine flache Kuchenform; doch entwickelt sich in späteren Stadien eine kugelförmig gestaltete Blastula, an der bereits frühzeitig einzelne größere, körnchenreiche Zellen ins Auge fallen (Fig. 11 E). Diese körnchenreichen Zellen, welche sich bald an Zahl vermehren (Fig. 11 F) und den einen Pol des kugeligen Embryos einnehmen, erinnern in auffallender Weise an die dotterhaltigen Makromeren, an jene größeren Furchungskugeln, welche bei den Vorgängen totaler inäqualer Furchung den vegetativen Pol des Embryos einnehmen. Wir würden sonach geneigt sein, aus ihnen das spätere Entoderm des Olynthus hervorgehen zu lassen. Indessen ergibt die Verfolgung der weiteren Entwicklungsvorgänge, daß ihr späteres Schicksal dieser Vermutung nicht entspricht. Zwar werden sie zunächst, was wieder zu obiger Annahme zu stimmen scheint, ins Innere des Embryos eingestülpt (Fig. 12), und es entwickelt sich eine zweischichtige Form, welche einer wahren Gastrula nicht unähnlich ist. Aber dieses erste Einstülpungsstadium, das man seit langem als Pseudogastrula bezeichnet und das dem Ausschwärmen der jungen Larven vorhergeht, ist vorübergehender Natur. Möglicherweise handelt es sich hier nur um einen passageren Anpassungstypus an den Mechanismus des Ausschwärmens. Die Einstülpung wird wieder rückgängig gemacht, und die jungen Larven schlüpfen in einem Zustande aus, den man als ein einigermaßen modifiziertes Blastulastadium, als Amphiblastula, zu betrachten berechtigt ist. Der Embryo gewinnt nun in einem Teile seiner Oberfläche bewegliche Geißeln, er durchbricht die Körperwand der Mutter, gerät in deren Gastralraum und durch das Osculum nach außen.

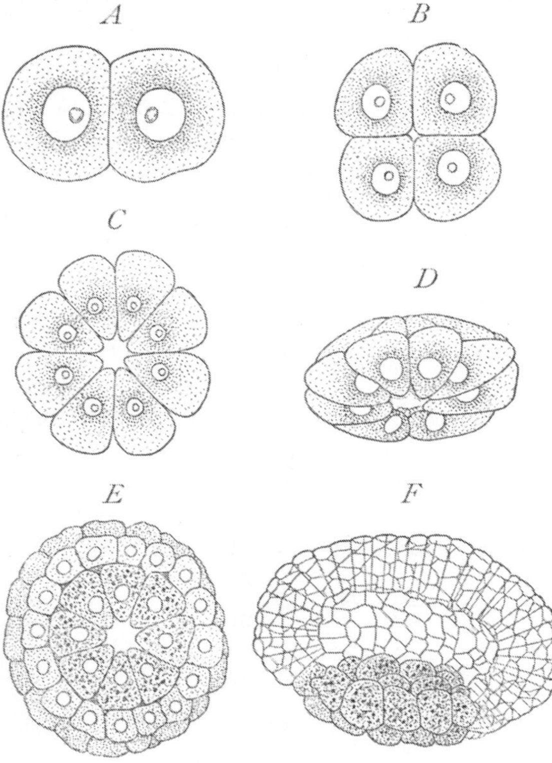

Fig. 11. Furchung von Sycon raphanus. Nach F. E. SCHULZE. *A* zweizelliges Stadium, *B* vierzelliges Stadium (Polansicht), *C* achtzelliges Stadium (Polansicht), *D* sechzehnzelliges Stadium (Seitenansicht), *E* späteres Furchungsstadium (Ansicht vom animalen Pole), *F* Blastulastadium (Seitenansicht).

Diese freibeweglichen, mittelst ihrer Geißelanhänge umherschwimmenden Amphiblastulae (Fig. 13A) zeigen im Inneren eine wenig umfangreiche Furchungshöhle (Blastocoel). Die Leibeswand besteht aus einer einheitlichen Zellschicht, an der wir nach dem Charakter der sie zusammensetzenden Zellen zwei Abschnitte unterscheiden. Der beim Schwimmen nach vorn gerichtete Körperabschnitt besteht nun aus hohen, prismatischen, mit Geißeln versehenen Zellen, welche in ihrem Aussehen den echten Kragenzellen immer ähnlicher werden. In der Tat geht aus dieser Körperhälfte die spätere Kragenzellenschicht, das Entoderm des Olynthus, hervor. Der hintere Körperabschnitt besteht aus den großen körnchenreichen Zellen. Sie liefern das spätere ektodermale Plattenepithel und das Mesenchym des Olynthus.

Das Umherschwärmen der jungen Larven dauert nicht lange. Sie suchen einen Fixpunkt, an den sie sich anheften können, und zwar heften sie sich mit dem beim Schwimmen nach vorn gerichteten Pole an. In dem Momente, in welchem sie sich festsetzen, ändern sie ihre Gestalt. Die aus prismatischen Geißelzellen bestehende Körperhälfte flacht sich ab und senkt sich allmählich ins Innere des Körpers ein. Die Larve gewinnt so zunächst mützenförmige Gestalt. Da aber der Einstülpungsvorgang, durch welchen die Geißelzellen ins Innere gelangen, immer weiter fortschreitet, so wird schließlich eine zentrale, Metamorphose der Spongien.

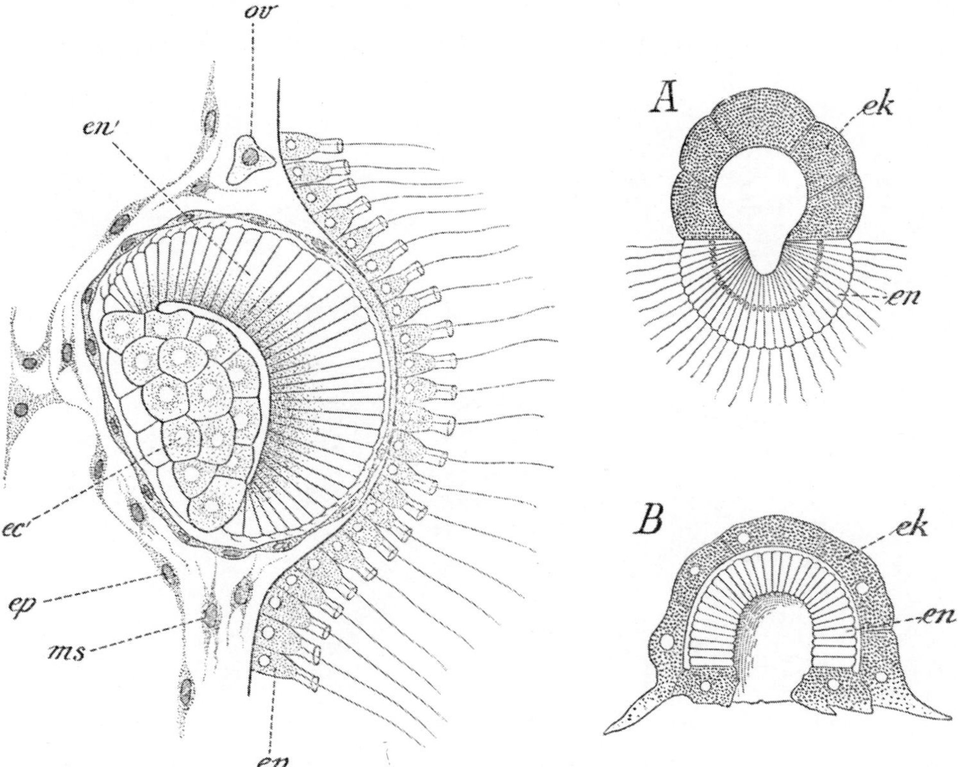

Fig. 12. Pseudogastrula von Sycon raphanus im Gewebe des mütterlichen Körpers. Nach F. E. Schulze. *ep* oberflächliches Plattenepithel, *en* Kragenzellenschicht des mütterlichen Körpers, *ms* Mesenchymzellen, *ov* junge Eizelle, *ec'* Ektodermschicht, *en'* Entodermschicht des Embryos.

Fig. 13. *A* Amphiblastula, *B* Gastrulastadium von Sycon raphanus. Nach F. E. Schulze aus Hatscheks Lehrbuch. Beide Stadien im Medianschnitt.

durch Einstülpung entstandene Höhle (die Gastralhöhle) gebildet, welche durch die Einstülpungsöffnung (den Urmund oder Blastoporus) mit dem umgebenden Medium kommuniziert. Inzwischen hat sich die Schicht der großen körnchenreichen Zellen an der Oberfläche des nun halbkugeligen Stadiums (Fig. 13B) ausgebreitet. Sie sondern sich bald in oberflächliche Plattenepithelzellen und tieferliegende Mesenchymzellen, in welchen frühzeitig Kalknadeln zur Ausbildung kommen. Dieses Stadium repräsentiert nach unserer Auffassung das echte Gastrulastadium der Kalkschwämme. Es setzt sich derart fest, daß es mit dem Urmund an der Unterlage haftet.

Die weiteren Umbildungen, welche zum Olynthus hinüberleiten, sind leicht zu verstehen. Es schließt sich zunächst der Urmund, der Körper streckt sich mörserförmig in der Richtung der Hauptachse. Es kommt an dem dem Anheftungspunkte gegenüberliegenden Pole das Osculum zum Durchbruch, während die zuführenden Poren als Durchbrechungen der Wand erscheinen.

Zusammenfassend können wir sagen: der Olynthus entwickelt sich aus einer Gastrula, welche sich mit dem Urmundpole festgeheftet hat. Das Osculum ist eine Neubildung, welche der Lage nach dem animalen Pole der Hauptachse entspricht.

Bau der ausgebildeten Spongien.

Nur kurz sei hier angedeutet, wie sich der Bau der höher entwickelten

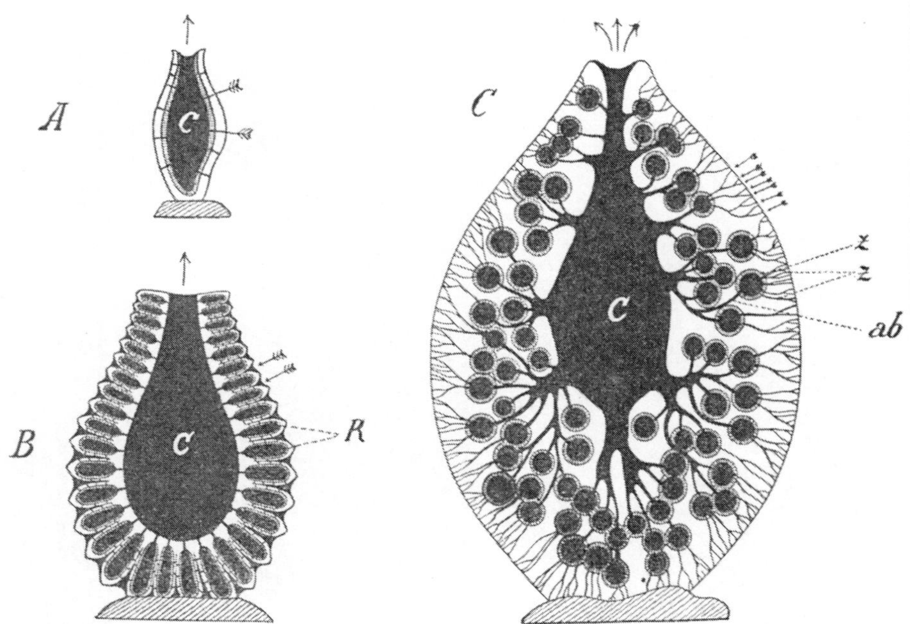

Fig. 14. Schematische Durchschnitte durch drei Typen der Kalkschwämme. Nach HAECKEL aus HATSCHEKS Lehrbuch. Die gestrichelte Schicht deutet das Kragenepithel an. Das innere Hohlraumsystem ist schwarz gehalten, die Pfeile zeigen die Richtung des Wasserstromes an. *A* Ascontypus (Olynthus). Der innere Hohlraum ganz von Geißelzellen ausgekleidet. *B* Sycontypus. Die Geißelzellen haben sich auf die Radiärtuben *R* zurückgezogen. *C* Leucontypus. Geißelzellen finden sich nur in den Wimperkammern, *ab* abführende, *z z* zuführende Kanäle.

Spongien von olynthus-ähnlichen Ausgangsformen herleiten läßt. Es handelt sich eigentlich um eine fortgesetzte Faltenbildung der Körperwand, welche gleichzeitig an Dicke immer mehr zunimmt. In einer Gruppe der Kalkschwämme, welche man als *Syconen* bezeichnet, bildet die Auskleidung der Gastralhöhle zipfelartig nach außen vordringende Ausbuchtungen (*R* in Fig. 14B), welche nun die Funktion der Nahrungsaufnahme übernehmen. Sie sind mit Kragenzellen ausgekleidet, während der zentrale Sammelraum nun mit einem Plattenepithel austapeziert ist. Diesen Ausbuchtungen der Gastralhöhle (den sog. Radiärtuben) entsprechen äußere Einbuchtungen der oberflächlichen Körperschicht, welche wir als zuführende Kanäle bezeichnen. Das Nahrungswasser strömt bei diesen Formen zunächst in die zuführenden Kanäle, gelangt durch die Poren der Körperwand in die Radiärtuben, von hier in den zentralen Hohlraum und durch das Osculum wieder nach außen.

Die meisten Schwämme weisen einen noch komplizierteren Bau auf. So erscheint z. B. in der Gruppe der *Leuconen* (Fig. 14 C) die Körperwand beträchtlich verdickt. Die Funktion der Nahrungsaufnahme wurde in kleine kugelförmige Hohlräume konzentriert, während ein kompliziertes System zuführender und abführender Kanäle die Wege andeutet, auf denen das Wasser dem zentralen, durch das Osculum geöffneten Sammelraume zugeführt wird. Mag der Schwamm später unregelmäßige Formen welcher Art immer annehmen, mag der zentrale Sammelraum durch ein System irregulärer Lacunen ersetzt sein — das alles sind Abänderungen des Bauplanes, welche sich ohne Schwierigkeit von dem hier entwickelten Grundschema herleiten lassen. Weitaus die meisten Schwämme weisen ihrem Baue nach einen mehr oder weniger abgeänderten Leucontypus auf.

Im wesentlichen hat sich der eigentliche Schichtenbau des Olynthus nicht geändert. Es ist nur durch Einbuchtungen der äußeren Körperoberfläche und durch Ausbuchtungen des inneren Hohlraumes ein komplizierteres Kanalsystem zur Entwicklung gekommen.

B. Cnidarien, Nesseltiere.

Die Nesseltiere verdanken ihren Namen dem Besitz jener mikroskopischen Giftapparate, welche sich in ihrem Ektoderm vorfinden und welche bisweilen selbst auf der menschlichen Haut die Empfindung des Brennens verursachen. Der feinere Bau dieser komplizierten Gebilde, welche in besonderen Nesselzellen erzeugt werden, soll uns hier nicht beschäftigen.

Auf zwei verschiedene Formen oder Grundgestalten läßt sich die unendliche Mannigfaltigkeit der Cnidarien zurückführen: Polyp und Meduse. Die erstere, festsitzend, mehr vegetativen Charakters wird als die ursprünglichere Form betrachtet, während wir in den Medusen oder Quallen höher organisierte, zu freiem Umherschwimmen befähigte und demgemäß auch mit Sinnesapparaten und Nervensystem in hervorragendem Maße ausgerüstete abgeleitete Formen erblicken. Die Meduse ist ein von der Unterlage losgelöster, freischwimmender Polyp.

Bau der Hydroidpolypen.

Sowohl Polypen als Medusen treten uns in verschiedenen Typen entgegen. Wir wählen als Ausgangspunkt unserer Betrachtungen ein möglichst einfaches Paradigma, wie es uns in dem seit Trembleys berühmten Untersuchungen so vielfach studierten Süßwasserpolypen *Hydra* (Fig. 15 und Fig. 16) entgegentritt. Der Körper dieses zierlichen, wenige Millimeter messenden, an Wurzeln von Lemnaceen und an anderen Wasserpflanzen festsitzenden Tierchens ist gestreckt schlauchförmig. Den Spongien gegenüber fällt uns seine beträchtliche Beweglichkeit auf. Das Tierchen kann sich strecken und zusammenziehen, sich krümmen, ja es kann auch den Festsetzungspunkt verlassen und wandern, was freilich nicht allzuoft vorkommt. Dem Baue nach kann Hydra als eine wenig modifizierte Gastrula betrachtet werden. Die Körperlängsachse fällt mit der Hauptachse der Gastrula zusammen. Der Anheftungspol entspricht hier — entgegen dem, was wir für die Spongien feststellten — dem apikalen oder animalen Pole des Gastrulastadiums. Der Mund der Hydra, der sich an dem freien, dem Anheftungspole gegenüberliegenden Körperende vorfindet, entspricht der Lage nach dem Urmunde der Gastrula; wenngleich er — wie wir sehen werden — nicht direkt aus diesem hervorgeht, sondern nach vorübergehendem Verschluß des Blastoporus durch einen an derselben Stelle sich ausbildenden Durchbruch neu entsteht. Das Innere des schlauchförmigen Körpers ist von einem einzigen Hohlraum, der Magen- oder Gastralhöhle, eingenommen. In diesem wird die aufgenommene Nahrung hier schon zum Teil durch Ein-

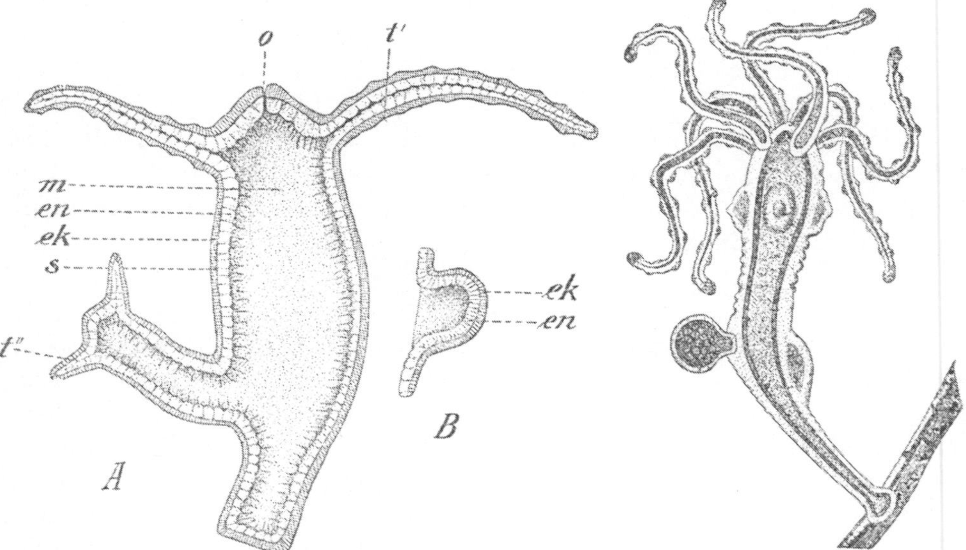

Fig. 15. *A* Hydra grisea in Knospung auf dem optischen Längsschnitt, *B* erste Anlage einer Knospe. Nach R. HERTWIG. *en* Entoderm, *ek* Ektoderm, *s* Stützlamelle, *t'* Tentakeln des Muttertieres, *t''* Tentakeln der Knospe, *m* Magen, *o* Mundöffnung.

Fig. 16. Hydra viridis. Nach R. HERTWIG. Oben mit einem Kranz von Hoden, tiefer mit einer Ovarialanschwellung und einem austretenden Ei.

wirkung von enzymhaltigen Sekreten verdaut (sekretive Verdauung), während die für die Spongien erwähnte Form der intrazellulären Verdauung noch nebenbei besteht.

Die Leibeswand setzt sich aus zwei Zellschichten zusammen, von denen wir, wie bei der Gastrula, die äußere als Ektoderm (oder primäre Hautschicht, Fig. 15 *ek*), die innere als Entoderm (oder primäre Darmwand, Fig. 15 *en*) bezeichnen. Zwischen beiden Zellschichten ist eine festere homogene Schicht (*s*) zur Ausbildung gekommen, in welcher wir keinerlei Zellen vorfinden, die sog. Stützlamelle. Diese Abscheidung erfüllt einen engen Spaltraum, der sich, wie aus einer Betrachtung der Entstehung des Gastrulastadiums hervorgeht, in letzter Linie auf die Furchungshöhle (primäre Leibeshöhle) zurückführen läßt.

Wenn sich nach dem Gesagten Hydra als eine festsitzende, mit dem apikalen Pole festgeheftete Gastrula betrachten läßt, so tritt uns doch an ihr eine Bildung entgegen, die der Gastrula fehlt. Das ist der Besitz beweglicher Fangfäden oder Tentakeln, welche in wechselnder Zahl den Mund des Tierchens umstellen. Sie können als einfache Auswüchse oder Ausstülpungen der Leibeswand betrachtet werden und sind demnach nichts anderes als hohle, blind endigende Schläuche, deren Wand aus denselben Schichten besteht, wie die Leibeswand überhaupt, nämlich: Ektoderm, Stützlamelle und Entoderm. Es erstreckt sich sonach in jeden Tentakel ein mit dem Magen zusammenhängender zentraler Kanal hinein, welcher der Ernährung des Fangfadens dient. Eine derartige Einrichtung, gewissermaßen ein System von Nährsaftgefäßen darstellend, welche mit dem zentralen Magenraum kommunizieren, wird als *Gastrovascularsystem* bezeichnet. Es ist dies ein funktioneller Vorläufer des Blutgefäßsystems, obgleich von anderer Provenienz und anderer Bedeutung. Die in ihm zirkulierende Flüssigkeit ist nicht Blut, sondern Magensaft.

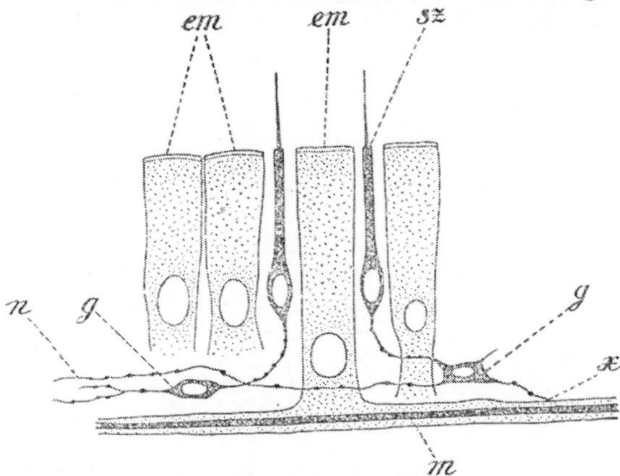

Fig. 17. Schematische Darstellung der Elemente des epithelialen Nervensystems eines Cnidariers. *em* Epithelmuskelzellen, von denen nur eine vollständig ausgezeichnet ist. Sie besitzen an ihrer Basis eine Muskelfibrille *m*, *g* Ganglienzellen, *n* Nervenfibrillen, *sz* Sinneszelle, *x* Stelle der Innervation der Muskelfibrille.

Hydra kann sich durch Knospung fortpflanzen (Fig. 15). Ein kleiner seitlicher Körperauswuchs (Fig. 15B) wächst zu einer jugendlichen Hydra heran, gewinnt Tentakel und Mundöffnung und löst sich von dem Muttertiere los, um ein selbständiges Leben zu führen. Neben dieser Fortpflanzungsweise findet sich bei Hydra auch die allen Metazoen zukommende Form der geschlechtlichen Zeugung, und da Hydra ein hermaphroditisches Wesen ist, so werden Eier und Spermatozoen in der äußeren Körperschicht, dem Ektoderm, eines und desselben Individuums entwickelt, und zwar an bestimmten Stellen (Fig. 16). Es treten in der vorderen Körperpartie Hautwucherungen auf, die als Hoden zu betrachten sind, während weiter hinten Ovarien zur Ausbildung kommen. Wenn bei den Spongien die Geschlechtsprodukte im Mesenchym zerstreut sich vorfanden, so ist es hier zur Differenzierung bestimmter Gonaden gekommen.

Histologie.

Überhaupt muß auf den hohen Grad histologischer Differenzierung der Körperschichten der Hydra hingewiesen werden. Wir wollen nur die äußere Haut oder das Ektoderm in Betracht ziehen (Fig. 17). Die Zellen dieses Epithels erzeugen an ihrem der Stützlamelle anliegenden, inneren Ende eine Schicht feiner, kontraktiler Fasern, die wir als Muskelfibrillen (*m*) bezeichnen und deren Zusammenziehungen die Bewegungen des Körpers hervorrufen. Ausgelöst wird die Kontraktion der Muskelfibrillen durch besondere, in dem ektodermalen Epithel zerstreut sich vorfindende, der Reizaufnahme und Reizleitung dienende Elemente. Wir finden zwischen den gewöhnlichen Epithelzellen der Haut besondere Sinneszellen (*sz*) und Ganglienzellen (*g*), welche mit feinsten Nervenfädchen (*n*) an die Muskelfibrillen herantreten. Die Haut der Hydra enthält sonach gleichzeitig einen Teil der Körpermuskulatur und des Nervensystems und zwar über die ganze Oberfläche verbreitet. Wir können hier von einem diffusen, epithelialen Nervensystem sprechen. Daneben finden sich in dem ektodermalen Epithel der Hydra noch Zellen anderer Bedeutung, so die schon erwähnten Nesselzellen, ferner Drüsenzellen und andere. Daß in ihm die Geschlechtszellen gebildet werden, haben wir bereits erwähnt.

Eine ganze Reihe von polypenähnlichen Wesen des Meeres schließt sich

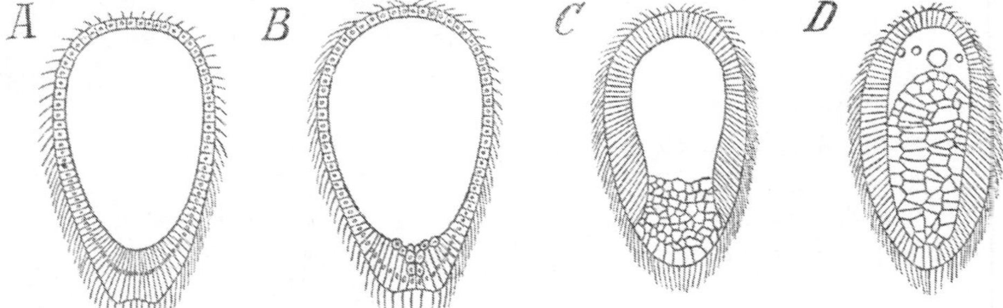

Fig. 18. Bildung des inneren Keimblattes bei einem Hydroiden. Aequorea nach CLAUS aus HATSCHEKS Lehrbuch.

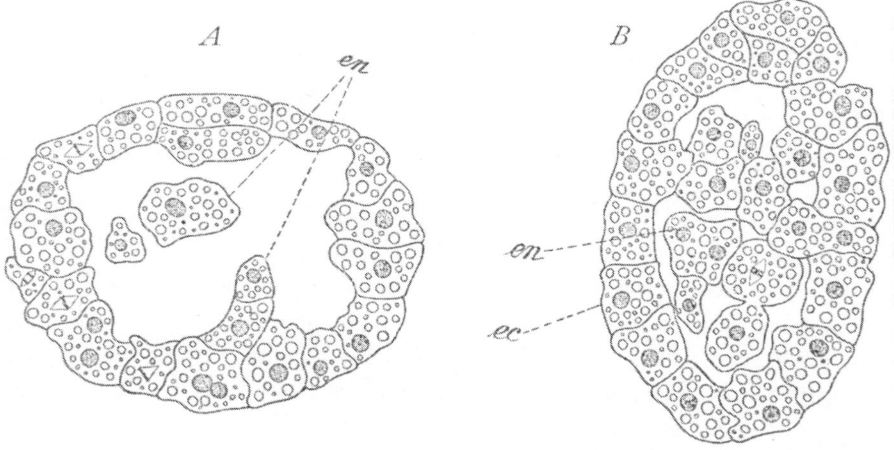

Fig. 19. Entodermbildung eines Hydroiden. Gonothyraea loveni nach WULFERT. *A* Blastula im Durchschnitt mit einwandernden Entodermzellen *en*. *B* ein späteres Stadium. *ec* Ektoderm, *en* Entodermzellen.

im Bau nahe an Hydra an. Es ist die Gruppe der Hydra-Verwandten oder Hydroiden. Sie bilden durch fortgesetzte Knospung baumförmig verästelte Stöckchen, welche mit wurzelartigen Ausläufern verankert wie Moos die Felsen des Meeresgrundes überziehen. An diesen ungemein zierlichen Bäumchen sitzen dann die Einzelindividuen wie Blüten an einem Zweige.

Entwicklung der Hydroiden.

Die Entwicklung der Hydroidpolypen aus dem befruchteten Ei weist auch gewisse Eigentümlichkeiten auf. Zwar ist die Furchung von dem Schema einer gewöhnlichen regulären totalen und nahezu äqualen Furchung meist nicht sehr abweichend. Auch wird in der Regel eine rundliche oder ovale, häufig schon mit Geißeln versehene und frei umherschwimmende Coeloblastula, eine hohle Keimblase (Fig. 18A) gebildet. Die Besonderheiten setzen erst bei der Bildung des inneren Keimblattes oder Entoderms ein. Während bei vielen

Tieren das Gastrulastadium durch einen Einstülpungsvorgang erreicht wird, indem die hintere Hälfte der Zellschicht des Blastulastadiums sich gegen die vordere einbuchtet, finden wir hier einen anderen Entwicklungsmodus. Bei manchen Formen wandern einzelne Zellen des vegetativen Keimpoles (Fig. 18) in das Blastocoel ein, und dieses Einwandern wird bald so massenhaft, daß schließlich das ganze Innere des Keimes mit Zellen, die wir nun als Entodermzellen bezeichnen, erfüllt ist (polare Einwanderung oder Typus der hypotropen Einwanderung). In vielen anderen Fällen vollzieht sich diese Einwanderung nicht von dem vegetativen Pole des Keimes aus, sondern es treten regellos bald da bald dort Zellen der Keimblasenwand in die Furchungshöhle (Fig. 19), um sie schließlich zu erfüllen (Typus der multipolaren Einwanderung). Das Resultat ist in beiden Fällen das gleiche. Wir kommen zu einem Stadium, welches nun schon meist ziemlich langgestreckt ist und an der Oberfläche überall von einem Geißelepithel (Ektoderm) bedeckt ist, während das Innere von einer soliden Zellmasse (Entoderm) erfüllt ist. Dieses für die Hydroiden ungemein charakteristische Stadium hat man nach dem Vorgange Dalyells als *Planula* bezeichnet (Fig. 18D). Erst später kommt im Inneren der entodermalen Zellenmasse durch Auseinanderweichen der Zellen ein Hohlraum, die Anlage der Magenhöhle, zustande (Fig. 20A), welche entsprechend dem vegetativen Pole der Larve durchbricht und so die Mundöffnung entwickelt. Die Planula schwimmt oder kriecht mittels Geißelbewegung umher. Schließlich heftet sie sich mit jenem Körperende, welches der Mundöffnung gegenüberliegt, an und wächst zu einem jungen Hydroidpolypen aus (Fig. 20 B und C), indem sie eine verbreiterte Anheftungsscheibe oder Wurzelausläufer (Stolonen) entwickelt und in der Umgebung des Mundes Tentakel zur Ausbildung bringt. Schließlich wächst der so entstandene Primärpolyp weiter empor und schreitet bald zur

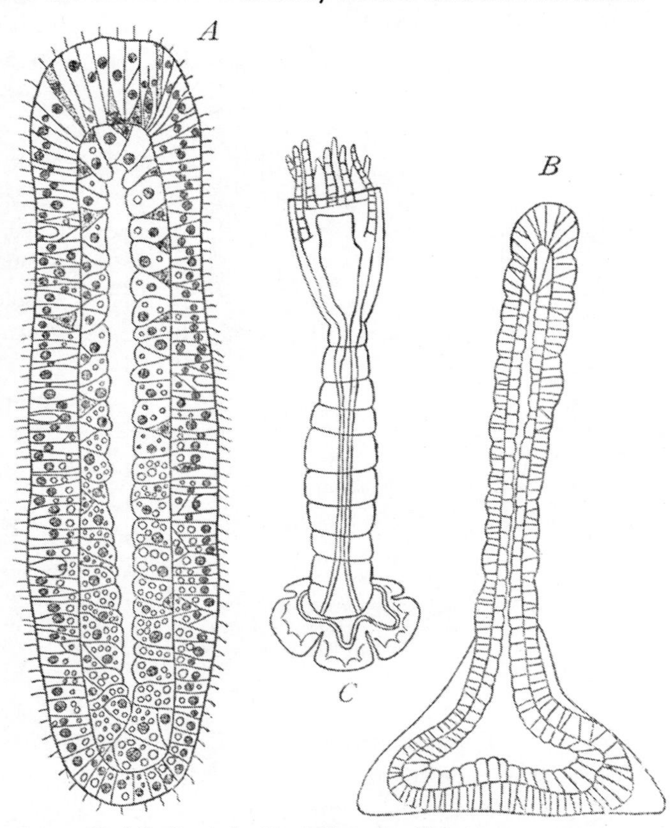

Fig. 20. Drei Stadien in der Entwicklung eines Hydroidpolypen. Gonothyraea loveni nach WULFERT. *A* Planula, *B* nach erfolgter Festsetzung, *C* junger Polyp.

Entwicklung von Knospen, welche zu neuen Individuen heranwachsen. Da diese mit dem verschmälerten Stiele (dem sog. Hydrocaulus) des Primärpolypen verbunden bleiben, so kommt es auf diese Weise zur Bildung eines baumförmig verästelten Stöckchens, dessen einzelne Zweige an ihren Enden die nun als Hydranten zu bezeichnenden Individuen tragen.

Prinzip des Polymorphismus.

Was an diesen kolonialen Verbänden unser Interesse in besonderem Maße fesselt, ist der Umstand, daß die einzelnen Individuen nach dem bekannten Grundsatze der Teilung der Arbeit sich vielfach verschiedenen Aufgaben und Leistungen im Dienste der Gesamtheit zuwenden und dementsprechend in ihrer Körpergestalt, in der Art ihrer zweckentsprechenden Ausrüstung verändert werden. Das Prinzip des Polymorphismus der Individuen, seit Leuckarts lichtvollen Auseinandersetzungen (1851), einer der leitenden Gesichtspunkte morphologischer Forschung, führt hier häufig zu einer Mannigfaltigkeit verschieden gestalteter, miteinander verwachsen bleibender Einzelwesen. Wir begegnen bei manchen der hierher zu zählenden Formen, so an dem bekannten Beispiele von *Podocoryne* (Fig. 21), neben gewöhnlichen Ernährungspolypen etwas anders gestalteten Individuen, welche dazu bestimmt sind, Geschlechtstiere zu erzeugen, ferner mund- und tentakellosen sog. Spiralzooiden (*s*), dann stachelartig verfestigten Wehrpolypen (*sk*) usw. Am weitesten gedeiht die Vielgestaltigkeit der einzelnen Komponenten dieser Lebensgemeinsamkeit bei gewissen freischwimmenden Kolonien, die man auch der Gruppe der Hydroiden zurechnet: den *Siphonophoren* oder Röhrenquallen. Der gemeinsame Stamm erscheint hier an ein hydrostatischen Zwecken dienendes Individuum, die sog. Luftkammer, befestigt. Es finden sich sodann glockenförmige Einzelwesen, durch Pulsationen der Gesamtheit eine gewisse Bewegung erteilend; ferner begegnen wir: Freßpolypen, Fangfäden, Tastern, schildförmigen Deckstücken, Geschlechtsindividuen usw. Der wundersame Bau dieser, wie aus durchsichtigem Kristall gebildeten und vielfach in den leuchtendsten Farben erstrahlenden Kompositionen mariner Lebenstätigkeit hat in gleichem Maße die Aufmerksamkeit der Forscher wie freudige Empfindungen ästhetisch fühlender Naturfreunde erregt.

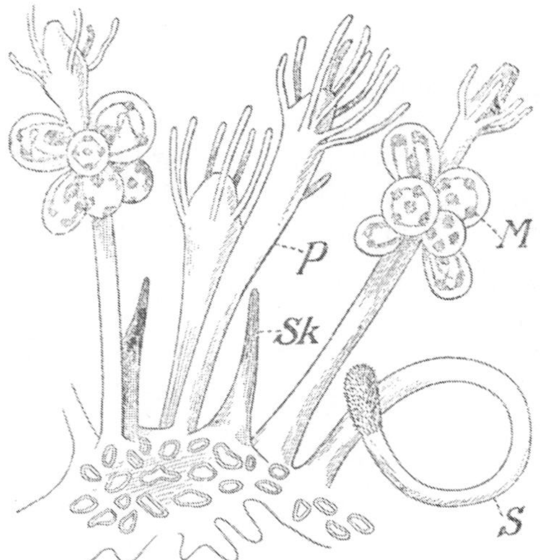

Fig. 21. Podocoryne, eine Hydroidenkolonie. Nach GROBBEN. *M* Medusenknospen an proliferierenden Polypen, *P* Polypen, *S* sog. Spiralzooide, *Sk* Skelettpolypoid. Die ganze Kolonie basalwärts durch ein Wurzelgeflecht (Coenosark) verbunden.

Bildung der Medusen.

Als ein besonderer Fall von Polymorphismus ist die bei den Hydroiden hervortretende besondere Ausbildungsweise der Geschlechtsindividuen zu betrachten. Während die durch Knospung sich vermehrenden Hydranthen (im Gegensatze zu Hydra) zu geschlechtlicher Vermehrung nicht befähigt erscheinen, produzieren sie durch Knospungsvorgänge glockenförmige, meist zu freier, schwimmender Bewegung befähigte Individuen (Fig. 22), deren Aufgabe es ist, Eier oder im Falle des männlichen Geschlechts Spermatozoen zu erzeugen und durch ihr Umhertreiben in den von Strömungen bewegten Oberflächenschichten des Meeres die Verbreitung der Art über ein größeres Territorium zu besorgen. Dem gleichen Zweck dient ja auch schon die freie Beweglichkeit der als Planulae bezeichneten und oben gekennzeichneten Jugendformen der Cnidarien. Auf dieser besonderen Ausbildung bestimmter, den geschlechtlichen Zeugungsfunktionen sich widmender Individuen beruht der für die Hydroiden bezeichnende Unterschied zwischen Polyp und Meduse, sowie die Erscheinung des Generationswechsels, welche durch das alternierende, vielfach nach Jahreszeiten wechselnde Auftreten dieser beiden verschiedenen Gestalten bedingt ist.

Es kann unsere Aufgabe nur sein, nach einer gedrängten Darstellung des Baues der Hydroidmeduse anzudeuten, wie sich diese Form auf den einfacheren Bau des Polypen zurückführen läßt. Es handelt sich im wesentlichen um eine Verkürzung der Hauptachse unter gleichzeitiger glockenförmiger Verbreiterung der Ansatzstelle des schon den Polypen zukommenden Tentakelkranzes. Wenn bei den Hydroidpolypen vielfach durch die Zahl und Stellung der Tentakel eine radiärsymmetrische Anordnung der die Hauptachse seitlich umgebenden Organbildungen gekennzeichnet ist, so tritt an der Form der Meduse

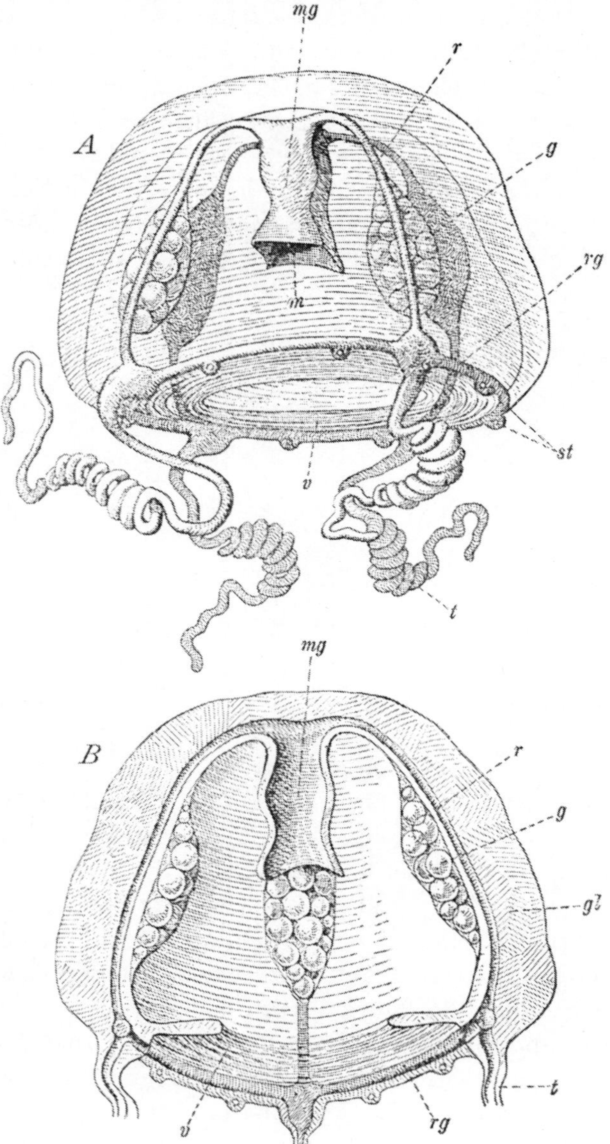

Fig. 22. *A* Eucopium, eine Hydroidmeduse. Nach HAECKEL. *B* Schematischer Durchschnitt dieser Form. *g* Geschlechtsorgane = Gonaden, *gl* Schirmgallerte, *m* Mund, *mg* Magen, *r* Radiärgefäß, *rg* Ringgefäß, *st* Statocysten oder sog. Randbläschen, *t* Randtentakel, *v* Velum.

die Erscheinung dieser Radiärsymmetrie noch deutlicher zutage. Meist sind es vier, in manchen Fällen sechs durch besondere Organbildungen gekennzeichnete Hauptradien.

Bau der Hydroidmedusen.

Der Körper der *Hydroidmedusen* (Fig. 22), welche man wegen des Besitzes eines kontraktilen Hautsaumes auch als Saumquallen oder *craspedote Medusen* zu bezeichnen pflegt, zeigt als wichtigsten Teil eine durchsichtige, gallertartige oder knorpelige Glocke, gemeiniglich als Schirm (*gl*) bezeichnet. Diese Glocken sind im Jugendzustande mit dem Scheitel an dem Mutterpolypen festgewachsen. Im Inneren finden wir die Glockenhöhle, in welche an der Stelle, wo wir den Klöppel der Glocke vermuten würden, ein mit Mundöffnung versehener Magenschlauch (*mg*) herabhängt. An dem Glockenrande findet sich irisartig ein

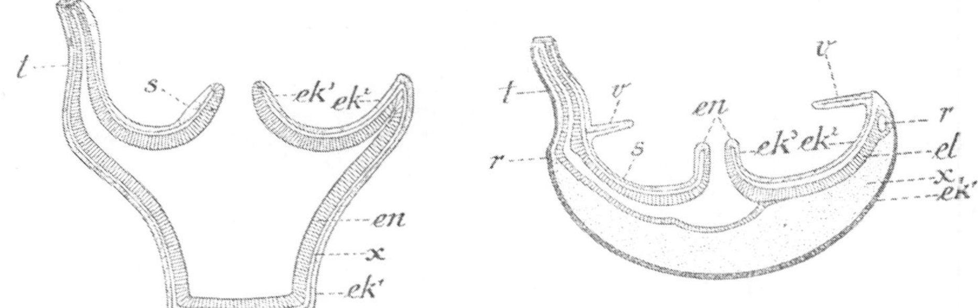

Fig. 23. Schematischer Längsschnitt durch einen Polypen vgl. Fig. 15.

Fig. 24. Schematischer Längsschnitt durch eine Meduse vgl. Fig. 22 *B*.

Beide Figuren nach R. HERTWIG. *en* Entoderm, *el* Entodermlamelle (durch Zusammenpressen der Magenwand entstanden), *ek* Ektoderm, *ek*[1] äußeres Glockenektoderm, sog. Exumbrella, *ek*[2] inneres Glockenektoderm, sog. Subumbrella, *ek*[3] Ektoderm des Magens, *r* Ringkanal, *s* Subumbrella (Innenwand der Glocke), *t* Tentakeln, *v* Velum, *x* Gallerte, resp. die korrespondierende Stützlamelle.

kontraktiler Hautsaum, das sog. *Velum* (*v*) gespannt, welches bei den pulsierenden oder pumpenden Schwimmbewegungen der später freiwerdenden Wesen eine besondere Rolle spielt. Die ganze Glocke ist innen und außen von ektodermalem Epithel überzogen. Das Entoderm kleidet die Magenhöhle aus. Die Schirmgallerte ist als eine modifizierte Stützlamelle zu betrachten. In letztere erstreckt sich ein vom Magen ausgehendes Gastrovascularsystem, aus meist vier radiär verlaufenden Gefäßen (*r*) bestehend, welche am Schirmrande durch ein Ringgefäß (*rg*) miteinander in Verbindung stehen. Radiärgefäße und Ringgefäß sind untereinander durch ein zartes Epithelblatt (Gefäßlamelle oder Cathammalplatte) verbunden. Den Schirmrand nehmen Randtentakel ein. Hier finden sich Sinnesapparate (Augenflecken oder in anderen Fällen Statocysten, früher als Gehörblasen bezeichnet) und ein doppelter, längs der Insertionsstelle des Velums sich hinziehender Nervenring. Von letzterem sei hervorgehoben, daß er noch rein in der Kontinuität des ektodermalen Epithels gelegen ist. Er stellt eine modifizierte Partie der äußeren Haut dar, welche durch reichlichen Besitz an Sinneszellen, Nervenzellen und -fasern zu einem nervösen Zentrum geworden ist. Wenn bei Hydra im Ektoderm ein diffuses Nervensystem zu erkennen war, so ist hier durch Konzentration ein strangförmiger Typus dieses wichtigen Organsystems erreicht. Gleichwohl bleibt der rein epitheliale Charakter dieser Bildung gewahrt. Ebenso ist auch die ganze Körpermuskulatur der Meduse im Epithel gelegen.

Versuchen wir es, den Brüdern Hertwig folgend, den Bau der Meduse als den eines umgewandelten Polypen zu erfassen (Fig. 23 und 24), so sei hervorgehoben, daß in beiden Fällen die Hauptachse des Körpers vom Mundpole zum Anheftungspole zieht. Sie ist in der Meduse (Fig. 24) erheblich verkürzt. Das kegelförmige Peristom, welches bei dem Polypen die Mundöffnung trägt, ist dem Magenschlauch der Meduse gleichzusetzen. Die Tentakel des Polypen finden wir in den Randtentakeln wieder, während die beträchtliche Entwicklung der Stützlamelle (x) im Bereiche der aboralen Körperhälfte zur Ausbildung der Schirmgallerte geführt hat. Zwischen Tentakelbasis und dem zentralen Magenraume dehnt sich bei der Meduse das hier auch als Kranzdarm bezeichnete Gastrovascularsystem aus. Als Neubildung müssen wir in der Meduse das Velum betrachten. Am Hydroidpolypen können wir keine ihm entsprechende Bildung nachweisen.

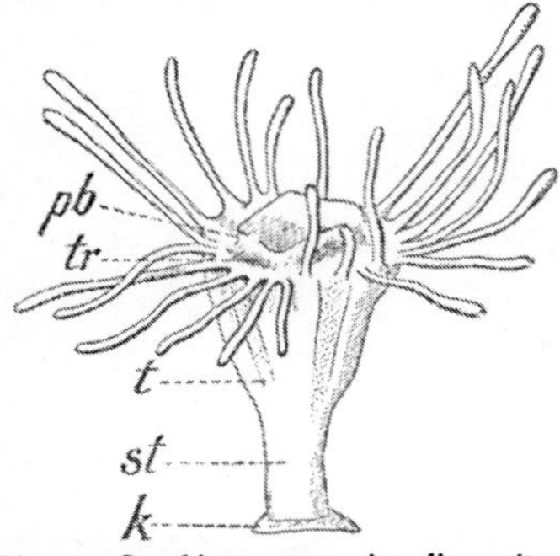

Fig. 25. Scyphistoma von Aurelia aurita. Nach KORSCHELT-HEIDER. *pb* Peristomrüssel, *tr* trichterförmige Einsenkungen des Peristoms (sog. Septaltrichter), *t* durchschimmernde Gastralfalten, *st* Stiel, *k* basale Skelettabscheidung.

Die Geschlechtsorgane oder Gonaden der Hydroidmedusen sind ektodermale Wucherungen, welche sich teils am Magenschlauche, in anderen Fällen an der Innenwand des Schirms, den Radiärkanälen (Fig. 22 *g*) benachbart, vorfinden.

In der Gruppe der *Hydroiden* begegnen wir dem einfachsten Typus der Cnidarien. Kurze Erwähnung sei noch der Komplikationen getan, welche der Bauplan dieser Formen in anderen hierher zu rechnenden Gruppen erleidet.

Bau der Scyphopolypen.

Wie bei den Hydroiden, so tritt uns auch in der Klasse der *Scyphomedusen* die Unterscheidung in Polyp (*Scyphopolyp*) und Meduse (Lappenqualle oder *acraspede Meduse*) entgegen. Äußerlich erscheint der Scyphopolyp, gewöhnlich als *Scyphistoma* (Fig. 25) bezeichnet, einer Hydra so ähnlich, daß er zu den Zeiten, da Michael Sars seine berühmten und grundlegenden Untersuchungen über den Entwicklungskreis dieser Formen anstellte, noch gewöhnlich als „Hydra tuba“ bezeichnet wurde. Spätere Untersuchungen, unter ihnen vor allem die Beobachtungen Alexander Goettes, haben uns gewisse Eigentümlichkeiten des Baues kennen gelehrt, die hier zu erwähnen sind. Man erkennt an dem Körper des Tieres vier längsverlaufende Streifen (*t*, sog. Täniolen). Sie sind der Ausdruck von Falten der Magenwand (Fig. 26B), in denen sich Längsmuskelzüge (Fig. 26A *sm*), Retraktoren des Körpers, bergen. Durch diese kulissenartig ins Innere vorspringenden sog. Septen wird der Magenraum in eine gemeinsame zentrale Höhle und in vier periphere Magentaschen geteilt. Letztere kommunizieren nicht nur mit dem zentralen Magenraume, sondern auch untereinander, da die vier Septen dicht unter dem Tentakelkranze Durchbohrungen (Fig. 26A, *so*) besitzen, wodurch das Scheinbild eines Ringgefäßes hervorgerufen wird. Wo die vier Längsmuskelzüge sich an die obere Körperwand ansetzen, finden sich trichterförmige Einziehungen (Fig. 26 A und C *tr*) derselben, die sog. Septaltrichter. Es nähert sich der Bau des Scyphopolypen in mancher Hinsicht dem der Korallentiere, auf den wir gleich zu sprechen kommen.

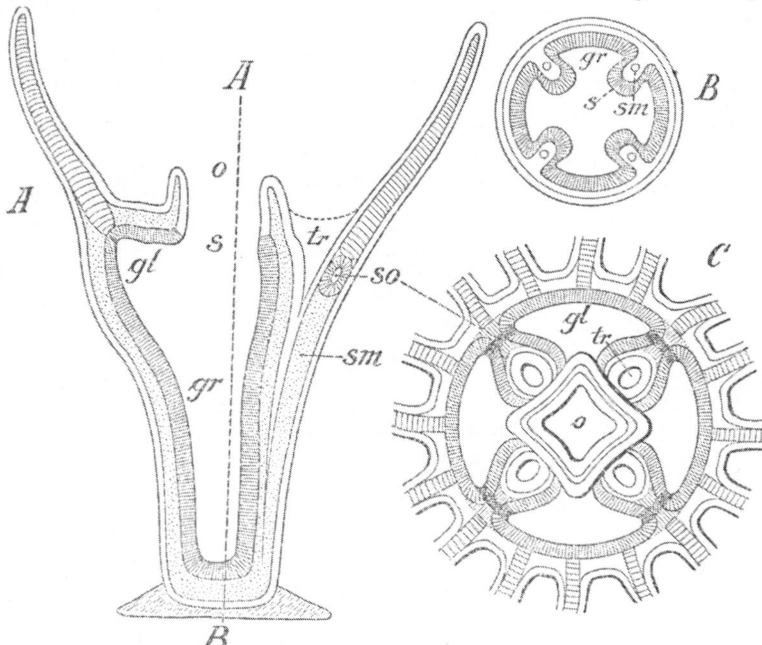

Fig. 26. Körperbau von Scyphistoma. Schematisch nach GOETTE aus HATSCHEKS Lehrbuch. *A* im Längsschnitt, links durch eine Magentasche, rechts durch ein Septum. *A—B* Hauptachse, *gr* Gastralrinne, welche nach oben in die Magentasche *gl* übergeht, *o* Mund, *s* Eingang in den eigentlichen Magenraum, *sm* Septalmuskel, *so* Septalostium, *tr* Septaltrichter. *B* Querschnitt durch den unteren Teil des Körpers, *gr* Gastralrinne, *s* Septum, *sm* Septalmuskel. *C* Ansicht von der Oralseite; *gl* Magentasche, o Mund, *so* Septalostium, *tr* Septaltrichter.

Wir müssen es uns versagen, auszuführen, wie durch den merkwürdigen Vorgang der Strobilation die als Ephyren bezeichneten freischwimmenden Larvenformen der akraspeden Medusen entstehen, ebenso wie die nicht minder beachtenswerten Umbildungen, welche zum Bau der geschlechtsreifen, hier hoch entwickelten Medusenform hinüberführen, außer den Rahmen unserer Betrachtung fallen. Erwähnt sei nur, daß die Gonaden hier, wie auch bei den Anthozoen, dem Entoderm entstammen und daß Mesenchymzellen, welche die Schirmgallerte bevölkern, ebenfalls als eingewanderte Entodermzellen zu betrachten sind.

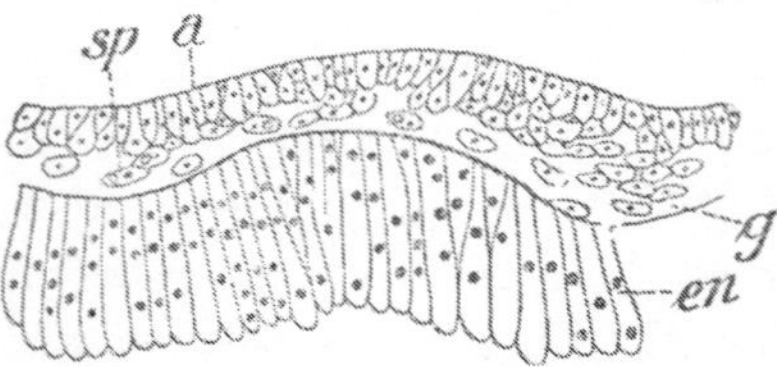

Fig. 27. Schnitt durch die Körperwand eines Korallenpolypen. Nach KOWALEVSKY und MARION aus KORSCHELT-HEIDERS Lehrbuch. *a* Ektoderm, *en* Entoderm, *g* Gallerte, *sp* erste Anlage der Sklerite oder Kalkkörper in Zellen des sich bildenden Mesoderms.

Die kalkabscheidenden, riffbildenden Korallentiere, die einzeln lebenden Aktinien und andere zur Klasse der *Anthozoen* vereinigte Formen bilden keine Medusen. Dagegen erreicht in dieser Gruppe die Form des Polypen bedeutende Organisationshöhe. Der grazilen Beschaffenheit der kleinen, von Wasserströmungen leicht bewegten Hydro- und Scyphopolypen gegenüber fällt uns an den Individuen der Anthozoen erheblichere Körpergröße und die derbe, lederartige Beschaffenheit der Leibeswand auf. Sie verdanken dieselbe dem Vorhandensein eines an Stelle der Stützlamelle entwickelten, oft von Fibrillen durchsetzten und in gewissen Fällen Kalkkörperchen (Sklerite) führenden Bindegewebes, dessen

Bau der Anthozoen.

mesenchymatische Elemente, aus dem Ektoderm stammend, durch amoeboide Wanderung in die Grundsubstanz gelangen (Fig. 27). Die Körpergestalt ist im allgemeinen kurz zylindrisch oder trommelförmig (Fig. 28). Die untere Fläche, mit welcher das Tier festsitzt, wird als basale Fußscheibe, die obere, von Tentakeln umstellte und von der spaltförmigen Mundöffnung durchbohrte Endfläche als Mundscheibe unterschieden. Der Mund führt nicht direkt, sondern durch Vermittlung eines nach innen herabhängenden Schlundrohres (Stomodaeum, *sch*) in den Magen, welches, durch Einstülpung der Mundscheibe ent-

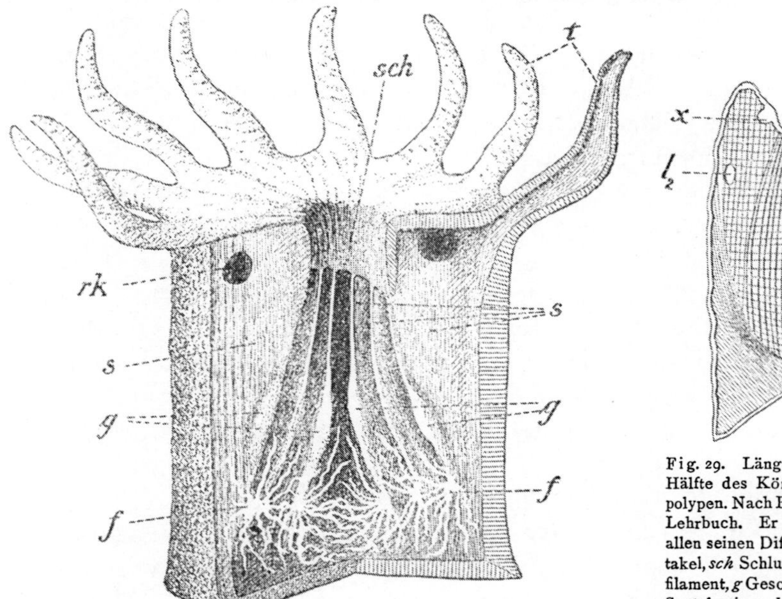

Fig. 28. Schematische Darstellung eines Anthozoenpolypen. Nach KENNEL. *sch* Schlundrohr, *t* Tentakel, *s* Septen, *rk* Durchbohrung derselben, *g* Geschlechtsorgane, *f* Gastralfilamente.

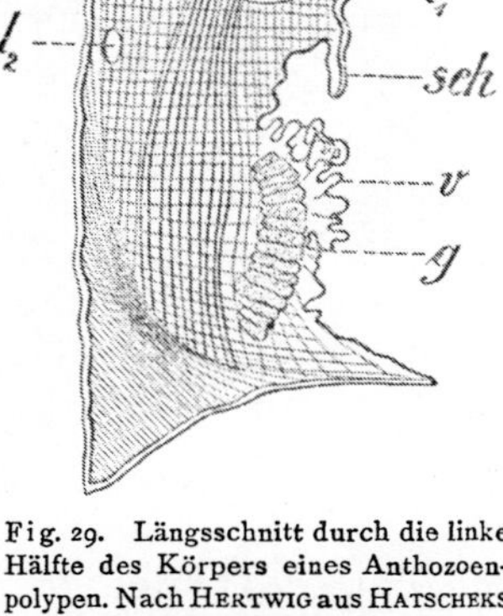

Fig. 29. Längsschnitt durch die linke Hälfte des Körpers eines Anthozoenpolypen. Nach HERTWIG aus HATSCHEKS Lehrbuch. Er zeigt ein Septum mit allen seinen Differenzierungen. *t* Tentakel, *sch* Schlundwand, *v* Mesenterialfilament, *g* Geschlechtsorgan, l_1 inneres Septalostium, l_2 äußeres Septalostium; ferner sind am Septum Längsmuskeln, Transversalmuskeln und Parietalmuskeln zu beobachten; *x* Ringmuskel, quer durchschnitten.

standen, an seiner inneren Seite von Ektoderm ausgekleidet ist. Es kann sonach der Mund der Anthozoen dem Munde der Hydra nicht direkt verglichen werden. Letzterer entspricht dem Urmunde der Gastrula und kennzeichnet die Stelle, an welcher das äußere Keimblatt in das innere übergeht. Diese findet sich bei den Anthozoen dort, wo das Innenende des Schlundrohres in den zentralen Gastralraum mündet (Schlundpforte). Das stomodäale Schlundrohr ist als ein neu hinzugekommener, durch ektodermale Einstülpung gebildeter Teil des Darmtraktes zu betrachten.

Der eigentliche Gastralraum wird durch von außen nach innen kulissenartig vorspringende Falten der Magenwand (*s*) — ähnlich wie wir dies bei Scyphistoma angedeutet sahen — in einen gemeinsamen Zentralraum und in periphere Magentaschen gegliedert, welch letztere sich in die Innenkanäle der Randtentakel fortsetzen. Die zwischen den Magentaschen hereinragenden Septen, welche in manchen Fällen das Schlundrohr erreichen, sind hier der Sitz reicher Organbildung (Fig. 29). Eine an Nessel- und Drüsenzellen reiche Krause (v) nimmt ihren freien Saum ein. In ihnen entwickelt sich ein Längsmuskelband entodermaler Muskulatur, nach dem eigentümlichen Bilde, das es auf Querschnitten liefert, als „Muskelfahne" beschrieben. In den Septen liegen auch die Gonaden (g), deren Elemente dem entodermalen Epithel, das die Septen überkleidet, entstammen.

Die erwähnten Längsmuskelzüge stellen nur einen Teil der Körpermuskulatur dar, welche noch durch transversal verlaufende Fibrillen in den Septen und durch Muskelzüge der ektodermalen Körperschicht ergänzt wird. Das Nervensystem ist hauptsächlich im ektodermalen Epithel zu suchen, wenig konzentriert, doch im Bereiche der Mundscheibe reichliche Plexusbildungen veranlassend. Wie bei den Coelenteraten überhaupt, so haben auch hier die Untersuchungen der Brüder Hertwig unsere Kenntnis des feineren Baues dieser Formen begründet. Im übrigen ist das Nervensystem nicht auf das Ektoderm beschränkt. Wir finden bei den Cnidarien allgemein auch Nervenelemente in der entodermalen Auskleidung des Gastralraumes, wenngleich nicht so reichlich wie im Ektoderm.

Wie bei den Scyphistomen erscheinen die Septen durch ein in der Nähe der Mundscheibe zu suchendes Septalostium durchbohrt (Fig. 29 l_2). Die für die einzelnen Gruppen der Anthozoen verschiedenen und für die Systematik wichtigen Gesetze der Septenstellung lassen erkennen, wie bei diesen Formen der radiärsymmetrische Bauplan allmählich in den bilateral-symmetrischen übergeführt wird.

C. Ctenophoren, Kammquallen oder Rippenquallen.

Wenn bei Spongien und Cnidarien die mehrfach sekundär gestörte Radiärsymmetrie des Bauplanes als Ausdruck festsitzender Lebensweise erfaßt werden kann, so treten uns in den *Ctenophoren* freischwimmende Wesen von disymmetrischem Charakter entgegen. Der Körper von *Hormiphora plumosa* (Fig. 30), die unseren Erläuterungen zugrunde gelegt werden soll, hat birnförmige Gestalt. Sie erscheint wie eine zarte, gallertig durchsichtige, schwebende Montgolfiere des Meeres. Acht in regelmäßigen Abständen verteilte, längsverlaufende Reihen von wimpernden Ruderplättchen (sog. Rippen r'–r^4 in Fig. 31) dienen der Lokomotion, zwei zarte, mit Klebzellen besetzte Fangfäden (f) vermitteln den Nahrungserwerb. Das eine Ende der Hauptachse nimmt die Mundöffnung ein, während der gegenüberliegende Pol durch ein kompliziertes Sinnesorgan (s), das gleichzeitig als Zentrum des Nervensystems zu gelten hat, gekennzeichnet wird. Von hier gehen Zellverbindungen zu den acht Rippen, während ein subepithelialer Nervenplexus sich diffus unter dem Ektoderm und an der Wand des Stomodaeums ausbreitet.

Bau der Ctenophoren.

Wie bei den Anthozoen so führt auch hier der Mund zunächst in ein ektodermales Schlundrohr (Stomodaeum, hier unpassend als Magen (m) bezeichnet), dessen innere Öffnung (Schlundpforte) die Kommunikation mit dem als Trichter (t) benannten Gastralraum des Darmes herstellt. Letzterer erscheint in ein kompliziertes System von Kanälen aufgelöst, von denen acht unter den Rippen hinziehen (Gastrovaskularsystem).

Diese „Rippengefäße" tragen die Gonaden. Die Geschlechtsprodukte, hier hermaphroditisch in einem Individuum vereinigt, entstammen dem Entoderm, unter welchem sie sich nach der Länge der Rippengefäße streifenförmig anordnen.

Alle die genannten inneren Organe (Schlundrohr, Darm mit dem Gastrovaskularsystem und den den Gefäßen angeschlossenen Geschlechtsorganen) finden sich in eine mesenchymatische Gallerte von hochkomplizierter histologischer Struktur eingebettet. Es zeigen sich hier in einer homogenen Grund-

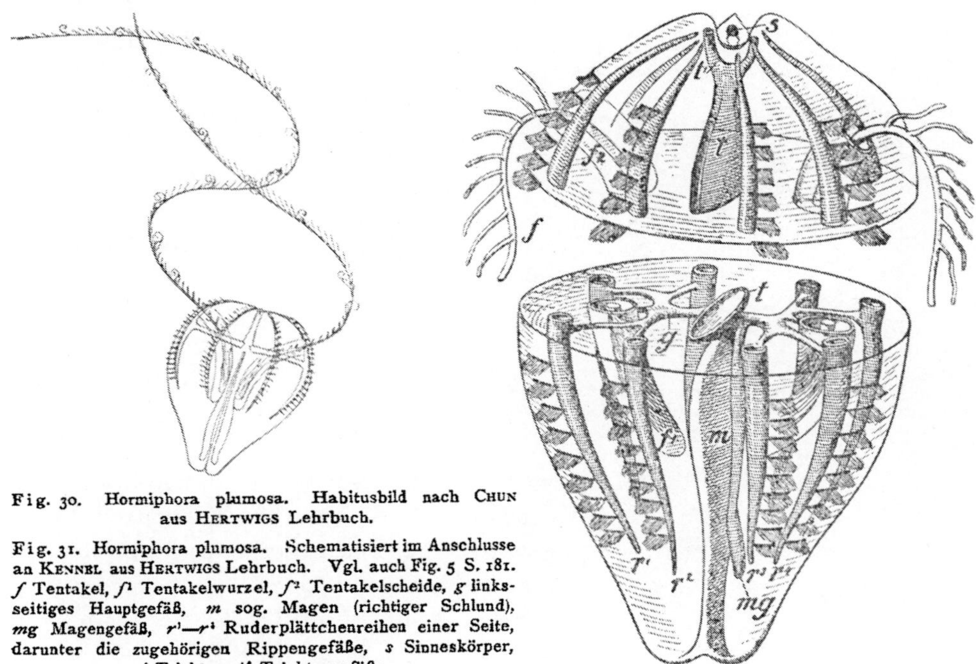

Fig. 30. Hormiphora plumosa. Habitusbild nach CHUN aus HERTWIGS Lehrbuch.

Fig. 31. Hormiphora plumosa. Schematisiert im Anschlusse an KENNEL aus HERTWIGS Lehrbuch. Vgl. auch Fig. 5 S. 181. *f* Tentakel, f^1 Tentakelwurzel, f^2 Tentakelscheide, *g* linksseitiges Hauptgefäß, *m* sog. Magen (richtiger Schlund), *mg* Magengefäß, r^1—r^4 Ruderplättchenreihen einer Seite, darunter die zugehörigen Rippengefäße, *s* Sinneskörper, *t* Trichter, *t'* Trichtergefäße.

substanz sternförmig verästelte Bindegewebszellen, ferner aus Mesenchymzellen entstandene Muskelzellen, bandförmig gestreckte kontraktile Elemente mit verästelten Enden, ferner feinste Fibrillen, zum Teil als Nervenfibrillen in Anspruch genommen und mit Ganglienzellen in Verbindung stehend, die Innervation der mesenchymatischen Muskulatur besorgend. Die Elemente dieses mesenchymatischen Gewebskomplexes entstammen, wie schon Chun und Kovalewsky wußten und neuerdings Hatschek bestätigte, dem Ektoderm.

Entwicklung der Ctenophoren.

Die Entwicklung der Ctenophoren führt durch verhältnismäßig einfache Umbildungsvorgänge zur jugendlichen, der ausgebildeten Form meist schon ziemlich ähnlichen Rippenqualle. Die Furchung (Fig. 32) kann als Schulbeispiel totaler inäqualer Furchung betrachtet werden. Frühzeitig tritt der Gegensatz zwischen einer aus kleineren Zellen (Mikromeren *mi*) bestehenden und einer aus großen, dotterreichen Furchungskugeln (Makromeren *ma*) zusammengesetzten Keimeshälfte zutage. Frühzeitig macht sich auch an den Furchungsbildern der disymmetrische Bauplan der Gruppe bemerkbar. Die Mikromeren sitzen dem animalen Pole genähert der Makromerengruppe, welche die vegetative Hälfte repräsentiert, kappenförmig (Fig. 32 C) auf. Wir fügen hinzu, daß die Makromeren das Entoderm, die Mikromeren das Ektoderm des Keimes darstellen. Zwischen beiden Zellagen findet sich die hier wenig umfangreiche, gegen den animalen Pol verdrängte und merkwürdig lange nach oben und unten geöffnete Furchungshöhle.

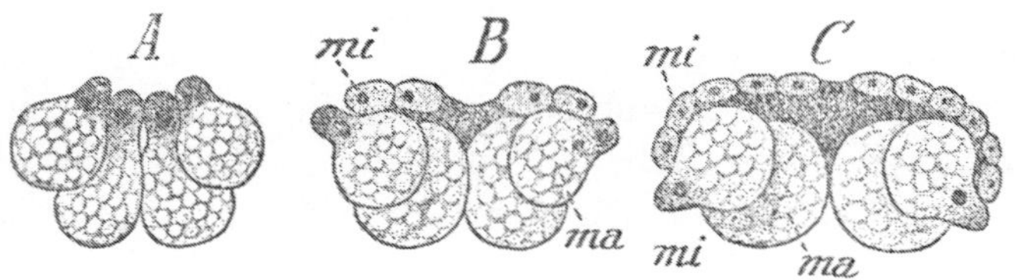

Fig. 32. *A—C* Drei Furchungsstadien eines Ctenophoreneies (aus LANGS Lehrbuch). *mi* Mikromeren, *ma* Makromeren, in *B* und *C* ist die Furchungshöhle im Inneren dunkel angegeben.

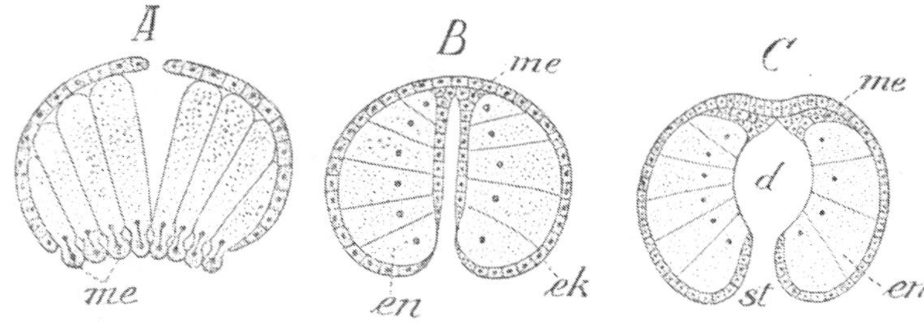

Fig. 33. Drei frühe Entwicklungsstadien einer Ctenophore. Schematisch nach METSCHNIKOFF aus LANGS Lehrbuch. *ek* Ektoderm, *me* kleinere Entodermzellen, welche in *A* basalwärts sich abschnürend später nach oben rücken (*B* und *C*), *en* entodermale Makromeren, *d* Darmhöhle, *st* Schlund (Stomodaeum, Anlage des sog. Magens).

Die Makromeren werden von der Mikromerenkappe allmählich immer mehr umwachsen (epibolische Gastrulation) und auf diese Weise in das Innere des Keimes gedrängt (Fig. 33 A). Gleichzeitig verschwindet die Furchungshöhle, während im Inneren der entodermalen Zellgruppe ein neuer, gegen den vegetativen Pol geöffneter Hohlraum (die Darmhöhle, *d* in Fig. 33 C) entsteht. Inzwischen haben die Makromeren durch einen in seiner Bedeutung lange Zeit mißverstandenen Prozeß der Zellknospung eine Gruppe kleinerer Entodermzellen (*me*) geliefert, welche, gegen den animalen Pol verlagert, zur Auskleidung gewisser Teile des Gastrovaskularsystems bestimmt ist.

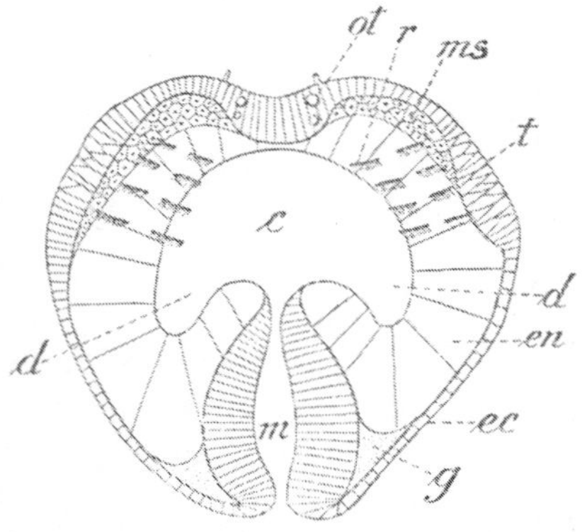

Fig. 34. Schema eines Ctenophorenembryos. Aus KORSCHELT-HEIDERS Lehrbuch. *ot* Statolithen, *t* Anlage des Tentakelapparates, *ms* Ansammlung kleiner Entodermzellen, *en* Entoderm, *ec* Ektoderm, *g* Gallerte, *m* Magen, *c* zentrale Darmhöhle, *d* divertikelartige Ausbuchtungen derselben.

Während so die Anlage des entodermalen Teiles des Darmsystems der Vollendung entgegengeht, entsteht das stomodäale Schlundrohr (*st*), indem sich die Ektodermschicht am Blastoporusrande nach innen umschlägt. Der Embryo, ursprünglich kuchenförmig rundlich, ändert nun seine Gestalt (Fig. 34). Er streckt sich in der Richtung der Hauptachse. Es wachsen die Tentakel (*t*) hervor, während das apikale Sinnesorgan zur Entwicklung kommt.

Noch liegen anfangs die beiden Keimesschichten (Ektoderm und Entoderm) dicht aneinander. Erst in späteren Stadien wird zwischen ihnen Gallertsubstanz abgeschieden, in welche nun vom Ektoderm vereinzelte Zellen amöboid einwandern, auf diese Weise die Grundlage des mesenchymatischen Gewebes liefernd. Mit der Entstehung der Wimperplättchen in acht, anfangs zu vier Paaren vereinigten Längsreihen erscheint die junge Rippenqualle fertig gebildet.

Rückblick.

Bei allen Coelenteraten erhält sich die primäre Eiachse (die Achse des Gastrulastadiums) als spätere Hauptachse des Körpers, daher sie von Hatschek als Protaxonia bezeichnet wurden. Während die Spongien sich mit dem Mundpole des Gastrulastadiums festsetzen, erfolgt die Fixierung der Cnidarien mit dem apikalen (animalen) Pole. Der Mund der Hydroiden entspricht dem Blastoporus, während bei jenen Formen, denen ein stomodäales Schlundrohr zukommt, die Schlundpforte dem Urmunde entspricht. Bei den Ctenophoren ist der animale Pol der Hauptachse durch das apikale Sinnesorgan gekennzeichnet (Fig. 35).

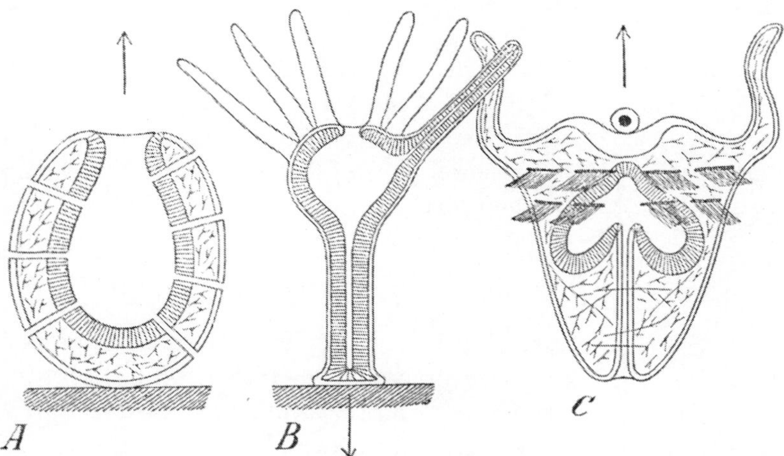

Fig. 35. Schema der drei Grundformen der Coelenterata. *A* der Spongien, *B* der Cnidarier, *C* der Ctenophoren. Aus HATSCHEKS Lehrbuch. Die Pfeile bezeichnen die Richtung des apikalen Poles der Gastrula.

Alle Organe des Körpers erweisen sich als Differenzierungen der beiden primären Körperschichten, in deren Kontinuität sie meist zeitlebens verbleiben. Daher in der Mehrzahl der Fälle die wichtigsten Differenzierungen als histologische Umbildungen dieser epithelialen Körperschichten gebildet werden. Wir finden dementsprechend epitheliale Körpermuskulatur, ein epitheliales Nervensystem und epithelial gelagerte Gonaden. Nur in manchen Fällen zeigen die genannten Systeme eine gewisse Tendenz, sich von ihrem epithelialen Mutterboden zu emanzipieren.

In dem zwischen den beiden primären Keimblättern gelegenen, auf die Furchungshöhle zurückzubeziehenden Spaltraume kommt eine homogene Substanz als Stützlamelle oder Gallerte zur Abscheidung. Indem in letztere vereinzelte Zellen einwandern, kann es zur Ausbildung einer zwischen den primären Schichten gelegenen mesenchymatischen Bindegewebsschicht kommen, die als erster Vorläufer eines mittleren Keimblattes (Mesoderm) zu betrachten ist. In den meisten hierher gehörigen Fällen entstammen die Elemente dieses Mesenchyms dem Ektoderm. Wir sprechen dann von einem *Ektome-*

soderm, worunter eine mesodermale Schicht ektodermalen Ursprungs zu verstehen ist.

Diese mesodermale Lage ist im allgemeinen, gegenüber dem plastischen Reichtum der beiden primären Körperschichten, arm an Differenzierungen. Doch können in ihr Skelettkörper zur Entwicklung kommen. Die höchste Entwicklung erlangt sie bei den Ctenophoren unter reichlicher Produktion einer mesenchymatischen (den übrigen Coelenteraten fehlenden) Muskulatur.

Als Eigentümlichkeiten der Spongien seien erwähnt: daß hier eine Scheidung von Ektoderm und Mesoderm, eine Trennung von oberflächlichem Körperepithel und darunter liegender Mesenchymschicht kaum durchführbar erscheint, da beide zu sehr ineinander übergehen, und daß ferner die Geschlechtsprodukte nicht zu Gonaden vereinigt, sondern regellos im Mesenchym verstreut gefunden werden.

Fügen wir noch hinzu, daß unter den Coelenteraten der Radiärtypus des Baues sehr verbreitet ist. Wenn wir geneigt sind, in diesem Verhalten etwas Ursprüngliches zu erkennen, so ist nicht zu vergessen, daß in allen Tiergruppen die festsitzende Lebensweise eine Tendenz zur Entwicklung radiärsymmetrischer Gestaltung befördert.

III. BILATERIEN IM ALLGEMEINEN.

Wenn wir den Kreis der Coelenteraten verlassend zur Betrachtung der höher entwickelten Metazoen fortschreiten, so stehen wir zunächst vor der Tatsache, daß die den Pflanzentieren meist zukommende monaxone bzw. radiärsymmetrische Gestaltungsweise einem bilateral-symmetrischen Bauplane Platz gemacht hat. In der überwiegenden Mehrzahl der Fälle können wir bei den höheren Metazoen an dem Gegensatze von Dorsal- und Ventralseite, an der gegen eine Medianebene spiegelbildlich orientierten Anordnungsweise der Organe den Bilateraltypus leicht erkennen. Abweichungen von dem letzteren können nach zwei Richtungen stattfinden: es kann durch ungleichmäßige Ausbildung der beiden Körperhälften eine asymmetrische Gestaltung hervorgehen, wie bei den meisten Schnecken, oder aber es kann, wie dies bei den Echinodermen (Seeigeln, Seesternen usw.) in Erscheinung tritt, der ursprünglich den Larvenformen zukommende Bilateraltypus sekundär durch eine scheinbare radiäre Symmetrie (meist fünfstrahlig entwickelt) ersetzt werden. Auch hier wahrscheinlich im Anschlusse an festsitzende Lebensweise entstanden, muß diese Radiärsymmetrie der Echinodermen, welcher sich nicht sämtliche Organe des Körpers einfügen, als eine sekundäre Erwerbung betrachtet werden.

Entwicklung der Bilateralität.

Eine Erinnerung an den primären monaxonen Bau der Urformen erhält sich nur in den ersten Entwicklungszuständen der Bilaterien. Selten zeigt schon das Ei, zeigen die Furchungsstadien deutlich bilateral-symmetrischen Bau, wie bei den Insekten und den Cephalopoden. Wenn wir auch nicht außer acht lassen dürfen, daß die Eier der meisten Bilaterien, wie sich aus der Richtung der ersten Furchungsspindel, aus dem Zusammenfallen der ersten Teilungsebene mit der späteren Medianebene ergibt, eine unserem Erkennen nicht oder kaum wahrnehmbare, bilateral geordnete Intimstruktur besitzen, so müssen wir doch anerkennen, daß im grob-morphologischen Aufbau der Embryonen frühester Stadien meist von Bilateralität nichts zu erkennen ist. Das Ei, die Furchungs- und die Entwicklungsstadien, oft bis zum Gastrulastadium, zeigen monaxonen Bau und es erfordert feinere Untersuchungen, eine genaue Vergleichung der relativen Blastomerengröße, eine exakte Verfolgung der Richtung der einzelnen Teilungsspindeln, um den Übergang vom ursprünglich gegebenen Radiärtypus zu später kenntlich werdender Bilateralität festzulegen. Der Moment dieses Überganges tritt bei verschiedenen Formen zu verschiedenen Entwicklungszeiten ein: sehr frühzeitig, wie wir durch E. B. Wilson und Cerfontaine wissen, bei *Amphioxus*, später in der Entwicklung der *Anneliden*- und *Molluskentrochophora*, bei welcher der ursprünglich erkennbare Spiraltypus der Furchung meist erst im Stadium von 64 Zellen bilateral angeordneten Teilungen Platz macht.

Wir sehen, wie allmählich Bilateralität im Entwicklungsgeschehen zum Ausdrucke kommt. Anfänglich nur als Intimstruktur (Driesch) des Eiplasmas vorhanden und durch Pigmentverteilung im Amphibieneie sich kennzeichnend, macht sie sich später in der Anordnungsweise der Blastomeren geltend und tritt in der Folge durch Veränderungen, welche die erste primäre Organanlage, den Urdarm, betreffen, deutlicher zutage.

Auf diese Veränderungen der primären Darmanlage sei zunächst unser Augenmerk gerichtet. Sie führt zur Scheidung in zwei große Gruppen, ein Versuch systematischer Anordnung der mannigfaltigen Typen der Bilaterien auf entwicklungsgeschichtlicher Basis, der durch Goette und Grobben begründet wurde.

Entwicklung des Darms.

Aus dem Urdarm des Gastrulastadiums geht die epitheliale Innenwand eines Teiles des definitiven Darmkanales der Tiere hervor: des *Mesenterons* oder Mitteldarmes (*ms* Fig. 36C und D) mit seinen verschiedenartigen Adnexen meist drüsiger Natur (Mitteldarmdrüse, Leber, Pankreas usw.). Ein vorderer und hinterer Abschnitt der epithelialen Darmwand entstammt dem Ektoderm. In ähnlicher Weise, wie wir bei *Anthozoen* und *Ctenophoren* ein von Ektoderm ausgekleidetes Schlundrohr auftreten sahen, entwickeln auch die Bilaterien einen vorderen, zwischen Mund und Schlundpforte gelegenen, ektodermalen Abschnitt des Darmkanals (*st* Fig. 36), das *Stomodaeum* (Vorderdarm) und auf gleiche Weise kommt bei jenen Bilaterien, welche eine als After bzw. Kloake zu bezeichnende hintere Ausmündung des Darmkanals besitzen, ein ektodermaler Endabschnitt des Darmes, ein *Proktodaeum* (*pr* Fig. 36D) oder Enddarm, zustande.

Schicksal des Blastoporus bei den Protostomia

Mit diesen Umbildungen der Darmanlage sind wichtige Lageveränderungen des Ganzen verknüpft. In der Entwicklung der *Trochophora* (der Larvenform der *Anneliden* und *Mollusken*) hat das Gastrulastadium anfangs noch monaxonen Bau (Fig. 36A Fig. 37A), in manchen Details sich zu vierstrahliger Radiärsymmetrie hinneigend. Der animale Pol ist durch ein ektodermales Sinnesorgan mit Wimperschopf (Scheitelplatte *sp* in Fig. 37A) gekennzeichnet, während den gegenüberliegenden vegetativen Pol der Hauptachse der anfangs ziemlich weit geöffnete Blastoporus (Urmund *bp* in Fig. 36 A und 37 A) einnimmt. Der Äquator des Embryos wird von einer Wimperzone (Prototroch *pt*) einge-

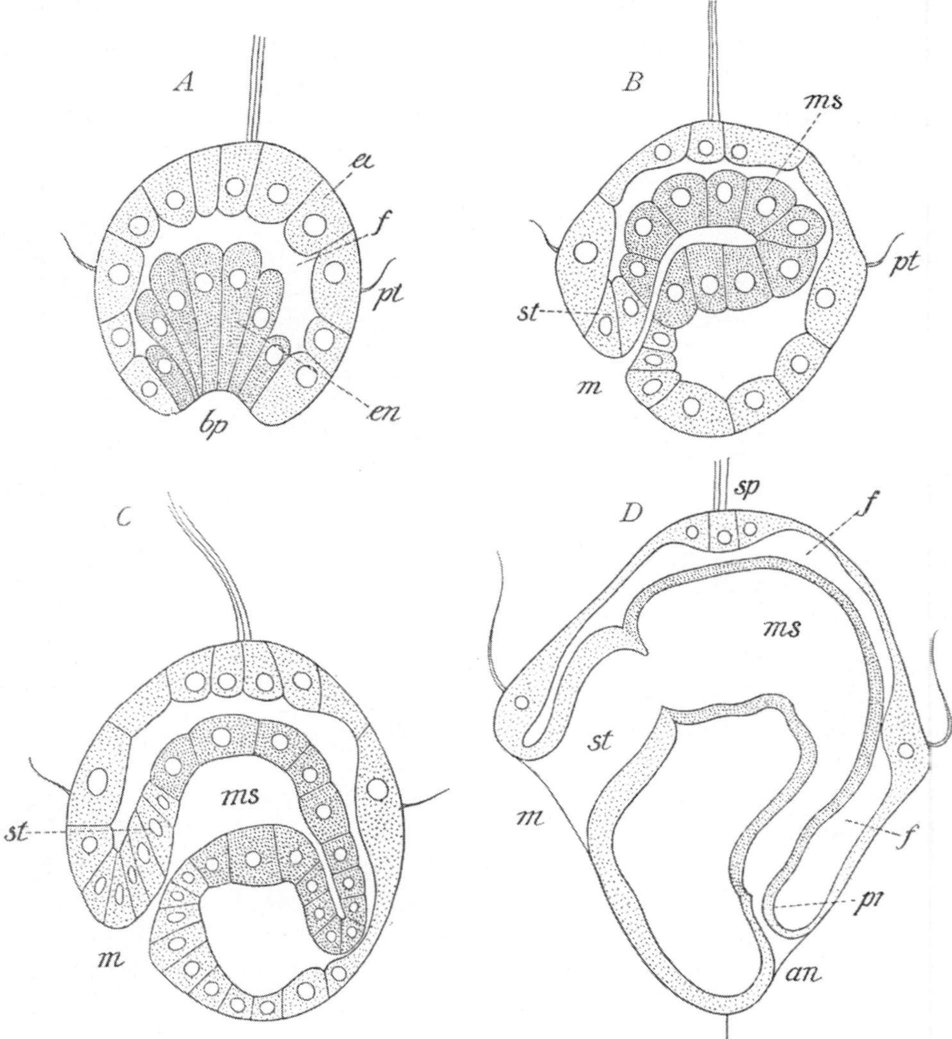

Fig. 36. Vier Entwicklungsstadien einer Anneliden-Trochophora, im Medianschnitt, Ansicht von der linken Körperseite. Nach Hatscheks Untersuchungen an Eupomatus; die Bilder sind durch Weglassung der Mesodermgebilde schematisch vereinfacht. *A* Gastrulastadium, vgl. Fig. 3 auf S. 179, *B*, *C* spätere Stadien, *D* junge Trochophora vgl. Fig. 6 auf S. 182. *an* After, *bp* Urmund (Blastoporus und Urdarmhöhle), *ec* Ektoderm, *en* Entoderm, *f* primäre Leibeshöhle (der Rest der Furchungshöhle), *m* Mund, *ms* Mitteldarm (Mesenteron), *pr* Enddarm (Proktodaeum), *pt* Wimpern des praeoralen Wimperkranzes, *sp* Scheitelplatte, *st* Vorderdarm (Stomodaeum).

nommen. Der Blastoporus wandert, sich allmählich verengernd, immer mehr an einer Körperseite gegen den Wimpergürtel empor (Fig. 37), und gerät so an die Stelle der späteren Mundöffnung (*m* in Fig. 36). Die Verengerung des Urmundes vollzieht sich durch seitliche Aneinanderlagerung seiner Ränder (Fig. 37 C und D), und zwar in der Richtung von hinten nach vorne, d. h. vom vegetativen gegen den animalen Pol zu, so daß schließlich nur die vorderste Urmundpartie als verengte Lücke erhalten bleibt, während sich hinten die Verwachsungsnaht (Gastrularaphe *gr*, Fig. 37 D) anschließt. Die Körperseite, an welcher der Blastoporus emporwandert, wird zur späteren Ventralseite des Tieres.

Während dieser allmählichen Verengerung und Verlagerung des Urmundes wird durch Einbiegung der ektodermalen ihn umgebenden Ränder ein neuer stomodäaler Darmabschnitt (*st* Fig. 36 B) hinzugebildet: die Anlage des ektodermalen Oesophagus der Larve. In ähnlicher Weise entsteht in späteren Stadien am hinteren Körperende dem apikalen Wimperschopf gegenüber durch Ektodermeinstülpung ein kurzer Endabschnitt des Darmkanals (das Proktodaeum *pr* Fig. 36 D), welches durch sekundäre Verwachsungsprozesse an die übrige Darmanlage angeschlossen wird.

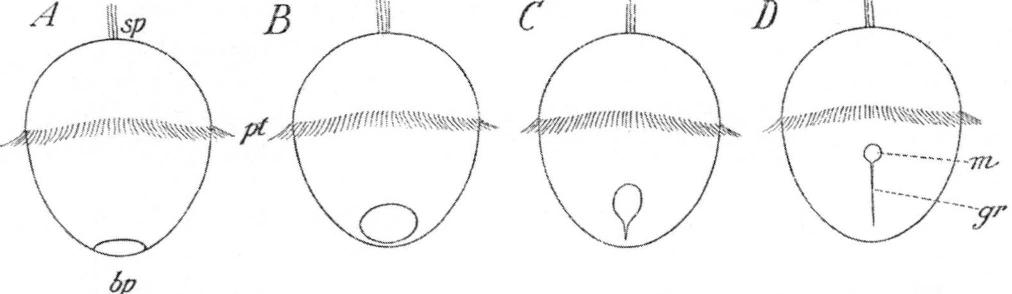

Fig. 37. Vier Entwicklungsstadien einer Anneliden-Trochophora, schematisch zur Darstellung des Verschlusses und der Verlagerung des Urmundes (Blastoporus). Ansicht von der Ventralseite. *bp* Urmund der Gastrula (Blastoporus), vgl. Fig. 36 *A*, *gr* Gastrularaphe, d. i. Verwachsungsnaht der Blastoporuslippen, *m* Lage der definitiven Mundöffnung, *sp* Scheitelplatte mit Wimperschopf, *pt* praeoraler Wimperkranz oder Prototroch. Vgl. auch die Figuren 6 und 36.

Wir fügen hinzu, daß es sich hier um die Entwicklung eines *Anneliden* handelt. Die geschilderten Entwicklungsstufen liefern eigentlich nur den Kopf des späteren Ringelwurmes. Der ganze segmental gegliederte Rumpf wird durch eine Art von Knospung hinten hinzugebildet (siehe Fig. 45).

Insoweit das Schicksal des Blastoporus in Frage kommt, ergibt sich, daß jene Körperseite zur Ventralseite wird, an welcher der Abstand zwischen apikaler Scheitelplatte und dem Urmundrande am meisten verkürzt wurde. Diese Verkürzung könnte durch eine Verlagerung des apikalen Sinnesorganes in gleicher Weise erzielt werden, wie durch ein Wandern des Urmundes. Wenn es nun auch nicht in Abrede gestellt werden soll, daß in manchen Fällen, so besonders bei jenen Molluskenembryonen, denen eine sog. Kopfblase zukommt, tatsächlich eine ventrale Verlagerung der Scheitelplatte zu beobachten ist, so muß doch anerkannt werden, daß die Beziehungen des apikalen Zentrums zum äquatorialen Wimpergürtel stabilere sind als die des Urmundes. Die Wanderung des Urmundes ist hauptsächlich auf einen Prozeß reger Zellproliferation im Bereiche der dorsalen Körperseite zurückzuführen. Dem Ektoderm des Embryos ist zwischen Prototroch und hinterem Körperende eine Zellgruppe eingefügt, welche, als „somatische Platte“ sattelförmig dem Körper aufliegend, dazu bestimmt ist, das spätere Rumpfektoderm des Annelids zu liefern. Auf der ihr innewohnenden Wachstumstendenz beruht im wesentlichen die geschilderte Verlagerung des Blastoporus.

Die Gastrularaphe (*gr* Fig. 37 D) der Anneliden entspricht der ganzen zwischen Mund und Afteröffnung sich hinziehenden ventralen Zone. Der Rest des Blastoporus erhält sich als Schlundpforte. Es ist demnach bei den hierher zu rechnenden Formen die spätere Körperlängsachse der ursprünglichen Gastrulaachse deshalb nicht zu vergleichen, weil der hintere Pol derselben von verschiedenen Organbildungen eingenommen wird. Während die Primärachse der Gastrula vom animalen Pol zum Blastoporus zieht, hat im ausgebildeten Annelid der Urmund eine Verlagerung nach der Ventralseite erlitten. Die Körperlängsachse zieht nun vom Scheitelpole zur hinten meist terminal gelegenen Analöffnung. Man hat daher wohl auch von einer Knickung der Primärachse gesprochen und die *Bilaterien* als *Heteraxonia* den Protaxonia gegenübergestellt. Die einzige Ausnahme unter allen Bilaterien macht *Balanoglossus*, bei welchem merkwürdigen Wesen sich die Primärachse als spätere Körperlängsachse erhält.

Wir bezeichnen jene Bilaterien, bei denen die Schicksale des Blastoporus den geschilderten vergleichbar sind (ventrale Verlagerung des Urmundes und Beziehung desselben zur Mundöffnung bzw. zur Schlundpforte), mit Grobben als *Protostomia* und rechnen hierher die Typen der Vermes, der Arthropoden, der Mollusken und der in ihrer Entwicklung so eigenartigen Tentaculaten.

Schicksal des Blastoporus bei den Deuterostomia.

In einer zweiten großen Gruppe tierischer Formen sind die Schicksale des Urmundes wesentlich andere. An einem Gastrulastadium von *Echinus microtuberculatus* (Fig. 38 A), einem vieluntersuchten Seeigel, zeigt der Medianschnitt, daß die bilaterale Symmetrie des Körpers sich — abgesehen von Verhältnissen der Mesenchymzellenverteilung und anderem — dadurch ausdrückt, daß eine der Scheitelplatte vergleichbare Ektodermverdickung (*sp*), hier als Akron bezeichnet, ventralwärts verlagert ist. Bald drückt sich die Bilateralität durch die in der Seitenansicht dreieckig erscheinende Körpergestalt deutlicher aus (Fig. 38 B). Während der Urdarm, anfangs noch gerade gestreckt, sich gegen die Ventralseite einkrümmt (Fig. 38 B), wird er durch Einschnürungen in drei Abschnitte (hier als Oesophagus (*oe*), Magen (*mg*) und Intestinum (*i*) oder Dünndarm bezeichnet) gegliedert. Der Blastoporus (*bp*) erhält sich verengt als Analöffnung (*an*). Ein Proktodaeum wird nicht entwickelt. Die Mundöffnung kommt zustande, indem die vorderste, anfangs blind geschlossene Darmpartie mit einer kleinen, als Mundbucht (*m* Fig. 38 B) zu bezeichnenden Ektodermeinsenkung verwächst. Der Urmund hat hier keine Beziehungen zur späteren Mundöffnung. Aus ihm geht die Afteröffnung hervor, welche bei den *Protostomia* eine sekundäre Neubildung war.

Die Formen der Chaetognathen, der Enteropneusten, der Echinodermen und der mächtige Stamm der Chordatiere (Tunikaten, Acranier und Vertebraten) folgen diesem zweiten Typus. Wir vereinigen sie unter dem Namen *Deuterostomia* (Grobben)[1]. Erwähnt sei, daß der Blastoporus der Chordaten eine Verlagerung nach der Dorsalseite erkennen läßt. Sämtliche Deuterostomia erweisen sich (mit der einzigen erwähnten Ausnahme von Balanoglossus) als

---

[1]) Vgl. diesbezüglich die systematische Tabelle pag. 185.

Heteraxonia, insofern auch bei ihnen die spätere Körperlängsachse nicht der primären Gastrulaachse entspricht.

Die höhere Organisationsstufe der Bilaterien ist vor allem durch den Umstand gekennzeichnet, daß Organe oder Organsysteme, welche wir bei den Coelenteraten als Differenzierungen der beiden primären Körperschichten vorfanden, aus der Kontinuität dieser epithelialen Lagen herausgelöst zu größerer Selbständigkeit gelangen. Das Zentralnervensystem, bei allen Bilaterien im wesentlichen ektodermalen Ursprungs, behält nur bei wenigen Formen die primäre epitheliale Lagerung bei, so bei Sagitta, bei Phoronis, manchen Brachiopoden, Nemertinen und Anneliden, ferner in den Echinodermengruppen der Crinoiden und Asteriden. Meist löst es sich von der Haut ab und gerät in tiefere Körperschichten. Von epithelialer Körpermuskulatur der primären Keimesschichten finden sich bei den Bilaterien nur vereinzelte Spuren. Die Gonaden sind durchweg selbständig geworden. Alle diese Bildungen geraten in jenen Raum zwischen oberflächlichem Körperepithel und Darmwand, den wir auf die Furchungshöhle zurückführen konnten und als primäre Leibeshöhle bezeichneten. Hier sei nur ein Blick auf die allgemeinen Prinzipien dieser Sonderung, auf die Art und Weise, durch welche die primäre Leibeshöhle mit Geweben und Organbildungen erfüllt wird, geworfen. Wir unterscheiden:

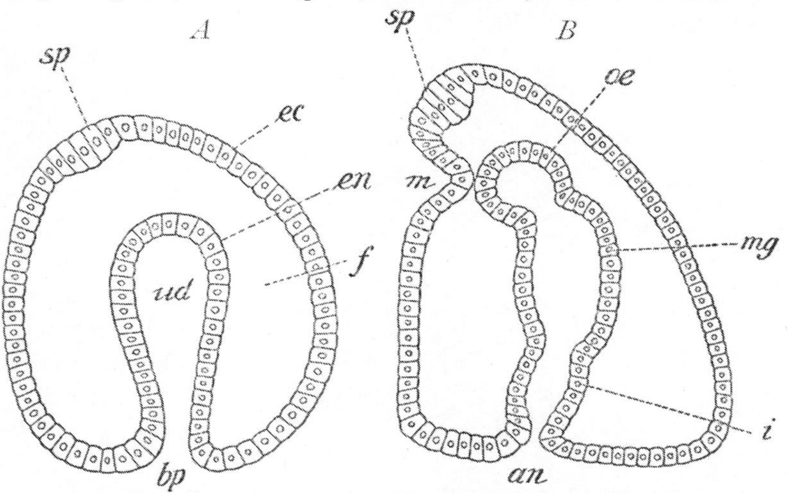

Fig. 38. Zwei Entwicklungsstadien eines Seeigels (Echinus microtuberculatus) im schematisierten Medianschnitt. Ansicht von der linken Körperseite. Alle Mesodermgebilde sind weggelassen. *A* Gastrulastadium, *B* etwas älteres, sog. Prismenstadium (im Anschlusse an Hermann Schmidt). *an* After, *bp* Blastoporus oder Urmund, *ec* äußeres Keimblatt oder Ektoderm, *en* inneres Keimblatt oder Entoderm, *f* primäre Leibeshöhle, *i* Dünndarm (Intestinum), *m* Mundbucht, *mg* Magen, *oe* Oesophagus, *sp* Scheitelplatte, hier als Akron bezeichnet, *ud* Urdarm.

Typen der Sonderung.

1. Zelleinwanderung. Dieser Prozeß trat uns schon bei den Coelenteraten entgegen, bei denen durch Einwandern von Ektodermzellen ein mesenchymatisches Füllgewebe gebildet wurde (Fig. 27 S. 202). Es erhält sich dies Ektomesoderm in der Trochophora als larvaler Mesoblast. Im übrigen spielt diese Erinnerung an früheste Zustände bei dem Aufbau der Bilaterien eine geringfügige, man kann sagen, verschwindende Rolle. Man hat in der Entwicklung der Deuterostomia, z. B. bei den Echiniden, nie etwas als Ektomesoblast zu Deutendes beobachtet. Dagegen kann Zelleinwanderung vom inneren Keimblatt ausgehend zu mesenchymatischen Bildungen entodermalen Ursprungs

Veranlassung geben (Fig. 39), wie bei den eben erwähnten Echinodermen. Schließlich geraten die beiden wichtigen Urmesodermzellen, die sog. Polzellen der Mesodermstreifen (*ms* in Fig. 43), deren Bedeutung unten zu erörtern sein wird, durch Einwanderung zwischen die beiden primären Körperschichten.

2. Delamination oder Abspaltung. Dieser Fall tritt uns entgegen, wenn an einem mehrschichtigen Epithel eine different gewordene tiefere Zellschicht von der oberflächlichen Lage, die dann mit den übrigen nicht veränderten Partien des Epithels im Zusammenhang bleibt, einfach abgelöst wird. Es wird das Zentralnervensystem vieler Bilaterien durch Delamination von seinem Mutterboden, dem Ektoderm, abgetrennt (Fig. 40).

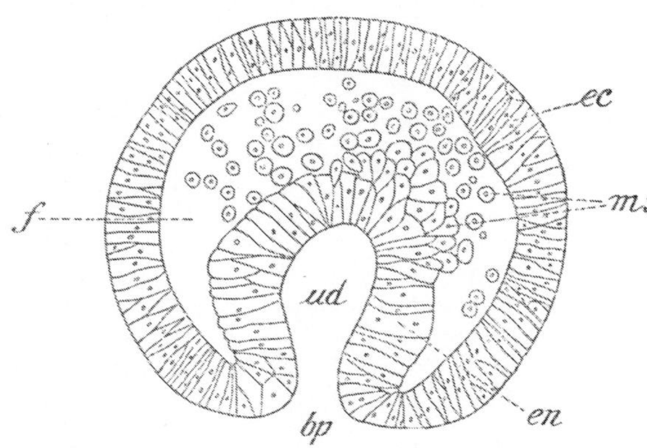

Fig. 39. Gastrulastadium eines Haarsternes (Antedon rosaceus). Nach SEELIGER. *ec* Ektoderm, *en* Entoderm, *bp* Urmund (Blastoporus), *ud* Urdarmhöhle, *f* primäre Leibeshöhle, *ms* einwandernde Mesenchymzellen. Die Figur zeigt, wie durch Einwanderung von Zellen der Urdarmwand die primäre Leibeshöhle (*f*) mit einer mesenchymatischen Gewebsschicht erfüllt wird.

3. Abfaltung liegt dann vor, wenn eine Epithelfalte oder eine epitheliale Einstülpung durch Verwachsung ihrer Ränder von dem betreffenden Epithel, welches die Einstülpung gebildet hat, abgeschnürt wird (Fig. 41). Durch diese Abschnürung wird die Falte zu einem Rohre (Fig. 41 B), die Einstülpung zu einem Säckchen umgebildet und gleichzeitig der in dem Mutterboden vorhandene Defekt verschlossen. Die Trennung des Urdarms vom Blastoderm unter Verschluß des Blastoporus im Falle der Bildung einer Einstülpungsgastrula kann als Beispiel der Abschnürung eines Säckchens gelten. In der Gruppe der Chordaten wird das Zentralnervensystem durch Abfaltung vom Ektoderm getrennt. Den Chordatieren, welchen wir die Manteltiere, den primitiv veranlagten Amphioxus und die umfangreiche Gruppe der Vertebraten zurechnen, kommt ein röhrenförmiges Nervensystem zu, dessen Anlage als Medullarrohr bezeichnet, durch einen Einfaltungsprozeß vom Ektoderm abgetrennt wird. Durch einen ähnlichen Prozeß der Abfaltung sondert sich bei manchen dieser Formen von der Urdarmwand als ein primärer axialer Skelettstab der Vorläufer der Wirbelsäule, die bekannte Chorda dorsalis.

Wenn wir bisher Fälle ins Auge gefaßt haben, in denen einzelne Organe von den beiden primären Keimesschichten sich lostrennend in die primäre Leibeshöhle rücken: das Zentralnervensystem vom Ektoderm, die Chorda vom Entoderm, so müssen wir die Tatsache ins Auge fassen, daß ein großer Komplex von Organbildungen, welche bei Bilaterien den Raum zwischen Haut und Darmwand erfüllen, sich in der Form einer gemeinsamen embryonalen Uranlage von dem Entoderm loslöst, um sich später durch Differenzierungsprozesse mannigfaltiger Art weiter zu gliedern. Diese gemeinsame Anlage ist das *Mesoderm.* Durch sein Erscheinen wird dem Schichtenbau der Bilaterien eine neue wichtige, mannigfaltige Organbildungen in sich bergende mittlere Schicht hinzugefügt, welche man als mittleres Keimblatt den beiden ursprünglich vorhandenen Körperschichten: Ektoderm und Entoderm gegenübergestellt hat. Man hat es auch wohl mit Rücksicht auf sein verspätetes Auftreten, auf sein Fehlen bei den einfacheren Formen unter den Coelenteraten als ein sekundäres Keimblatt bezeichnet, während man die beiden ursprünglich vorhandenen und schon im Gastrulastadium gegebenen Schichten als primäre Keimblätter benannte. Durch sein Auftreten sollten auch diese letzteren in ihrem Charakter geändert werden. Aus dem primären Ektoderm geht nun das sekundäre Ektoderm hervor, und ähnliche Betrachtungen gelten auch für das Entoderm, welches durch die Abgliederung des Mesoderms in hervorragendem Maße vereinfacht und entlastet wird. Aus diesem Grunde wurde die epitheliale Auskleidung der Darmhöhle nach Abtrennung des Mesoderms wohl auch mit besonderem Namen nach Goette als Enteroderm (sekundäres Entoderm) bezeichnet.

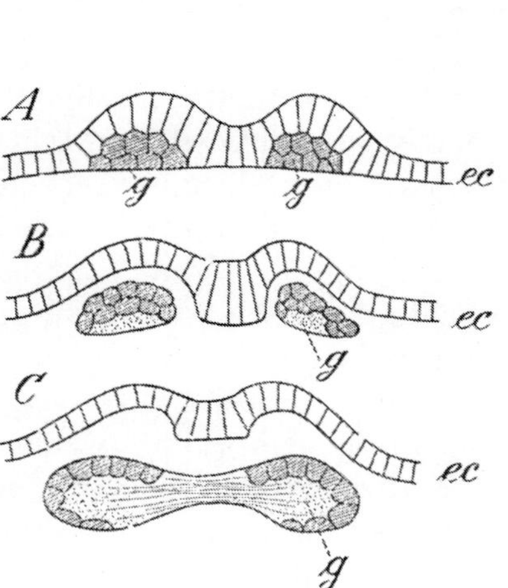

Fig. 40. Schematische Darstellung der Entwicklung des Zentralnervensystems (der Bauchganglienkette) eines Insektenembryos im Querschnitt. Die Bauchganglienkette wird in der Form zweier längsverlaufender Ektodermverdickungen angelegt, welche in *A* bei *gg* querdurchschnitten zu sehen sind. *B* und *C* zeigen, wie diese Anlage sich vom Ektoderm *ec* loslöst. In *C* sind die beiden Ganglienanlagen durch eine quere Kommissur verbunden. Die Sonderung vollzieht sich in diesem Falle durch Delamination.

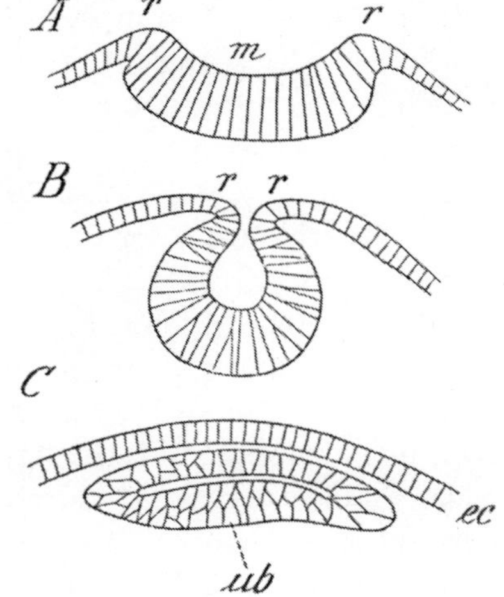

Fig. 41. Drei Stadien der Gastrulation (Bildung des unteren Blattes *ub*) bei einem Käferembryo im Querschnitt. Schema, als Beispiel einer Sonderung durch Abfaltung. Das untere Blatt oder primäre Entoderm dieser Insekten wird in der Form einer längsverlaufenden Rinne mit verdicktem Boden (sog. Mittelplatte *m*) angelegt, welche in Fig. *A* querdurchschnitten zu sehen ist. Indem die Ränder dieser Rinne (*r r*) sich erheben und miteinander verwachsen (Fig. *B*), wird die Rinne zu einem Rohre geschlossen und in die Tiefe versenkt (Fig. *C*). Sie wird auf diese Weise vom Ektoderm *ec* abgelöst.

Mesodermbildung.

Schon bei den Coelenteraten fanden wir vielfach eine zwischen Ektoderm und Entoderm eingeschobene mittlere Körperschicht: das Ektomesoderm, von welchem sich, wie erwähnt, in den Entwicklungszuständen der Bilaterien, vor allem in der Trochophora, Spuren erhalten haben. Das eigentliche Mesoderm der Bilaterien ist entodermalen Ursprungs. Man müßte es demnach, um diese seine Entstehungsweise anzudeuten, wohl präziser als *Entomesoderm* bezeichnen. Da aber dieser Ausdruck auch in anderem Sinne (als gemeinsame Anlage von Enteroderm und Mesoderm vor ihrer Trennung, also gleichbedeutend mit primärem Entoderm) im Gebrauche ist und da das Ektomesoderm der Bilaterien, vielfach vollständig fehlend und in anderen Fällen frühzeitig verschwindend, von verhältnismäßig geringer Bedeutung ist, so dürfte es sich empfehlen, für die mittlere Körperschicht der Bilaterien den alt hergebrachten Terminus Mesoderm einfach beizubehalten, wobei wir nicht aus dem Auge verlieren, daß wir hierunter mesodermale Bildungen entodermalen Ursprungs zusammenfassen.

Das Mesoderm drängt bei seinem Anwachsen ein etwa vorhandenes Ektomesoderm (larvaler Mesoblast) bis zu seinem Verschwinden vor sich her. Es liefert später alle bindegewebigen und mesenchymatischen Strukturen des Körpers, die Anlage der Stammes- und Darmmuskulatur, das Blut und das Blutgefäßsystem, die Nieren und die Geschlechtsorgane.

Die Entwicklungsweise des Mesoderms, die Art seiner Abgliederung vom primären Entoderm ist entsprechend den unendlich mannigfaltigen Verhältnissen der Keimesentwicklung der Bilaterien naturgemäß eine sehr verschiedene. Hier sollen nur zwei weitverbreitete Typen derselben ins Auge gefaßt werden:

1. Die Mesodermbildung durch Abfaltung (Fig. 42). Dieser Typus wurde durch Kowalevsky und O. Hertwig für *Sagitta* festgestellt, und er findet sich in zahlreichen anderen Fällen, welche meist der Gruppe der Deuterostomia zugehören. Unter den Protostomia zeigen sich nur bei den Tentaculaten Andeutungen dieser Bildungsweise. Bei *Sagitta* folgt auf das durch Einstülpung entstandene Gastrulastadium (Fig. 42 A) ein Entwicklungszustand, in welchem die Darmanlage durch das Auftreten zweier von vorne her eindringender Falten (*ft*) eine dreilappige oder kleeblattförmige Gestalt (Fig. 42 B) erhält. Durch weiteres Vorwachsen dieser Falten (Fig. 42 C) trennen sich allmählich zwei seitliche Säckchen von der Darmanlage, bis sie sich schließlich vollständig abschnüren. Wir können von einer Divertikelbildung des Urdarms, von einem vorübergehenden Zustand sprechen, der an das Gastrovascularsystem der Coelenteraten erinnert und vielfach mit ihm verglichen wurde. Die beiden seitlichen Säckchen stellen die Mesodermanlage von Sagitta dar. Der in ihnen enthaltene Hohlraum (*c*) wird als *Coelom* (sekundäre Leibeshöhle) bezeichnet. Da es sich hier um Abgliederung von Hohlräumen handelt, welche ursprünglich mit der Darmanlage verbunden waren, so wurde dieser Typus der Mesodermbildung auch als *Enterocoelbildung* bezeichnet. Die Zellen des Mesoderms bilden hier, epithelial angeordnet, die Wand der beiden Coelomsäcke. Das Coelom der Bilaterien, wie immer es auch entstanden sein mag, ist stets, zum Unterschied von der primären Leibeshöhle, mit Epithel ausgekleidet.

2. Die teloblastische Mesodermbildung (Fig. 43). Bei vielen Bilaterien, so besonders bei dem schon mehrfach erwähnten Trochophoratypus, tritt die Mesodermanlage ungemein frühzeitig in Erscheinung, und zwar in der Form einer einzigen, durch bestimmte Merkmale gekennzeichneten Zelle, welche ursprünglich an der Grenze von Ektoderm und Entoderm, und zwar im dorsalen Teile des Blastoporusrandes gelegen, bald in den Raum zwischen beiden Keimschichten, in die primäre Leibeshöhle einwandert (Fig. 43 A). Während sie diese Verlagerung erfährt, teilt sie sich durch das Auftreten einer mit der Medianebene zusammenfallenden Teilungsebene in zwei gleich große, nun bilateralsymmetrisch angeordnete Tochterzellen (Fig. 43 B), welche die

bekannten *Urmesodermzellen* oder Polzellen der Mesodermstreifen darstellen (*ms* in Fig. 43 C).

Wir müssen es uns versagen, auf die für viele Fälle nun schon befriedigend aufgeklärte erste Entstehung der erwähnten Mutterzelle der Mesodermanlage näher einzugehen. Sie wird in den Schriften, welche die durch Abstammung

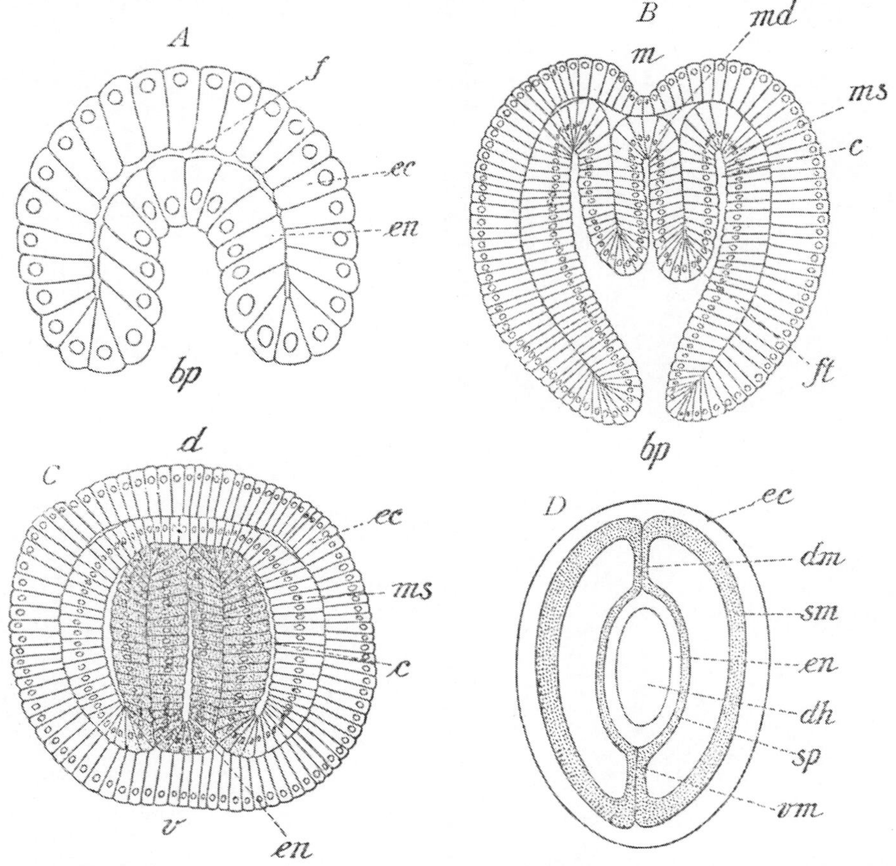

Fig. 42. Viet Entwicklungsstadien des Pfeilwurmes (Sagitta). Schematisch nach O. H RTWIG. *A* Gastrulastadium im Längsschnitt, *B* späteres Stadium im Längsschnitt, *C* optischer Querschnitt durch eine Larve von Sagitta, *D* Querschnitt durch eine junge Sagitta. Die Stadien zeigen die Ausbildung zweier mesodermaler Säcke, welche seitlich den Raum zwischen Darm und äußerer Haut einnehmen. *bp* Urmund (Blastoporus), *c* sekundäre Leibeshöhle oder Coelom, *d* dorsal, *dh* Darmhöhle; *dm* dorsales Mesenterium, *ec* äußeres Keimblatt oder Ektoderm *en* inneres Keimblatt oder Entoderm, *f* primäre Leibeshöhle (Rest der Furchungshöhle), *ft* Falten der Urdarmwand, durch deren Vorwachsen die beiden Coelomsäcke von der Mitteldarmanlage abgetrennt werden, *m* Mundbucht, *md* Mitteldarmanlage, *ms* Mesoderm, d. i. Wand der Coelomsäcke, *sm* somatische Schicht des mittleren Keimblattes, *sp* splanchnische Schicht des mittleren Keimblattes, *v* ventral, *vm* ventrales Mesenterium.

aufeinander zurückführbaren Zellfolgen (cell-lineage der amerikanischen Autoren) im Entwicklungsgeschehen der Anneliden und Mollusken behandeln, als die Zelle 4*d* bezeichnet, wodurch ausgedrückt ist, daß sie dem vierten der im Spiraltypus der Furchung zur Entwicklung kommenden Zellenquartette angehört und im Bereiche dieses Quartettes dem dorsal gelegenen *D*-Quadranten zuzurechnen ist. Wenn wir diese Details hier anklingen lassen, so geschieht es nur, um darauf hinzuweisen, daß das vierte Quartett in seinen übrigen Gliedern

Entodermzellen liefert, wodurch die Zugehörigkeit der primären Mesodermzelle zum primären Entoderm festgestellt erscheint.

Die beiden Urmesodermzellen (die Tochterzellen der Zelle 4*d*, *ms* in Fig. 43 B) erzeugen durch wiederholte Zellknospung zwei Reihen kleinerer Tochterzellen (*ms'* in Fig. 43 C), welche sich an der Ventralseite des Keimes streifenförmig anordnen. So entstehen die beiden *Mesodermstreifen*. Durch Zellver-

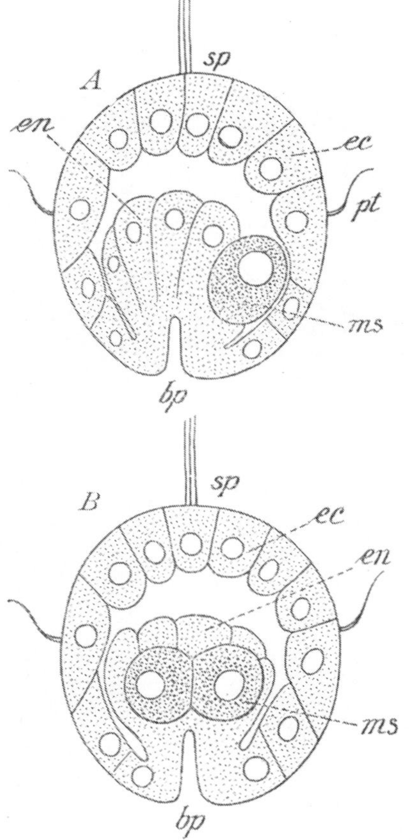

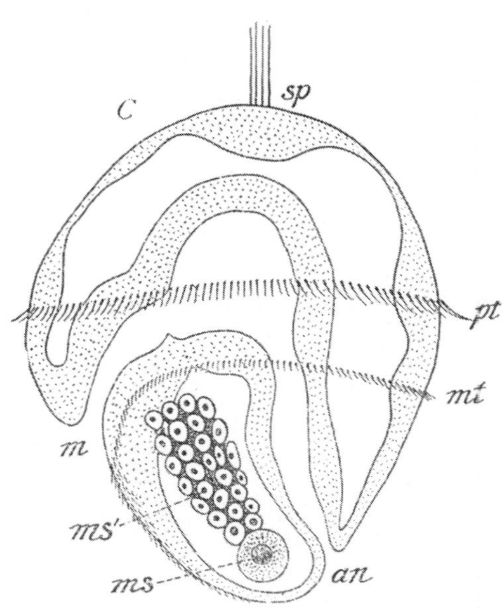

Fig. 43. Mesodermbildung an einer Anneliden-Trochophora. Vgl. Fig. 6 und Fig. 36. *A* und *B* Gastrulastadium. Nach HATSCHEK. *A* Medianschnitt, Ansicht von der linken Seite, *B* Ansicht von der Dorsalseite. *C* kombiniertes Schema einer Trochophora, Ansicht von der linken Seite. *an* After, *bp* Urmund (Blastoporus), *ec* äußeres Keimblatt (Ektoderm), *en* inneres Keimblatt (Entoderm), *m* Mund, *ms* Urmesodermzellen, *ms'* Mesodermstreifen, *mt* Metatroch (postoraler Wimperkranz), *pt* Prototroch (praeoraler Wimperkranz), *sp* Scheitelplatte.

mehrung zu vielzelligen Streifen geworden, stellen sie ursprünglich eine solide Zellmasse dar, in welcher später durch Spaltung die Anlage der sekundären Leibeshöhle, des Coeloms, entsteht (Fig. 61). Wenn das Coelom aufgetreten ist, ordnen sich die Mesodermzellen zu einem diesen Hohlraum umschließenden Epithel an. Das Endresultat des Entwicklungsvorganges ist schließlich dasselbe wie bei der Enterocoelbildung. Es entstehen auch hier paarige, von mesodermalem Epithel (Mesepithel oder Mesothel) umkleidete Coelomsäckchen.

Die teloblastische Mesodermbildung verhält sich zur Mesodermbildung durch Abfaltung so, wie die Entodermbildung durch polare Einwanderung (vgl. S. 197) sich zur Bildung einer Einstülpungsgastrula verhält.

Es sei erwähnt, daß einzelne Zellen der mesodermalen Anlage, in die primäre Leibeshöhle einwandernd zur Bildung von Mesenchymgewebe Veranlassung geben können. Auf diese Weise entstehen die Bindesubstanzen des Körpers, die mesenchymatische Muskulatur der Darmwand und das Blutgewebe.

Können wir die beiden auseinandergehaltenen Typen der Mesodermbildung irgendwie aufeinander zurückführen? Mit Rücksicht auf den Umstand, daß im Gastrovascularsystem der Coelenteraten etwas Vergleichbares gegeben ist, werden wir geneigt sein, die Enterocoelbildung als den ursprünglichsten Typus anzusehen. Die Bildung von Urmesodermzellen könnte als eine Verlegung der Mesodermbildung in früheste Stadien der Ontogenie aufgefaßt und so betrachtet werden, wie wenn es sich um die Bildung zweier nur je aus einer Zelle bestehender, gewissermaßen zusammengeschrumpfter Urdarmdivertikel handelte.

Als gemeinsame, die Bilaterien von den Coelenteraten trennende Merkmale traten uns entgegen: die Entwicklung einer neuen, auf die primäre Gastrulaachse nicht zurückführbaren Körperlängsachse, das Auftreten bilateraler Symmetrie, die Entstehung eines entodermalen, in Mesenchym und Coelomepithel gegliederten Mesoderms, das Vorhandensein mesodermaler Gonaden und mesodermaler Körpermuskulatur, sowie der Besitz besonderer Exkretionsorgane.

IV. VERMES. WÜRMER.

Der Begriff der „Würmer“, der schwer zu umgrenzen und vom Standpunkte strengerer wissenschaftlicher Systematik kaum haltbar ist, mag hier nur als populärer Sammeltypus gelten. Seit den Zeiten Grubes, der im Jahre 1850 auf die Schwierigkeiten, diese Gruppe als systematische Einheit zu charakterisieren, hinwies und dem 1877 Lankester folgte, haben bis auf unsere Tage die Versuche nach natürlicherer Anordnung der Formen, nach Aufstellung besser begründeter Gruppen angedauert. Man mag auf die den Würmern zukommende und sie von den Coelenteraten trennende Bilateralität des Körperbaues, auf die meist mehr langgestreckte, nicht selten dorsoventral abgeflachte Körpergestalt, auf ihre kriechende Lebensweise aufmerksam machen und im Anschluß an letztere in dem Besitz eines sog. „Hautmuskelschlauches“ ein gemeinsames Merkmal der gesamten Gruppe statuieren, immer wird man es hier mit Charakteren zu tun haben, die zum Teil nicht allen hierherzuzählenden Formen zukommen, zum Teil auch anderen Formen, die wir mit gutem Grunde aus dem Verwandtschaftskreise der Vermes ausschließen, eigentümlich sind. So sei beispielsweise erwähnt, daß ein eigentlicher Hautmuskelschlauch den *Rotatorien*, die man mit Rücksicht auf ihre Beziehungen zur *Annelidentrochophora* den Würmern zurechnen muß, fehlt, während *Balanoglossus*, eine Form, die wir von den Würmern trennen und zu den *Echinodermen* in Beziehung bringen, durch Körpergestalt, Bewegungsform und durch den Besitz eines Hautmuskelschlauches sich den Würmern nähert.

Es muß erwähnt werden, daß bei den niederen Formen der Würmer (Turbellarien, Rotiferen), sowie bei den Jugendzuständen der höheren Formen Wimperbewegung für die Lokomotion noch stark in Frage kommt. Sie schließen sich an die *Ctenophoren* an, die ja mittels Wimperapparaten schwimmen.

Der „Hautmuskelschlauch“, welcher für die kriechende Vorwärtsbewegung der Würmer als Hauptapparat zu gelten hat, besteht in der innigen Verbindung, in welche die Körpermuskulatur als tiefere Schicht zur oberflächlichen Hautschicht tritt (vgl. Fig. 49 *mu*). Wenn letztere, häufig durch Cuticularbildungen verstärkt, gewissermaßen das Skelettsystem dieser Formen repräsentiert, so kommt die darunter gelegene und mit ihr innig verwachsene Muskelschicht als bewegendes Stratum hinzu. Es sei erwähnt, daß diese Muskellage meist in mehrere Schichten zerfällt (Ringmuskellage, Längsmuskelschicht usw.) und daß die Längsmuskellage gewöhnlich nicht vollständig kontinuierlich sich unter der Haut ausdehnt, sondern häufig in gesonderte längsverlaufende Züge (dorsaler und ventraler Körperlängsmuskel, Fig. 58 B *md* und *mv*) zerfällt. Immerhin ist für die Würmer im allgemeinen die Anordnung der Körpermuskulatur in mehr kontinuierlichen Schichten, das Fehlen oder Zurücktreten einzelner gesonderter Muskelgruppen festzuhalten.

Wir betreten gesicherteren Boden, wenn wir von einer Betrachtung der Würmer als systematischer Einheit absehen und zu einer Scheidung dieses Stammes in zwei Untergruppen, die man als *Scolecides* (niedere Würmer) und *Annelides* (Ringelwürmer oder höhere Würmer) bezeichnet, fortschreiten.

Unsere Vorstellungen von der Art und Weise, wie sich die Würmer aus dem Stamme der Coelenteraten hervorgebildet haben, werden sich stets auf eine Betrachtung der Entwicklungsweise der Würmer, auf einem Studium ihrer Jugendzustände und Larvenformen aufzubauen haben. Schon oben hatten wir Gelegenheit, dieses Gebiet zu streifen. Es mag als dienlich erscheinen, wenn wir die Betrachtung der Würmer mit einer Beschreibung eines in den theoretischen Auseinandersetzungen der letzten Jahrzehnte vielfach herangezogenen Jugendzustandes, der sog. *Trochophoralarve* (Fig. 36, 43, 44 und 45) der *Anneliden* einleiten. Man kann aussprechen, daß im Trochophoratypus eine Jugendform vorliegt, welche in geheimnisvoller, für uns noch nicht völlig klar zu durchschauender Weise Beziehungen zu den verschiedensten Stämmen der Bilaterien andeutet. Die Trochophora ist zunächst die typische Larvenform der *Anneliden* und *Mollusken*. Aber auch die Jugendformen anderer Stämme des Tierreiches: der *Brachiopoden* und *Bryozoen*, ja selbst die Larve von *Balanoglossus*, die eigenartige *Tornaria*, scheinen Anklänge an den Trochophoratypus zu besitzen. Hier beschäftigt sie uns zunächst als ein Entwicklungsstadium der Würmer, als ein Jugendzustand, aus dessen einfacher Beschaffenheit der zusammengesetztere Bau der ausgebildeten Formen abzuleiten ist. Es mag auffallen, daß wir die Betrachtung der Würmer mit der Beschreibung einer Jugendform einleiten, die in typischer Entwicklung sich nur bei den höheren Würmern, den *Anneliden*, vorfindet. Die freischwimmenden Larven mancher mariner *Scoleciden*, wie die Müllersche Larve der Turbellarien, die Pilidiumlarve der Nemertinen, lehnen sich nur in entfernterer Weise an den wohlcharakterisierten Trochophoratypus an. Unser Vorgehen mag gerechtfertigt erscheinen durch die Überlegung, daß wir den Scoleciden auch die Rotatorien oder Rädertierchen zurechnen, die im ausgebildeten Zustande der Trochophora nahestehen, und daß die neueren

Untersuchungen über die ersten Entwicklungsvorgänge der Turbellarien und Nemertinen eine weitgehende Übereinstimmung mit der Entwicklung der Anneliden und Mollusken ergeben haben. Wie Surface für die Turbellarien, Ch. B. Wilson, E. B. Wilson, Zeleny und andere für Nemertinen nachgewiesen haben, finden wir hier in dem Spiraltypus der Furchung, in der Art der Entwicklung eines ektodermalen Mesenchyms, in der Hervorbildung der teloblastisch erzeugten Mesodermstreifen typische, der Annelidenentwicklung sich annähernde Züge.

Bau der Trochophora.

Die *Trochophora* der Anneliden (Fig. 44) erinnert in ihrer Gestalt an eine kleine Rippenqualle (Fig. 30), etwa an eine jener kleinen *Cydippiden*, welche im Plankton des Meeres so häufig gefunden werden. Hier wie dort eine Annäherung an die Gestalt eines Ballons. Beide Formen stimmen auch darin überein, daß ihr Scheitelpol von einem mächtigen apicalen Sinnesorgan (*sp*) eingenommen ist und daß sie sich durch Wimperbewegung im Wasser schwimmend erhalten. In beiden Fällen handelt es sich nicht um eine allgemeine Bewimperung der gesamten Körperoberfläche, wie wir eine solche bei vielen anderen Larvenformen und bei manchen niederen Würmern (Turbellarien) vorfinden, sondern um bestimmt lokalisierte, aber dafür um so mächtiger entwickelte Wimperapparate. Wenn bei den *Ctenophoren* (Fig. 30 und 31) acht in Meridianen verlaufende Rippen von Wimperplättchen den Lokomotionsapparat darstellen, so handelt es sich bei der Trochophora (Fig. 44) um gürtelförmig angeordnete Wimperzonen (Troche). Vor allem fällt an der Trochophora eine bewimperte äquatoriale Zone ins Auge, durch welche der Körper in zwei Hälften geschieden wird. Wir bezeichnen die vordere oder obere Hälfte als Scheitelfeld oder Episphaere, die hintere oder untere als Gegenfeld oder Hyposphaere. Die äquatoriale Wimperzone besteht aus zwei sie begrenzenden Wimperreifen und einer dazwischen liegenden fein bewimperten adoralen Wimperzone. Von den Wimperreifen wird der mächtigere vordere als *Prototroch* (*pt*), auch als Trochus oder präoraler Wimperkranz benannt. Er besteht aus einer Doppelreihe mächtiger Wimperzellen, unter denen sich ein Ringnerv hinzieht. Der hintere Wimperreifen wird als *Metatroch* (*mt*), Cingulum oder postoraler Wimperkranz bezeichnet. Zur Vervollständigung der Schilderung der Bewimperung der Larve sei hinzugefügt, daß sich nicht selten ein hinterer in der Nähe des Afters gelegener Wimperkranz, *Paratroch* oder präanaler Wimperkranz (*HWR* in Fig. 45c) vorfindet, daß das apicale Sinnesorgan einen mächtigen, als Steuerruder, vielleicht auch zur Sinnesperzeption dienenden Wimperschopf trägt und daß sich an der Bauchseite der Larve vom Munde bis zur Afteröffnung eine bewimperte Furche (Neurotrochoid nach Eisig, *nt* Fig. 44), hinzieht.

Wie sich schon aus der letztgemachten Angabe ergibt, ist die Trochophora deutlich bilateral-symmetrisch gebaut (Fig. 44 B und C). Die Hauptachse zieht von dem apicalen Sinnesorgan (*sp*), der *Scheitelplatte*, zu dem entgegengesetzten Körperende, an welchem sich die Afteröffnung (*an*) vorfindet. Sie entspricht der Körperlängsachse des aus der Trochophora hervorgehenden Wurmes (Fig. 45c). Daher bezeichnen wir den Scheitelpol der Hauptachse als den vorderen, den Afterpol als den hinteren Pol der Larve. Die Bauchseite wird durch das Vorhandensein der ebenerwähnten Neurotrochoidfurche und durch die Lage der Mundöffnung (Fig. 44 *m*, 45 *O*) gekennzeichnet. Letztere

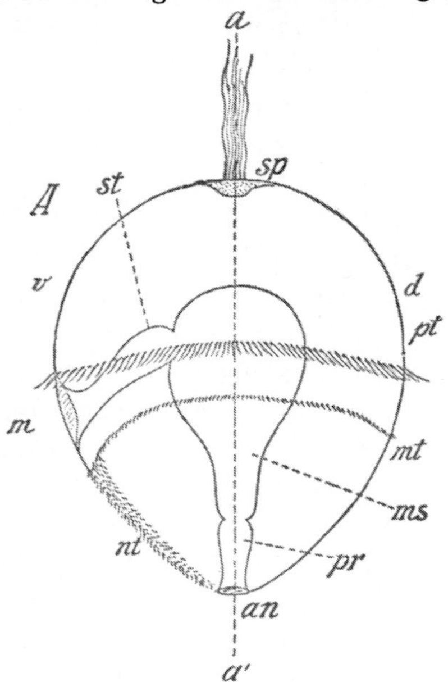

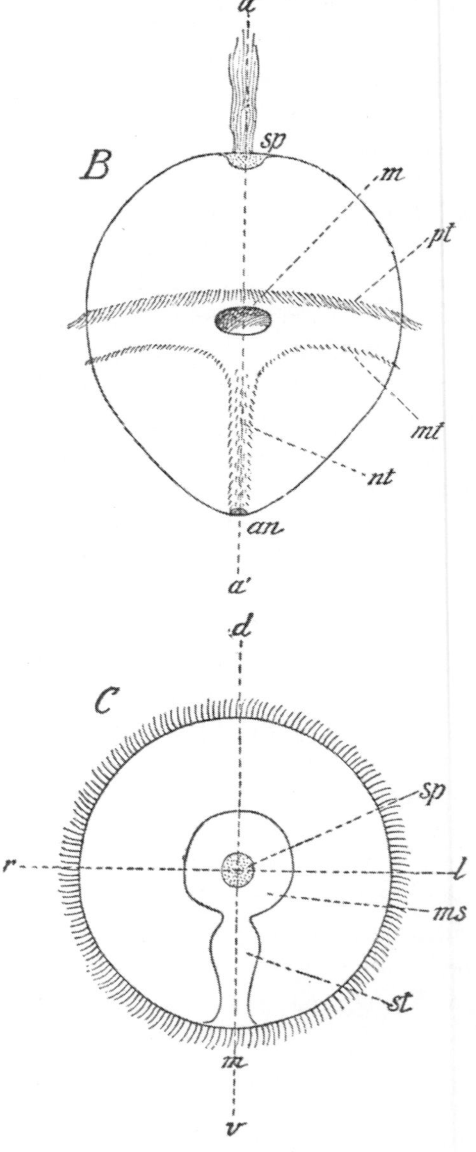

Fig. 44. Schematische Darstellung der Trochophoralarve eines marinen Ringelwurmes. Im Anschlusse an HATSCHEK. Vgl. Fig. 43 *C* und Fig. 45 *A*. *A* Ansicht von der linken Körperseite, *B* Ansicht von der Ventralseite, *C* Ansicht vom Scheitelpole. In *A* und *C* schimmert von den inneren Organen der Darm durch. *a—a'* Hauptachse, *an* After, *d* dorsal, *l* links, *m* Mund, *ms* Mitteldarm oder Mesenteron, *mt* postoraler Wimperkranz oder Metatroch, *nt* ventrale Flimmerrinne oder Neurotrochoid, *pr* Hinterdarm oder Proctodaeum, *pt* praeoraler Wimperkranz oder Prototroch, *r* rechts, *sp* apicales Sinnesorgan oder sog. Scheitelplatte, *st* Vorderdarm oder Stomodaeum, *v* ventral.

findet sich in der adoralen Wimperzone zwischen präoralem und postoralem Wimperkranz.

Wie sich aus der Trochophora der spätere Ringelwurm, das ausgebildete Annelid, hervorbildet (Fig. 45), soll an anderer Stelle behandelt werden. Hier sei nur erwähnt, daß eigentlich der ganze Körper des Wurms durch einen sekundären Wachstumsprozeß, einem Knospungsvorgang vergleichbar, hinten in der präanalen Region hinzugebildet wird. Wie wir durch die neueren Untersuchungen von Woltereck wissen, fällt der größte Teil der Trochophora bei der Umbildung in den späteren Wurm einem weitgehenden Auflösungs- oder Zerstörungsprozeß anheim, und nur gewisse Organe der Trochophora werden in den Körper des definitiven Wurmes übernommen. Es ergibt sich hieraus, daß wir an der Trochophora larvale Organe, die dem Untergang gewidmet sind, von definitiven zu unterscheiden haben. Es werden aus der Trochophora in das ausgebildete Annelid übernommen:

1. die Scheitelplatte, welche die Anlage des Kopflappens des Wurmes darstellt;
2. die ebenerwähnte Knospungszone der präanalen Region als Anlage des Wurmrumpfes, welcher wir auch die Mesodermstreifen als Coelomanlage anzuschließen haben;
3. der Darmkanal, welcher aber auch in seinen vorderen Abschnitten einer teilweisen Auflösung und Rekonstruktion unterliegt;
4. gewisse Teile des Nervensystems und der Muskulatur.

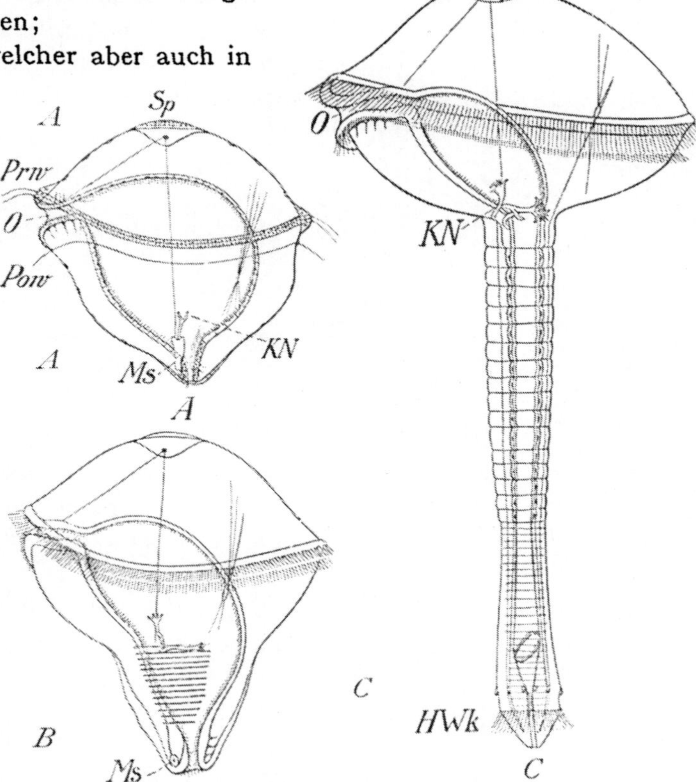

Fig. 45. Larvenstadien eines Ringelwurms. Polygordius nach HATSCHEK aus GROBBENS Lehrbuch. *A* Trochophorastadium, *Sp* Scheitelplatte mit Augenfleck, *Prw* praeoraler Wimperkranz (Prototroch), *O* Mund, *Pow* postoraler Wimperkranz (Metatroch), *A* After, *Ms* Mesodermstreifen, *KN* Protonephridium (Exkretionsorgan). *B* Metatrochophora. An der Kopfniere hat sich noch ein zweiter Schenkel entwickelt. *C* älteres Stadium. Der Rumpf erscheint wurmförmig gestreckt und in zahlreiche Metameren gegliedert. *HWk* hinterer Wimperkranz (sog. Paratroch), *Af* Augenfleck, *F* Fühler.

Der Darm der Trochophora, im Inneren bewimpert, hat einen bogenförmigen Verlauf, indem er von der zwischen Prototroch und Metatroch ventral gelegenen Mundöffnung (Fig. 36D) beginnend, dem terminal hinten sich findenden After zustrebt. Er besteht aus drei genetisch verschiedenen Teilen: Stomodaeum (*st*), Mesenteron (*ms*) und Proctodaeum (*pr*). Von diesen ist, wie erwähnt, das Mesenteron aus dem Urdarm des Gastrulastadiums hervorgegangen, während Stomodaeum und Proctodaeum sekundär als Ektodermeinstülpungen hinzugebildete Darmabschnitte sind. Das Stomodaeum, der vorderste Darmabschnitt, wird hier als Schlund (Pharynx) bezeichnet. Ihm schließt sich das retortenförmige Mesenteron an, aus zwei Abschnitten bestehend: einem vorderen erweiterten Magen und einem hinten sich anfügenden trichterförmig verengten Intestinum, welches meist ohne deutliche Grenze in das kurze Proctodaeum (Enddarm) übergeht.

Zwischen Darmwand und äußerer Haut dehnt sich ein mit Gallerte erfüllter Raum aus, den wir seinem Ursprunge nach auf die Furchungshöhle zurückführen und als primäre Leibeshöhle bezeichnen. In ihm finden sich Bindegewebszellen und Muskelzellen, ein larvales Mesenchym ektodermalen Ursprunges darstellend.

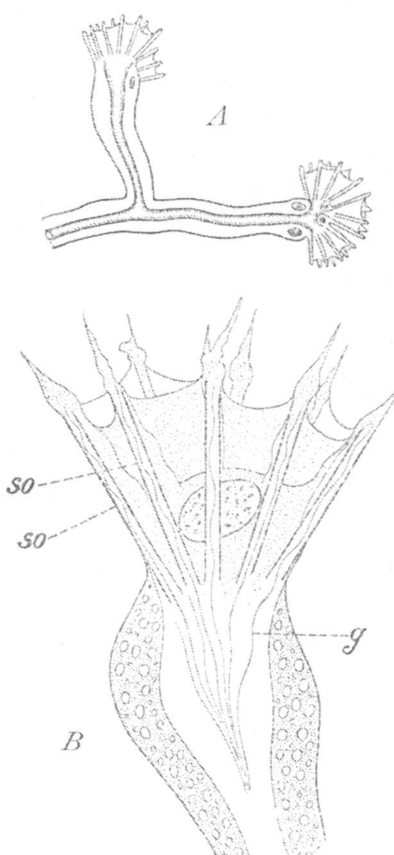

Fig. 46. *A* Exkretionsorgan (Protonephridium) der Trochophora von Polygordius. Nach HATSCHEK. *B* ein Endköpfchen desselben vergrößert. Nach GOODRICH aus MEISENHEIMER. *g* Geißeln, *so* Solenocytenröhrchen.

Das Nervensystem hat eine epitheliale, resp. subepitheliale Lage. Als Hauptzentrum tritt uns in der Scheitelplatte (Fig. 44 *sp*) eine epitheliale Nervensinnesplatte entgegen, in welcher wir die Anlage des Oberschlundganglions des Wurmes erkennen. Hier finden wir als Sinnesapparate: zwei Tentakelanlagen (*F* Fig. 45 C, Primär- oder Apicaltentakel), zwei (oder vier) Augen (*Af* Fig. 45C) und zwei laterale als Geruchsorgan zu deutende Flimmergruben.

Von dem Ganglion der Scheitelplatte strahlen in radiärer Richtung acht Nerven aus, von denen zwei besonders mächtige als Anlage der Schlundcommissur zu deuten sind. Sie erstrecken sich bis an das Hinterende der Larve, wo sie an die in den Rumpfkeimen sich entwickelnde Anlage der Bauchganglienkette sich anfügen. Außerdem findet sich ein larvaler subepithelial gelegener Plexus von Ganglienzellen mit von ihnen ausgehenden verzweigten und netzförmig verbundenen feinsten Ausläufern.

Als Exkretionsorgane der Trochophora finden wir ein Paar von feinen bewimperten Röhrchen (Fig. 45 *Kn*), welche an der Ventralseite der Hyposphaere ausmünden. Diese larvalen Nieren werden wohl auch als Protonephridien bezeichnet. In gewissen Fällen besitzen sie Verzweigungen, deren innere, gegen die primäre Leibeshöhle gerichtete Enden mit eigentümlichen köpfchenartigen Endgebilden blind endigen (Fig. 46). Wir finden in diesen Endköpfchen eine wechselnde Zahl von sog. Solenocyten, d. i. Zellen, die in ihrem Inneren einen gestreckten Kanal oder ein Röhrchen bergen, in welchen sich eine lange, an dem Ende des Röhrchens befestigte Geißel wellig bewegt (*so* Fig. 46).

Den Organbildungen der Trochophora gehören endlich auch die Mesodermanlagen des definitiven Rumpfabschnittes an. Je nach dem Entwicklungsstadium finden wir in der Nähe des Enddarms ventralwärts die paarigen Urmesodermzellen, oder von diesen produzierte paarige Mesodermstreifen (Fig. 43), an denen man vielfach bereits die erste auftretende Spur segmentaler Gliederung und die in den Segmenten sich ausbildenden Coelomhöhlen erkennen kann (Fig. 61).

Zu den wesentlichsten Zügen der Trochophora ist zu rechnen, daß es sich bei ihr um eine primitive Wurmform handelt, bei welcher der Raum zwischen Hautschicht und Darmwand eine primäre Leibeshöhle ist, in der wir neben larvalem Bindegewebe und Muskulatur noch zwei Organanlagen vorfinden: ein Excretionsorgan von der Ausbildungsstufe des Protonephridiums (bewimperte Kanälchen mit blinden Enden, die sich durch charakteristische Terminalkörperchen kennzeichnen) und die in den Mesodermstreifen enthaltene Anlage der Coelomhöhlen.

Mit ein paar Worten sei es gerechtfertigt, wenn wir in der Trochophora eine Form erblicken, die sich in gewissen Beziehungen an die Ctenophoren anlehnt. Nach dieser Richtung deutet zunächst, wie wir eingangs erwähnten, der Besitz eines komplizierten apicalen Sinnesapparates, von welchem acht Radiärnerven ausstrahlen. Auch in der hier nicht näher erörterten Anordnung des larvalen subepithelialen Gangliennetzes und der larvalen Muskulatur ist eine Hinneigung zu vierstrahlig radiärer Symmetrie nicht zu verkennen (Janowsky). Noch deutlicher weisen nach dieser Richtung gewisse Züge der ersten embryonalen Entwicklung der Trochophora, auf welche wir hier nicht näher eingehen können. Der Furchungsablauf (cell-lineage) der Anneliden ist neuerdings durch die Untersuchungen von E. B. Wilson, Child, Mead, Treadwell, Woltereck und anderen bis in die genauesten Details verfolgt. Diese Untersuchungen lassen erkennen, daß der Embryo in seinem Aufbau, in der Anordnung der Furchungskugeln, in dem Vorhandensein der so merkwürdigen Kreuzfigur der Episphaere usw. deutliche Spuren vierstrahliger Radiärsymmetrie erkennen läßt. Besonders sei erwähnt, daß die erste Anlage des Prototrochs aus vier interradial gelegenen gesonderten Partien, die später miteinander verschmelzen, gebildet wird.

Entwicklung der Trochophora.

Wenn wir in kurzem auf die ersten Entwicklungsvorgänge der Trochophora zu sprechen kommen, so sei erwähnt, daß die Furchung der Anneliden in manchen Fällen eine mehr äquale, in anderen eine deutlich inäquale ist. Sie weist immer den für viele Gruppen der Wirbellosen (so auch für die Mollusken) charakteristischen Spiraltypus auf. Es wird eine Coeloblastula mit meist kleiner Furchungshöhle gebildet. Die Gastrula kann durch Invagination der Zellen der vegetativen Hälfte (Fig. 36 A) oder durch Epibolie gebildet werden. Frühzeitig macht sich als Ectodermverdickung am animalen Pole die Anlage der Scheitelplatte bemerkbar und ebenso frühzeitig erkennt man die ersten Spuren der äquatorialen Prototrochanlage (Fig. 36). Der Blastoporus liegt ursprünglich der Scheitelplatte gegenüber in der Mitte der Hyposphaere; wie sich während seines allmählichen Verschlusses eine Lageveränderung bemerkbar macht, so daß der Mund als Blastoporusrest schließlich an der Ventralseite bis zum Prototroch emporrückt, wurde oben geschildert. Wir müssen aber nicht bloß den Mund (resp. die Schlundpforte) als Blastoporusrest betrachten. Aus dem Blastoporus geht auch eine mediane (im Neurotrochoid verlaufende Verwachsungsnaht, Gastrularaphe) und die Afteröffnung hervor.

Aus dem Darm der Gastrula wird der Magen und Dünndarm (Intestinum) gebildet, Oesophagus und Enddarm sind sekundär durch Ectodermeinstülpungen hinzugebildet.

Das larvale Mesenchym ist ein Ectomesoderm. Es entstammt gewissen Ectodermzellen, welche frühzeitig in die Furchungshöhle (primäre Leibeshöhle) einwandern. Auch in dieser Hinsicht schließt sich die Trochophora an die Coelenteraten und insbesondere an die Ctenophoren an, bei denen ja auch das Mesenchym durch einwandernde Ectodermzellen geliefert wird. Die erste Anlage des Protonephridiums ist vielleicht noch nicht mit aller wünschenswerten Sicherheit festgestellt. Aus den Angaben von Woltereck und Shearer ist zu schließen, daß auch die Anlage dieses larvalen Organes dem Ectoderm zuzurechnen ist.

Von der Entwicklung der Mesodermstreifen (Fig. 43) haben wir schon oben gesprochen. In frühen Stadien trennen sich vom Entoderm zwei bilateral symmetrisch gelegene Zellen ab, welche ursprünglich dem dorsalen Blastoporusrande angehören. Es sind die beiden Urmesodermzellen oder Polzellen des Mesoderms, welche durch successive Teilung eine Anzahl kleinerer Zellen liefern, die rechts und links in streifenförmiger Anordnung als „Mesodermstreifen" zu erkennen sind. Ursprünglich verlaufen diese Mesodermstreifen von der Dorsalseite gegen die Ventralseite, also dem Prototroch parallel. Bei der später erfolgenden Verlagerung des Urmundes erleiden auch die Mesodermstreifen eine Lageveränderung. Sie werden nun als Ganzes mehr gegen die Ventralseite verlagert und gleichzeitig senkrecht aufgerichtet. Es liegen dann die beiden Urmesodermzellen ventralwärts von der inzwischen zur Ausbildung gekommenen Afteröffnung, während die Mesodermstreifen rechts und links von der ventralen Mittellinie gegen den Prototroch emporsteigen.

A. Scoleciden. Niedere Würmer.

Wir rechnen zu den *Scoleciden* alle jene Würmer, welche mit der Trochophora in dem einen Punkte übereinstimmen, daß sich zwischen Darmwand und äußerer Hautbedeckung ein Raum befindet, welcher zeitlebens die Merkmale der primären Leibeshöhle beibehält. Dieser Raum, in welchem sich die Muskel, die Excretionsorgane und die Geschlechtsorgane vorfinden, kann in verschiedener Weise erfüllt erscheinen. Er kann von einem mesenchymatischen Bindegewebe (Parenchym) eingenommen sein (Fig. 49), so daß sich zwischen allen inneren Organen dies Füllgewebe ausbreitet. Nur gelegentlich beobachtet man bei diesen parenchymatösen Formen flüssigkeitserfüllte Bindegewebslücken (Fig. 49 *l*), die dann als Schizocoel (scheinbares Coelom oder Pseudocoel) anzusprechen wären. Bei anderen Formen tritt die Entwicklung der mesenchymatischen Gewebe mehr in den Hintergrund. Hier erscheint uns dann die primäre Leibeshöhle von einer wäßrigen Flüssigkeit erfüllt, während die Reste mesenchymatischen Gewebes, hauptsächlich durch die Körpermuskulatur vertreten, mehr gegen die Haut verdrängt erscheinen (Fig. 52 und 54).

Ein echtes Coelom scheint diesen Formen vollständig zu fehlen, und infolgedessen fehlt den hierher zu rechnenden Formen auch jene Schicht der Darmwand, welche als Splanchnopleura bezeichnet wird. Dementsprechend ist auch eine eigentliche Darmmuskulatur höchstens andeutungsweise entwickelt. Bei der Trochophora konnten wir in den paarigen Mesodermstreifen die Coelomanlagen angedeutet erkennen. Nach einer von vielen Forschern derzeit vertretenen Hypothese hätten wir bei den *Scoleciden* in den Geschlechtsorganen (Gonaden), die uns hier in der Form von selbständig nach außen mündenden Säcken oder Schläuchen entgegentreten, das Homologon der Coelombildungen der höheren Würmer zu erblicken (*g* in Fig. 49, 52 und 54).

Die Mannigfaltigkeit der Formen, die wir zu den *Scoleciden* rechnen, ist eine ungemein große. Aus dieser in zahlreiche einzelne Stämme auseinanderfahrenden Vielheit seien hier nur einige markante Typen ausgewählt. Als parenchymatöse Formen treten uns die *Plattwürmer* (*Platodes* oder *Platyhelminthes*) entgegen, während die *Rädertierchen* (*Rotatoria* oder *Rotifera*) und die Rundwürmer (*Nematodes* oder *Nemathelminthes*) zu jenen Gruppen gehören, welche eine flüssigkeitserfüllte primäre Leibeshöhle besitzen.

Zu den allgemeinen Charakteren der *Scoleciden* ist ferner zu rechnen, daß ihre Excretionsorgane den Typus der Protonephridien aufweisen, d. h. bewimperte Kanälchen mit nach innen geschlossenen terminalen Endorganen (*n* in Fig. 51), und daß ihnen ein Blutgefäßsystem fast immer fehlt.

a) Platodes, Plattwürmer.

Die Plattwürmer führen ihren Namen von der Gestalt ihres Körpers, die in vielen Fällen etwa der eines Lorbeerblattes ähnelt (Fig. 47), mit flacher Bauch- und Rückenfläche. Wenn wir von den zahlreichen hierher zu rechnenden Formen absehen, deren Bau infolge parasitärer Lebensweise mehr oder weniger modifiziert ist (wie dies bei den Saugwürmern und Bandwürmern der Fall ist), so tritt uns der Grundtypus dieser Formen in charakteristischester Weise in der Gruppe der *Strudelwürmer* oder *Turbellarien* entgegen, die meist als eine recht ursprüngliche Wurmgruppe betrachtet wird. Als scheinbar primitive Merkmale treten uns entgegen: die Körperoberfläche ist allgemein und gleichmäßig bewimpert, und Flimmerbewegung spielt in der Lokomotion dieser meist im Wasser lebenden, schwimmenden und kriechenden Wesen eine bedeutende Rolle. Ein besonderer Enddarm und eine Afteröffnung ist noch nicht zur Entwicklung gekommen. Der Mund (Fig. 47 *s*), welcher hier sonach auch zur Ausfuhr der unverdaulichen Nahrungsreste dienen muß, zeigt eine merkwürdige Inkonstanz in bezug auf seine Lage. Zwar gehört er überall der Ventralseite an; während er aber bei den meisten Tieren dem vorderen Körperende genähert erscheint, kann er bei den Turbellarien in der Körpermitte, ja vielfach auch weiter nach hinten verschoben erscheinen. Zu den Merkwürdigkeiten im Bau der Turbellarien und der Platoden überhaupt ist ferner zu rechnen, daß sie in den meisten Fällen hermaphroditische Geschlechtsorgane besitzen. Sie stimmen in dieser Hinsicht mit den Ctenophoren überein.

Der Hautmuskelschlauch besteht von außen nach innen aus folgenden Schichten:

1. Das ectodermale Körperepithel (Fig. 49 *ec*), bei den Strudelwürmern in der Form eines an Drüsenzellen reichen Flimmerepithels entwickelt, vielfach in den sog. „Rhabditen" eigentümliche, stäbchenartig vorschnellbare Verteidigungsorgane führend;
2. eine bindegewebige derbe Stützlamelle;
3. eine aus mehreren Lagen (Ringmuskel, Diagonalmuskel, Längsmuskelzüge) bestehende Muskelschicht (Fig. 49 *mu*). Im Inneren schließt sich sodann das alle Organe verbindende Körperparenchym (*ms*) an, welches von dorsoventralen Muskelzügen durchsetzt wird, eine Bindegewebsschicht, die bei manchen Formen der Platoden den Charakter des blasigen Bindegewebes annimmt und in welcher nur in gewissen Fällen Bindegewebslücken (*l*) als Pseudocoelräume auftreten.

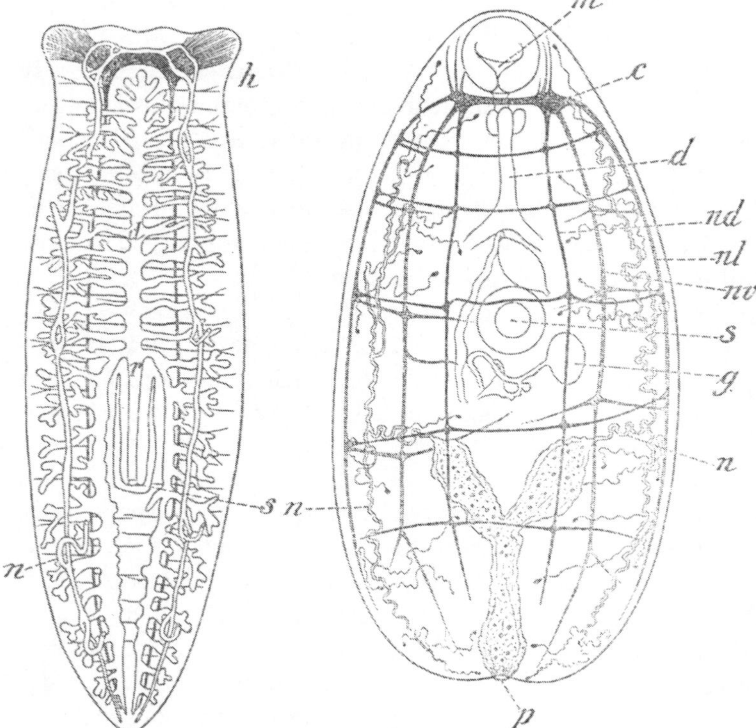

Fig. 47. Abbildung eines Strudelwurms (Dendrocoelum lacteum). Nach GOETTE. *d* Darm, *h* Gehirn, *n* Excretionskanälchen (Protonephridien), *r* Rüssel, *s* Mund.

Fig. 48. Dorsalansicht eines Saugwurmes (Distomum endolobum). Nach LOOS. *c* Gehirn, *d* Darm, *g* Geschlechtsorgane, *m* Mund, *n* Excretionskanälchen, *nd* dorsaler Längsnerv, *nl* lateraler Längsnerv, *nv* ventraler Längsnerv, *s* Bauchsaugnapf, *p* Excretionsporus (Ausmündungsstelle der Excretionskanälchen).

Das Nervensystem hat die ursprüngliche Beziehung zum Ectoderm seiner Lage nach nicht beibehalten. Es findet sich innerhalb des Hautmuskelschlauches im Parenchym (Fig. 49 *vn*) und besteht aus einem meist dem vorderen Körperende genäherten, in zwei lappige Hälften auseinandertretenden Gehirnganglion (*h* Fig. 47), welches mit den Hauptsinnesorganen (Augen, Wimpergrübchen und gelegentlichen Otolithenblasen) in Verbindung steht, und zwei von ihm nach hinten ziehenden ventralen Nervenlängsstämmen. Manche Beobachtungen deuten an, daß es sich in diesen Teilen des Zentralnervensystems nur um höher entwickelte Partien eines ursprünglich der Körperoberfläche anliegenden Nervenreticulums handelt. So finden wir bei den Saugwürmern (Trematoden) nicht selten sechs vom Gehirn (*c*) nach hinten ziehende Längsstämme (Fig. 48 *nv*, *nl*, *nd*), welche durch Queranastomosen untereinander in Verbindung stehen. Man möchte fast versucht sein, diese multiplen Längsstämme mit den acht Rippennerven der Ctenophoren und den acht Radialnerven der Trochophora in Beziehung zu bringen.

Der Darm besteht aus zwei genetisch verschiedenen Abschnitten. Der Mund führt zunächst in einen ectodermalen Schlund (Pharynx), welcher vielfach komplizierte, rüsselartig vorstülpbare muskulöse Einrichtungen (Schlundkopf) erkennen läßt. An diesen Abschnitt schließt sich sodann der entodermale, hier bei fehlendem After blind endende Mitteldarm an, der in vielen Fällen durch dendritische Ramifikationen (Fig. 47 *d*) den einzelnen Körperpartien die Nährsäfte zuführt (Gastrovascularsystem, vgl. S. 195).

Die Excretionsorgane (Fig. 47, 48 und 49 *n*) bestehen aus zwei seitlich verlaufenden Hauptkanälchen, welche, meist verzweigt, an den blinden Enden der Kanälchen besondere Terminalorgane, die sog. Wimperläppchen, tragen. Letztere bestehen aus einer größeren, keulig geformten Zelle, welche nicht selten durch Ausbildung amoeboider Plasmafortsätze im umliegenden Gewebe verankert erscheint und in ihrem Inneren das blinde Kanalende birgt. In dieses ragt ein von der Zelle ausgehender, in flackernder Bewegung sich befindender Wimperschopf (Wimperflamme) hinein. Ihrem Baue nach stehen diese Terminalzellen den oben (S. 224) erwähnten Solenocyten einigermaßen nahe. Die Art der Ausmündung der bewimperten Hauptkanäle ist eine ungemein mannigfaltige, sowohl was die Lage, als die Zahl der ausführenden Öffnungen (Excretionsporen) anbelangt.

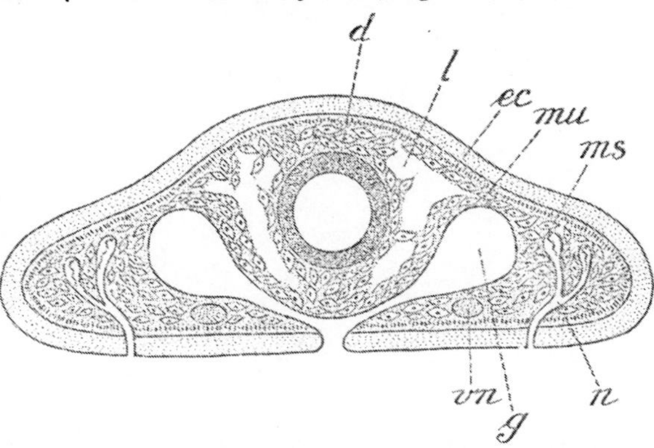

Fig. 49. Schematischer Querschnitt durch einen Plattwurm. *d* Darmkanal, *ec* Ektoderm (Hautepithel) und *mu* Körpermuskelschicht (die Längsmuskel sind querdurchschnitten gezeichnet), *ec* und *mu* bilden den Hautmuskelschlauch, *g* Genitalorgan (Gonade), *ms* Mesenchym, *l* unregelmäßige Lückenräume im Mesenchym (sog. Pseudocoel), *n* Excretionsorgane (Protonephridium), *vn* ventraler Längsnervenstrang im Querschnitt.

Das höchst komplizierte System der Geschlechtsorgane besteht aus zwei getrennten, höchstens durch gemeinsame Ausmündung miteinander zusammenhängenden Abschnitten: dem männlichen und dem weiblichen, von denen jeder wieder die keimbereitenden Säckchen (Hoden im männlichen Geschlechte, Ovarien im weiblichen) und den mit mannigfachen Anhangsapparaten versehenen ausleitenden Kanal erkennen läßt.

Von der vielfach nur ungenügend erkannten Entwicklung der Turbellarien hier nur kurz folgendes. Es wurde bereits erwähnt, daß die Stadien der Furchung und der in ihr sich vollziehenden Sonderung der ersten Keimesanlagen eine bedeutende Übereinstimmung mit der Entwicklungsweise der Anneliden und der Mollusken erkennen lassen. Hier wie dort der merkwürdige Spiraltypus in der Anordnungsweise der Blastomeren. Es wird ein larvales, dem Ectoderm entstammendes Mesenchym gebildet, das aber im Aufbau der ausgebildeten Form nur eine geringe Rolle spielt. Das mesenchymatöse Parenchym der ausgebildeten Form entwickelt sich aus paarigen Mesodermstreifen, welche von zwei Urmesodermzellen abstammen, die von der Zelle 4*d* der früheren Furchungsstadien geliefert werden. Wir fußen bei diesen Angaben auf einer neueren Untersuchung von F. M. Surface über die Entwicklung von *Planocera inquilina*. Durch diese Ergebnisse werden die Platodes in wesentlicher, früher kaum zu vermutender Weise den Vorstufen der Anneliden genähert.

Die Furchung ist eine totale und inäquale, und dementsprechend vollzieht sich die Gastrulation durch Epibolie. Aus der so nach innen verlagerten Masse der Entodermzellen geht der Mitteldarm (*mn* Fig. 50 B) hervor, während

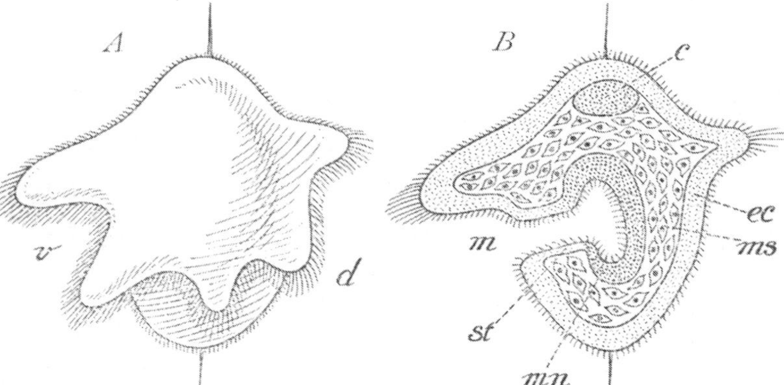

Fig. 50. Sog. Müllersche Larve der Turbellarien, Ansicht von der linken Körperseite. *A* Oberflächenbild, *B* im Durchschnitt (Schema im Anschlusse an LANG). *c* Anlage des Gehirns (Cerebralganglion), *ec* äußere Hautschicht (Ektoderm), *d* dorsal, *m* Mund, *mn* Mitteldarm (Mesenteron), *ms* Mesenchym in der primären Leibeshöhle, *st* Vorderdarm (Stomodaeum), *v* ventral.

der Schlund (*st*) durch eine Einsenkung des Ectoderms produziert wird. Die Excretionsorgane entstammen möglicherweise dem Ectoderm, während die Gonaden wohl als mesodermale Bildungen anzusprechen sind.

Manche freischwimmende Jugendzustände der Turbellarien zeigen eine entfernte Ähnlichkeit mit der Trochophora. Zwar sind sie an der ganzen Körperoberfläche bewimpert, doch macht sich an der sog. *Müllerschen Larve* (Fig. 50) der Polycladen eine äquatoriale Zone bemerkbar, welche, stärker bewimpert, in acht Lappen ausgezogen erscheint. Wir könnten in ihr wohl etwas wie einen modifizierten Prototroch vermuten. Der apicale Pol der Larve, an welchem das Gehirn (*c*) als Ectodermverdickung angelegt wird, ist durch einen steifen Wimperbüschel gekennzeichnet, dem am Gegenpole ein ähnlicher entspricht. Sie bezeichnen das Vorder- und Hinterende der späteren Körperlängsachse.

Wir können die Müllersche Larve jenem Entwicklungsstadium der Trochophora (Fig. 36 C) gleichsetzen, in welchem der Mund nach der Ventralseite verlagert, aber ein Proctodäum und eine Afteröffnung noch nicht zur Entwicklung gelangt ist. Solche Vorstufen der Trochophora hat Hatschek als *Protochula* bezeichnet.

Die Müllersche Larve verwandelt sich in das ausgebildete Turbellar, indem sie eine erhebliche Streckung in der Richtung der Körperlängsachse erfährt, während gleichzeitig die acht bewimperten Anhänge rückgebildet werden.

b) Rotatoria, Rädertierchen.

Die *Rotatorien*, von Ehrenberg, dem unermüdlichen Erforscher der mikroskopischen Lebewelt, noch seiner vielumfassenden Gruppe der Infusoria zugerechnet, wurden später von manchen Forschern in Beziehungen zu den Urstufen der Krebse gebracht. Wir betrachten sie als geschlechtsreife Trochophoren. Weist doch eine von Semper auf den Philippinen entdeckte und neuerdings von Rousselet wiedergefundene, hierher zu rechnende Form, Trochosphaera aequatorialis, in allen Einzelheiten den Bau dieses Stadiums auf.

Ihren Namen verdanken die Rädertierchen einem an das vordere Körperende verlagerten Wimperapparate, in welchem wir, wenn auch in mancherlei Modifikationen, die nicht immer leicht zu deuten sind, die äquatoriale Wimperzone der Trochophora mit Trochus (Fig. 51 *tr*) und Cingulum (*ci*) wiedererkennen. Die Episphaere erscheint meist verkleinert, abgeflacht, nicht selten etwas eingezogen. Der Rumpf des Tieres ist als verlängerte Hyposphaere zu deuten. Der After (*cl*) liegt dorsalwärts verlagert, und der Rumpf setzt sich nach hinten in einen mit Klebdrüsen versehenen und in zwei zipfelförmige Anhänge auslaufenden Fortsatz, den sog. Fuß, fort (*f*).

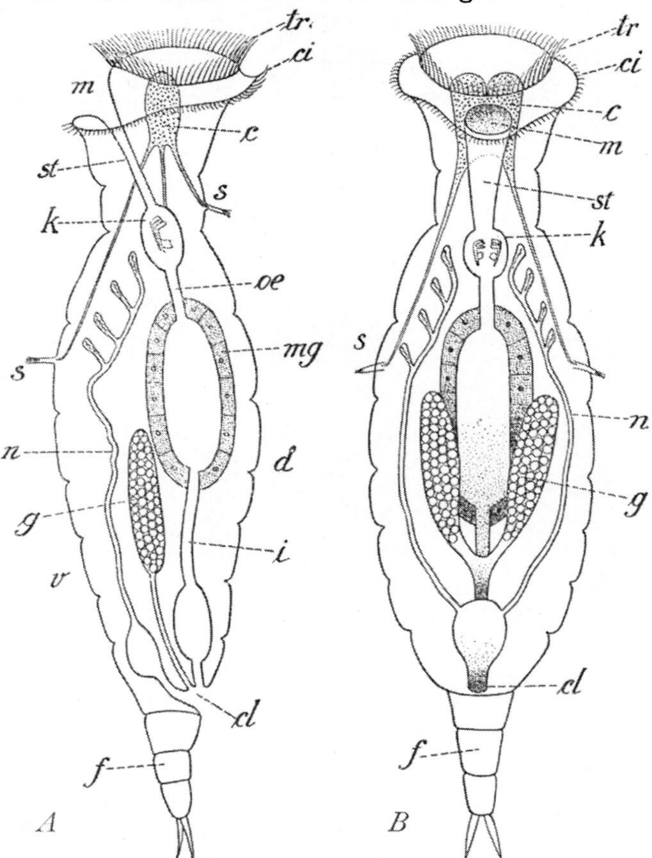

Fig. 51. Schematische Darstellung des Baues eines Rädertierchens (Schemen im Anschlusse an DELAGE und HÉROUARD). *c* Gehirn, *ci* Cingulum oder postoraler Wimperkranz, *cl* Kloakenöffnung, *f* sog. Fuß, *g* weibliche Keimdrüse (Gonade), *i* Intestinum, *k* Kaumagen, *m* Mund, *mg* Magen, *n* Excretionsorgan (sog. Protonephridium), *oe* Ösophagus, *s* Sinnesorgane (sog. Taster), *st* Vorderdarm (Stomodaeum), *tr* Trochus oder praeoraler Wimperkranz. *A* Ansicht von der linken Körperseite. *B* Ansicht von der Bauchseite, *v* ventral, *d* dorsal.

Die Körperoberfläche ist von einer oft in fernrohrartig einziehbare Ringel geteilten Cuticula (Fig. 52 *cu*) bedeckt. Darunter finden wir eine das ectodermale Epithel vertretende kernhaltige Plasmaschicht, die sog. Matrix (*ec*), an welche sich nach innen vereinzelte Ring- und Längsmuskelzüge (*mu*) als spärliche Vertreter der Hautmuskulatur anschließen.

Der Darm zerfällt in mehrere Abschnitte: dem Stomodaeum (Fig. 51 *st*) gehört der vorderste Abschnitt mit einem eigentümlichen Kauapparat (Kaumagen *k*) an. Das Mesenteron besteht aus dem sog. Oesophagus (*oe*), der erweiterten Magenpartie (*mg*) mit paarigen Anhangsdrüsen und einem daran sich schließenden Enddarm (*i*). Wie sich Mesenteron und Proctodaeum gegeneinander abgrenzen, steht noch nicht fest. Der dorsalwärts verlagerte After (*d*) nimmt auch die Ausmündung der Geschlechtsorgane (*g*) und Excretionsorgane (*n*) in sich auf, ist demnach richtiger als Cloake zu bezeichnen.

Zwischen Darmwand und Körperwand dehnt sich die flüssigkeitserfüllte primäre Leibeshöhle (Fig. 52 *f*) aus, in welcher die inneren Organe flottieren. Ein Vergleich der Querschnitte (Fig. 49 und 52) läßt erkennen, wie sehr im Gegensatze zu den Platoden die mesenchymatischen Gewebe bei den Rotatorien in den Hintergrund treten.

Als Excretionsorgane (Fig. 51 *n*) fungieren sog. Protonephridien. Sie bestehen aus zwei seitlich verlaufenden Kanälchen, welche Seitenäste tragen, die mit Wimperflammen endigen.

Die Gonaden (Fig. 51, 52 *g*), nur selten paarig, meist durch Reduktion der einen Hälfte unpaar, sind als Säckchen zu bezeichnen, welche mit kurzem Ausführungsgang in die Cloake münden.

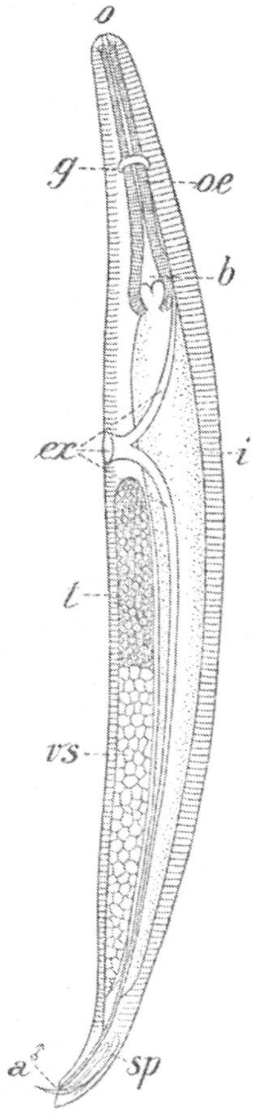

Als Zentralteil des Nervensystems fungiert ein über dem Schlund gelagertes, vom Ectoderm abgerücktes Cerebralganglion (Fig. 51 *c*), welches die Sinnesapparate und die Muskel mit Nerven versorgt. Vor allem treten nach hinten

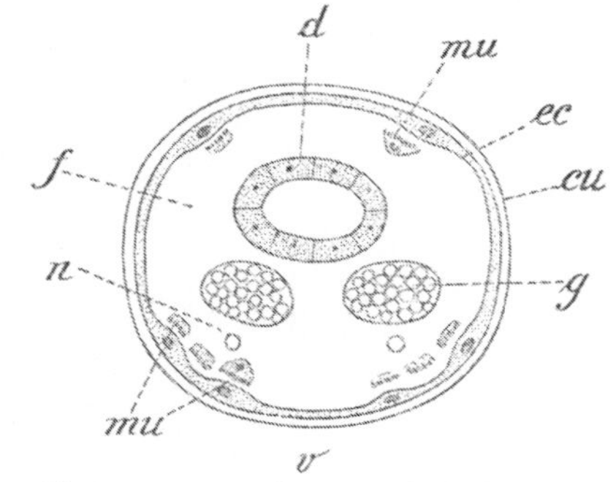

Fig. 52. Schematischer Querschnitt durch ein Rädertierchen. *cu* Cuticula, *d* Darmkanal, *ec* Ektoderm (sog. Matrix), *f* primäre Leibeshöhle, *g* Geschlechtsorgane (Gonaden), *mu* Längsmuskelzellen im Querschnitt getroffen, *n* Excretionskanälchen (Protonephridien), *v* Ventralseite.

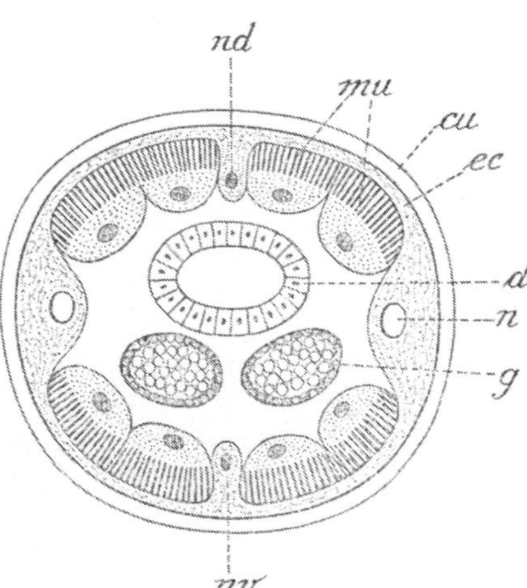

Fig. 54. Schematischer Querschnitt durch einen Nematoden. *cu* Cuticula, *d* Darm, *ec* Ektodermschicht (sog. Subcuticula), *g* Gonade, *mu* Körperlängsmuskelschicht mit den muskelbildenden Zellen (Myoblasten), *n* Excretionsorgan (sog. Seitenkanal), *nd* dorsaler Längsnerv, *nv* ventraler Längsnerv.

Fig. 53. Übersicht der Organisation eines Nematoden (Männchen von Oxyuris Diesingii aus der Küchenschabe). Nach BÜTSCHLI aus HATSCHEKS Lehrbuch. *o* Mund, *oe* Ösophagus, *b* dessen Bulbus, *i* Darm, ♂*a* After und männliche Genitalöffnung, *g* Ganglienring, *ex* Excretionskanäle, *t* Hoden, *vs* Vesicula seminalis, *sp* Tasche für das Spiculum.

ein dorsales Nervenpaar an die sog. Dorsaltaster, ein ventrolaterales Paar an die Lateraltaster. Dem Gehirn liegen in der Regel Augen an.

Die embryonale Entwicklung der Rotatorien ist in ihren Einzelheiten noch wenig erkannt. Die Furchung weist in dem Auftreten übereinander liegender Zellquartette gewisse Ähnlichkeiten mit der Furchung der Anneliden auf. Die Hautmuskel scheinen dem Ectoderm zu entstammen (Ectomesoderm), und das entodermale Mesoderm ist vielleicht bloß durch die Gonaden vertreten.

c) Nematodes, Rundwürmer.

Am weitesten entfernen sich die meist parasitären Nematoden (Fig. 53) vom Trochophoratypus. Weder im Bau der ausgebildeten Form, noch in ihren Entwicklungsstadien sind besonders deutliche Anklänge nach dieser Richtung zu erkennen. Wenn wir sie hier anschließen, so mag dies dadurch gerechtfertigt erscheinen, daß eigenartige kleinere Gruppen, wie die der Gastrotrichen, Echinoderen und Desmoscoleciden den Übergang von den Rotatorien zu den Nematoden zu vermitteln scheinen.

Wimperapparate fehlen hier vollständig, sowohl an der äußeren Oberfläche als an allen inneren Organen. Der spulrunde, spindelförmige Körper ist an seiner ganzen Oberfläche von einer glatten, elastischen und sehr resistenten Cutikula (*cu* Fig. 54) überdeckt. Am vorderen Ende findet sich die Mundöffnung (*o* Fig. 53), die Afteröffnung (*a*) nahe dem hinteren Körperende ventralwärts.

Der Raum zwischen Hautmuskelschlauch und Darmwand ist als primäre Leibeshöhle zu bezeichnen. Dementsprechend besteht die Wand des Mitteldarms aus einer einfachen Epithelschicht (Fig. 54 *d*), ohne Darmmuskulatur und ohne Splanchnopleura. Der Hautmuskelschlauch setzt sich zusammen: 1. aus der Cutikula (*cu*), 2. einer darunter gelegenen syncytialen Schicht (Hypodermis oder Subcutikula *ec*) und einer Längsmuskelschicht (*mu*), welche von großen Myoblasten geliefert wird.

Die Längsmuskel (Fig. 54 *mu*) sind in vier Zügen angeordnet und lassen dementsprechend zwei mediane Felder und zwei umfangreichere Seitenfelder frei, in welche das Gewebe der Subcutikula vordringt. Während in den so entstehenden medianen Leisten je ein dorsaler und ventraler Längsnerv (*nd* und *nv*) verlaufen, die von einem vorn den Darm umfassenden Schlundring (Fig. 53 *g*) herkommen, finden wir in den Seitenfeldern die sog. Seitenkanäle (Fig. 54 *n*), welche als Excretionsorgane (Fig. 53 *ex*) gedeutet werden und in der vorderen Körperhälfte mit einem unpaaren Excretionsporus ausmünden. Es findet sich nichts von Wimperkölbchen oder ähnlichem an diesen Excretionskanälchen, die man nur mit einigen Bedenken als Protonephridien taxieren kann. Die Gonaden (*t* Fig. 53, *g* Fig. 54) sind schlauchförmig, in der Leibeshöhle gelegen. Die paarigen weiblichen münden vorn an der Ventralseite, die unpaaren männlichen in den hier zur Cloake werdenden Enddarm (Fig. 53 ♂).

Von der embryonalen Entwicklung der Nematoden sei nur erwähnt, daß hier die sog. Mesodermstreifen ectodermalen Ursprungs zu sein scheinen, also als „larvaler Mesoblast" zu deuten sind, während als Repräsentant des entodermalen Mesoderms vielleicht ausschließlich der Gonadenschlauch in Frage kommt.

B. Anneliden, Ringelwürmer.

Zwischen *Scoleciden* und *Anneliden* besteht anscheinend eine gewaltige Kluft. Folgende sind die wichtigsten Merkmale in der Organisation der Anneliden: Der Körper (richtiger: der Rumpfabschnitt desselben) ist segmentiert (Fig. 55), d. h. er zerfällt durch Querfurchen in eine Anzahl von Abschnitten, in denen in regelmäßiger Aufeinanderfolge gewisse Organe oder Organabschnitte wiederkehren. Zwischen Hautmuskelschlauch und Darm dehnt sich eine umfangreiche Leibeshöhle, ein echtes Coelom (sog. sekundäre Leibeshöhle, *c* Fig. 58) aus. Die Geschlechtsprodukte werden in den Coelomsäcken (*go* Fig. 58) erzeugt. Die Excretionsorgane haben den Charakter von Nephridien (*n*). Meist ist ein Blutgefäßsystem vorhanden.

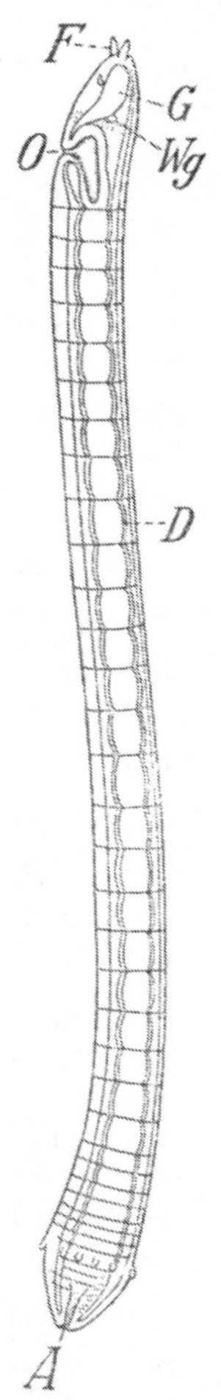

Fig. 55. Junger Polygordius (Annelide). Nach HATSCHEK aus GROBBENS Lehrbuch. Vgl. Fig. 45 *C* auf S. 223. *A* After, *D* Darm, *F* Fühler, *G* Gehirn, *O* Mund, *Wg* Wimpergrube.

In Wirklichkeit ist die scharfe Grenze, welche Anneliden und Scoleciden trennt, in mannigfacher Art verwischt. Es gibt eigentümliche Zwischenformen, wie die merkwürdige Gattung Dinophilus, welche den Übergang von Rotatorien zu Anneliden vermitteln. Und in der individuellen Entwicklung wird diese Vermittlung dadurch bewirkt, daß die Jugendformen der Anneliden als Trochophoren oder ihnen ähnliche Stadien die Organisationsstufe der Scoleciden zeigen, und daß die echten Annelidencharaktere erst durch spätere Umwandlungen, bei denen den Mesodermstreifen die wichtigste Rolle zukommt, hervorgebildet werden.

Der Körper des Annelids (Fig. 55) besteht aus drei voneinander wohl zu unterscheidenden Abschnitten: 1. ganz vorn ein kleiner, wie eine Oberlippe den Mund überragender Teil, der sog. Kopflappen oder Prostomium, welcher Fühler (*F*) und Augen trägt und im Inneren das Gehirn (*G*) oder Oberschlundganglion birgt. Er leitet sich von der Episphaere der Trochophora (Fig. 45 C), genauer gesprochen, von der Region der Scheitelplatte ab. 2. Der gegliederte Rumpf, aus zahlreichen Segmenten bestehend und weitaus die umfangreichste Region des ganzen Körpers. Je weiter wir nach hinten vorschreiten, um so unentwickelter sind die Segmente (Fig. 55), bis wir zu einer Knospungszone gelangen, von welcher neue Körpersegmente nach vorn hervorgebildet werden (Gesetz der terminalen oder teloblastischen Erzeugung der Körpersegmente). 3. Ein kleiner Endabschnitt, das sog. Pygidium, welches sich an die ebenerwähnte Knospungszone anschließt und die Afteröffnung (*A*) trägt. Er leitet sich von der perianalen Region der Trochophoralarve her (Fig. 45 C).

Es werden also der vorderste Körperabschnitt des Annelids (Kopflappen) und der hinterste Abschnitt (Pygidium) direkt aus der Trochophora übernommen, und diese Abschnitte weisen in dem Fehlen eines echten Coeloms zeitlebens ein Scolecidenmerkmal auf. Der gegliederte Rumpf ist eine Neubildung, welche sich durch einen von der Knospungszone ausgehenden Wachstumsprozeß zwischen Vorder- und Hinterende der Trochophora einschiebt.

Wir können unterscheiden: Organe, welche den ganzen Körper kontinuierlich durchziehen, von solchen, die den einzelnen Rumpfsegmenten zukommen. Kontinuierlich ist zunächst der Hautmuskelschlauch. Er besteht: 1. aus einem an Drüsenzellen reichen ectodermalen Epithel (Fig. 58 *ec*), welches nach außen eine meist zarte Cutikula (*cu*) abscheidet und in welchem bei ursprünglicheren Formen noch das Zentralnervensystem gelegen sein kann. 2. Aus einer Ringmuskelschicht. 3. Aus einer in vier längsverlaufende Züge gesonderten Längsmuskelschicht (Fig. 58 *md* und *mv*). 4. Aus der Somatopleura (*so*); hierunter verstehen wir eine das Coelom begrenzende Epithelschicht. Streng genommen sind die Längsmuskel genetisch von der Somatopleura abzuleiten. Man sieht, wenn man den Hautmuskelschlauch der Anneliden mit dem der Nematoden (Fig. 54) z. B. vergleicht, daß durch das Auftreten eines echten Coeloms seinem Schichtenbau eine neue Körperschicht, die Somatopleura, hinzugefügt wurde.

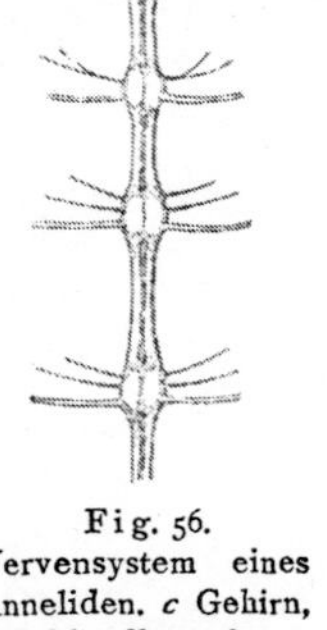

Fig. 56. Nervensystem eines Anneliden. *c* Gehirn, *s* Schlundkommissur, *oe* Ösophagus.

Auch das Nervensystem zieht kontinuierlich durch alle Segmente. Es kann bei den ursprünglicheren Formen noch im Epithel gelegen sein; meist rückt es aber vom Epithel in tiefere Schichten (Fig. 58 B *g*) ab. Es besteht aus einem in paarige Hälften geschiedenen Gehirn (Fig. 56 *c*) oder Oberschlundganglion, welches dorsalwärts vor dem Munde im Kopflappen (G Fig. 55) gelegen ist. Von ihm gehen die beiden Schlundcommissuren (Fig. 56 *s*) ab, die den vordersten Teil des Darms (*oe*) rechts und links umgreifen und sich nach hinten in zwei ventrale Längsstämme fortsetzen. Jeder dieser Längsstämme schwillt in jedem Rumpfsegmente zu einem Ganglienknoten an (Fig. 56), welcher mit dem entsprechenden Knoten der anderen Körperseite durch eine Quercommissur verbunden ist. So entsteht die typische Form der strickleiterförmigen Bauchganglienkette.

Kontinuierliche Organe sind ferner der Darm und das Blutgefäßsystem. Der Darm verläuft meist völlig gestreckt von der vorn ventral an der Grenze von Kopflappen und erstem Rumpfsegment gelegenen Mundöffnung (Fig. 55 *O*) zur hinten terminal befindlichen Afteröffnung (*A*). Er besteht aus dem ectodermalen Schlund (Stomodaeum), dem langen schlauchförmigen Mitteldarm (Mesenteron) und einem kurzen Enddarm. Die Darmwand setzt sich von innen nach außen aus folgenden Schichten zusammen: 1. das innere, meist bewimperte Darmepithel (Fig. 58 B *d*, Fig. 62 A *en*), 2. die Muskelschicht des Darms (Muscularis), aus einer inneren Ring- (Fig. 62 *rm*) und äußeren Längsmuskelschicht (Fig. 62 *lm*) bestehend, 3. aus einer zarten Epithelschicht, welche der Leibeshöhlenwand angehört und als Splanchnopleura bezeichnet wird (Fig. 58 B *sp*, Fig. 62 *p*). Der Darm ist in der Leibeshöhle durch ein längsverlaufendes dorsales und ventrales Mesenterium (Fig. 58 B *m* und *m'*) und an den Segmentgrenzen durch quere Dissepimente (Fig. 58 A) befestigt.

Das Blutgefäßsystem der Anneliden ist ein geschlossenes. Es besteht aus einem System von Röhren, die in sich selbst zurücklaufen. Wir unterscheiden ein über dem Darm verlaufendes meist contractiles Rückengefäß (Fig. 57 *R*, Fig. 58 B *bg*), in welchem das Blut von hinten nach vorn strömt, und ein unter dem Darm befindliches Bauchgefäß (Fig. 57 B, Fig. 58 *bg'*). Beide stehen durch Queranastomosen, welche in den Dissepimenten gelegen sind, miteinander in Verbindung (Fig. 57). Das Rückengefäß bezieht sein Blut aus diesen seitlichen Anastomosen und aus einem bei vielen Formen vorkommenden Lacunensystem der Darmwand, dem sog. Darmblutsinus. In letzterem haben wir die eigentliche Anlage des Blutgefäßsystems zu erblicken, von welchem sich die oben beschriebenen Gefäßstämme abgegliedert haben.

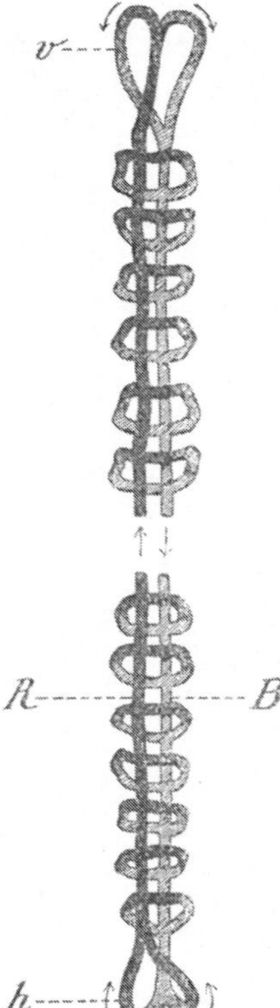

Fig. 57. Schema des Blutgefäßsystems bei einem Anneliden. Nach HATSCHEK. *R* Rückengefäß, *B* Bauchgefäß, welche durch quere Gefäße verbunden sind und überdies durch *v* vordere Gefäßbogen und *h* hintere Gefäßbogen ineinander übergehen. Die Pfeile zeigen die Richtung des Blutstromes an.

In jedem Rumpfsegmente findet sich ein Paar von Coelomsäcken (Fig. 58 *c*), welche den Raum zwischen Hautmuskelschlauch und Darmwand vollständig ausfüllen. Sie umgreifen den Darm und stoßen über und unter dem Darm in der Medianebene dicht aneinander. Diese sich mehr oder weniger berührenden Partien der Wand beider Coelomsäcke werden als dorsales und ventrales Mesenterium (Fig. 58 B *m* und *m'*) bezeichnet. Jener Teil der Wand der Coelomsäcke, welcher der Haut anliegt, heißt somatische Schicht ((*so*), der dem Darmepithel anliegende Teil splanchnische Schicht (*sp*) des sekundären Mesoderms. Aus der somatischen Schicht des Mesoderms entwickeln sich die Längsmuskelzüge des Hautmuskelschlauches (*md* und *mv*) und die Somatopleura (*so*), während aus der splanchnischen Schicht mit Wahrscheinlichkeit die Darmmuskelschicht (Fig. 62 *lm* und *rm*) und die Splanchnopleura (Fig. 58 *sp*, Fig. 62 *p*) abzuleiten sind. Jene Partien der Coelomsackwände, welche die vorn und hinten sich anschließenden Coelomsäcke der Nachbarsegmente berühren, liefern die queren Scheidewände des Coeloms, die sog. Dissepimente (Fig. 58 A).

Die Geschlechtsprodukte entstehen durch Wucherungen an bestimmten Stellen der Coelomwände (*go* Fig. 58 A). Wir finden hier sonach sog. Flächengonaden, d. h. flächenhafte Keimzonen des Coelothels. Die reifen Keimzellen gelangen in die Coelomhöhle, aus welcher sie durch eigene, mit weiter, trichterförmiger Mündung beginnende Ausführungsgänge, sog. Coelomoducte (Fig. 60 *g*) oder durch Vermittlung der Nephridien (Fig. 60 *n*) oder aber durch einfaches Bersten der Leibeswand nach außen gelangen.

Wir können sonach vielleicht die Coelomsäcke der Anneliden den sackförmigen Gonaden der Scoleciden gleichsetzen. Die ganze Segmentierung des

Annelidenkörpers würde sich in letzter Linie zurückführen lassen auf die in regelmäßigen Abständen erfolgte Entwicklung paariger Sackgonaden, als deren Ausführungsgänge die Coelomodukte zu betrachten sind.

In jedem Rumpfsegment finden wir in der Regel ein Paar von Excretionsorganen (Fig. 58 *n*), welche in der älteren Zeit als Segmentalorgane, neuerdings als Nephridien bezeichnet werden. Es handelt sich um schleifenförmig gewundene, im Inneren flimmernde Kanälchen (Fig. 59), welche seitlich nach außen münden. Ihr inneres Ende ist gewöhnlich mit einem in die Leibeshöhle mündenden und im vorderen Dissepiment des betreffenden Segments verankerten Flimmertrichter versehen. Wir bezeichnen diese innere Mündung der Nephridien als Nephrostom (*nst* Fig. 59).

Neuere Ergebnisse, besonders die der bahnbrechenden Untersuchungen von Goodrich, haben zur Ansicht geführt, daß bei den meisten Anneliden die Segmentalkanälchen als ein gemischtes Produkt zu betrachten sind, bei denen die Coelomodukte den Anschluß an die Excretionskanälchen gewonnen haben (Fig. 60 D). Es erklärt sich auf diese Weise, wieso sie dazu kamen, neben ihrer Funktion als Nieren noch die Ausführung der Geschlechtsprodukte zu übernehmen.

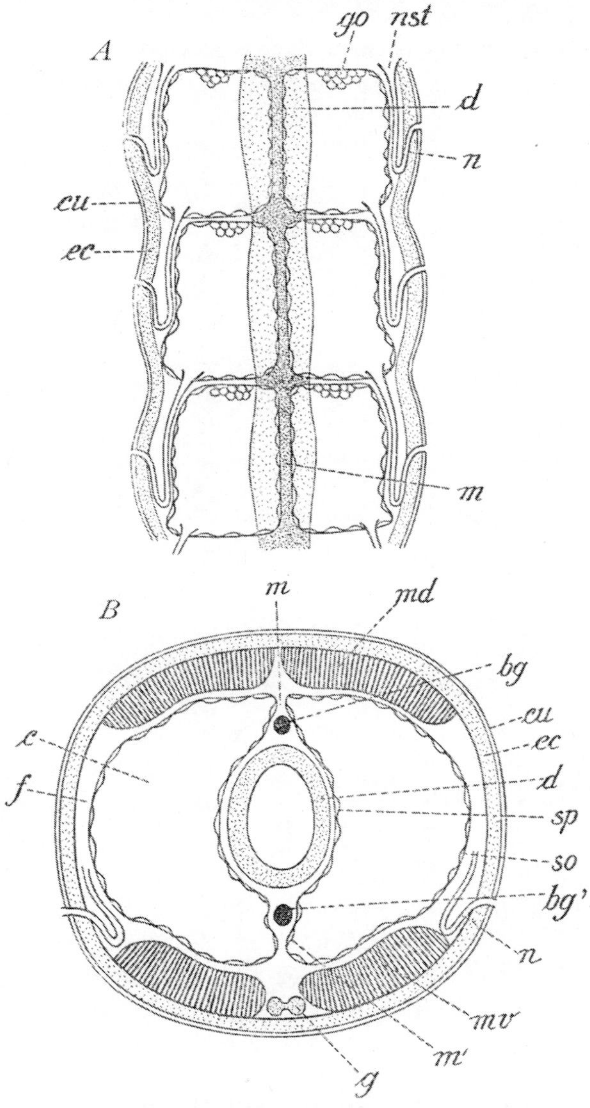

Fig. 58. Organisation der Rumpfsegmente eines Anneliden. Schema. *A* Dorsalansicht, *B* Querschnitt. *bg* Rückengefäß, *bg'* Bauchgefäß, *c* Coelom, *cu* Cuticula, *d* Darm, *ec* ektodermale Epithelschicht (Hypodermis), *f* primäre Leibeshöhle, *g* Bauchganglienkette, *go* Gonade, *m* dorsales Mesenterium, *m'* ventrales Mesenterium, *ma* dorsaler Längsmuskel, *mv* ventraler Längsmuskel, *n* Nephridium, *nst* Nephrostom, *so* Somatopleura, *sp* Splanchnopleura. Man vergleiche Fig. 42 *D*, den schematischen Querschnitt einer jungen Sagitta, welche sich bezüglich des Schichtenbaues den hier dargestellten Verhältnissen sehr ähnlich erweist.

Es gibt Anneliden, bei denen die segmental angeordneten Excretionskanälchen noch völlig den Charakter von Protonephridien aufweisen, indem ihre blind geschlossenen inneren, in der Leibeshöhle flottierenden Enden mit Solenocyten besetzt sind (Fig. 60 A B *p*). Man kann ein derartiges Excretionssystem von dem der Scoleciden ableiten, wenn man sich vorstellt, daß bei der Ausbildung der metameren Segmentierung das Protonephridialsystem in einzelne segmentale Abschnitte zerlegt wurde, welche selbständige Ausmündung gewannen. Es fehlt nicht an Hinweisen nach dieser Richtung. Schon bei manchen Turbellarien zeigt das Excretionsorgan in der Anordnung der Terminaläste, in dem regelmäßigen Vorkommen multipler Excretionsporen usw. eine merkwürdige Neigung zu segmentaler Anordnung.

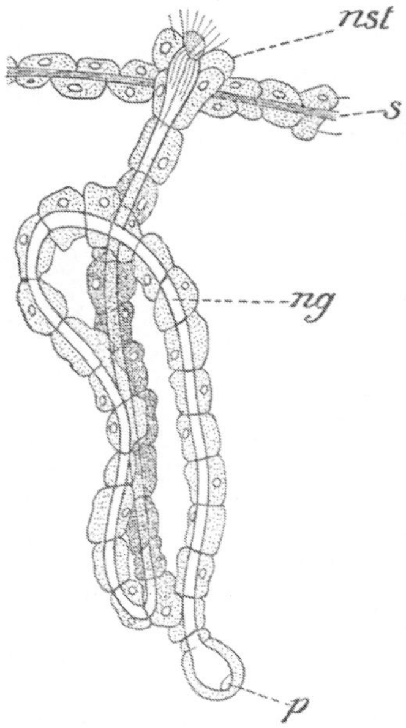

Fig. 59. Nephridium eines Anneliden (Protodrilus). Nach PIERANTONI aus MEISENHEIMER. *ng* Nephridialkanal, *nst* Nephrostom, *p* äußere Mündung, *s* Dissepiment.

Bei den meisten Anneliden ist in der Differenzierung der Excretionskanälchen ein weiterer Schritt erfolgt, indem die Solenocyten verloren gingen und das innere Ende der Segmentalorgane sich mit der Leibeshöhle in Kommunikation setzte. Hierdurch ist dann das betreffende Excretionsorgan als Nephridium (Metanephridium, Fig. 60 C D *n*) gekennzeichnet. Wir bezeichnen seine innere Öffnung dann als Nephrostom.

Ein weiterer Schritt in der Entwicklung der Excretionskanäle ist darin gegeben, daß ihr inneres Ende mit dem Gonoduct (Fig. 60 *g*) in Verbindung trat. Es kann dies sowohl bei Kanälchen vom Charakter der Protonephridien (Fig. 60 B) als auch bei echten Nephridien (Fig. 60 D) vorkommen. Im letzteren Falle wird dann das Nephrostom durch den Genitaltrichter ersetzt. Wir bezeichnen derartige sowohl der Harnsecretion, als der Ausleitung der Geschlechtsprodukte dienende und in diesem Sinne den Anfang eines Urogenitalsystems darstellende Kanälchen als Nephromixien.

Coelom-entwicklung. Mit wenigen Worten sei noch, um das allgemeine Bild der Annelidenorganisation zu vervollständigen, der Entwicklung des Coeloms, der Blutgefäße und der Nephridien gedacht. Es wurde oben angedeutet, wie durch teloblastische Zellknospung von seiten der beiden Urmesodermzellen (Fig. 43 S. 218) die beiden Mesodermstreifen gebildet werden. Vom hinteren Körperende ziehen sie an der Ventralseite der Trochophora zu beiden Seiten der Neurotrochoidrinne (*nt* Fig. 61) nach vorn bis in die Nähe des Mundes, wobei sie von hinten nach vorn zu sich allmählich verbreitern. Ursprünglich stellen sie ein solides Zellenband dar. An späteren Stadien (Fig. 61) ist zu erkennen, wie dies ursprünglich kontinuierliche Band durch quere Abtrennung in einzelne hintereinander folgende Partien zerlegt wird. Wir erkennen in dieser Abgliederung die erste Anlage der metameren Segmentierung des Rumpfes und bezeichnen die so gebildeten Mesodermpartien als Ursegmente. In ihnen entwickelt sich bald durch Auseinanderrücken der ursprünglich dicht gedrängten Zellen ein Hohlraum, die Anlage der Coelomhöhle (*c* in Fig. 61). Mit andern

Worten: aus den Mesodermstreifen wird eine Reihe hintereinander folgender Coelomsäckchen, welche anfangs noch wenig umfangreich an der Bauchseite zu beiden Seiten der Medianebene gelegen sind.

Überhaupt ist es nicht ohne Interesse, zu beachten, wie bei diesem Gange der Entwicklung die wichtigsten Organanlagen sich an der Ventralseite der

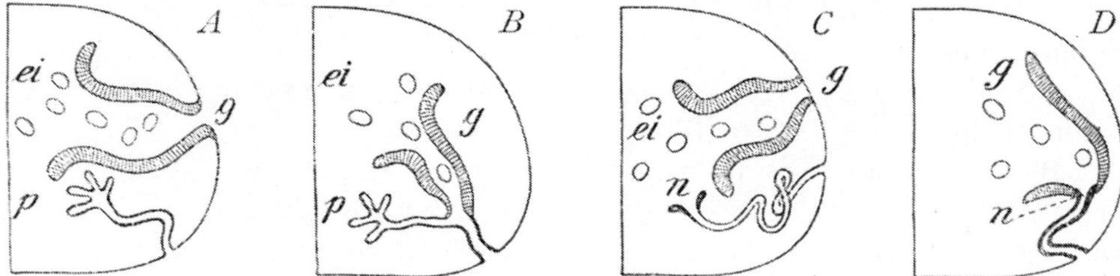

Fig. 60. Verschiedenes Verhalten der Nieren und Geschlechtswege bei den Anneliden. Schema nach GOODRICH aus R. HERTWIGS Lehrbuch. *A* und *C* die Coelomodukte (*g*) leiten die Geschlechtsprodukte (*ei*) nach außen. *B* und *D* die Coelomodukte münden in die Nierenkanäle. Letztere haben den Charakter von verästelten, mit Solenocyten bedeckten Protonephridien (*A* und *B*) oder sie sind Nephridien (*C* und *D*), d. h. sie sind mittels eines Nephrostoms mit der Leibeshöhle in Verbindung getreten.

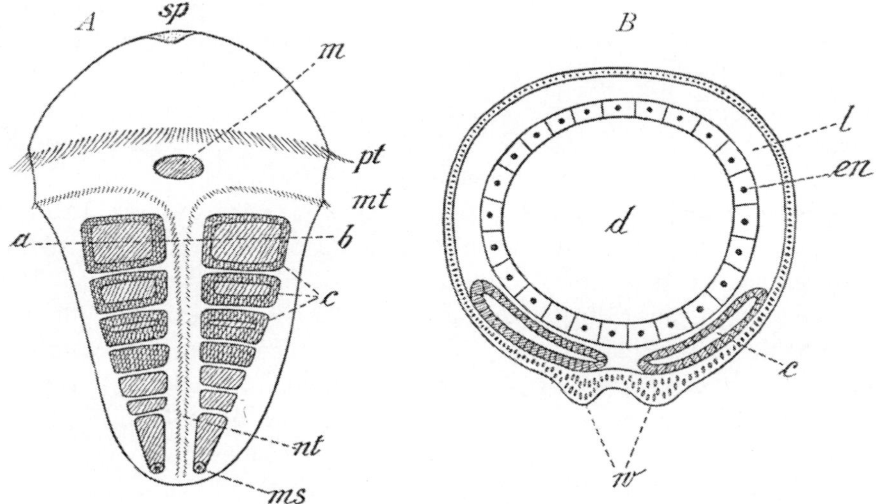

Fig. 61. Entwicklung der Coelomsäcke *c* durch Abgliederung von den Mesodermstreifen in einer Annelidentrochophora. Man vergleiche Fig. 43 *C* S. 218 und Fig. 45 *B* S. 223. *A* Ansicht von der Ventralseite, *B* Querschnitt in der Höhe der Linie *a—b* in Fig. *A*. *a—b* Höhe des Querschnittes *B*, *c* Coelomsäckchen, *m* Mund, *ms* Urmesodermzellen (sog. Polzellen der Mesodermstreifen), *mt* postoraler Wimperkranz (Metatroch), *nt* ventrale Wimperfurche (Neurotrochoid), *pt* praeoraler Wimperkranz (Prototroch), *sp* Scheitelplatte, *en* Entoderm, *c* Coelomsäcke, *l* primäre Leibeshöhle, *w* querdurchschnittene Nervenwülste (Anlage der Bauchganglienkette, vgl. Fig. 40 *A* S. 215)

Trochophora konzentrieren. Hier finden wir auch die Anlage der Bauchganglienkette in der Gestalt zweier ectodermaler Verdickungen, der sog. Primitivwülste (Fig. 61 B *w*), ferner die Anlage der Nephridien usw. Wir werden sehen, daß im Embryo der Arthropoden sich der Gegensatz zwischen einer die Organanlagen bergenden streifenförmigen Verdickung der Keimblätter und einer dorsalen, mehr sterilen Partie des Embryos noch deutlicher ausprägt. Wir bezeichnen dann diese ganze an der Bauchseite des Embryos zur Entwicklung kommende streifenförmige Anlage als sog. K e i m s t r e i f e n.

Die weitere Entwicklung der paarigen Coelomsäckchen führt zu einer allmählichen Vergrößerung derselben vor allem in querer Richtung. Sie verdrängen hierbei immer mehr und mehr die primäre Leibeshöhle (Fig. 61 B *l*), in der sie ja gelegen sind und von der sich später nur spärliche Reste erhalten, und umwachsen den Darm vollständig, so daß sie schließlich durch Berührung ihrer Wände über und unter dem Darm zur Bildung des dorsalen und ventralen Mesenteriums (*m* und *m'* in Fig. 58 B) Veranlassung geben. Ebenso werden dadurch, daß die Wände der aufeinander folgenden Coelomsäckchen sich dicht aneinanderlegen, die queren Dissepimente gebildet.

Entwicklung der Blutgefäße.

Die erste Anlage des Blutgefäßsystems ist in der nächsten Nähe, ja vielleicht direkt in der Wand des Darmkanals zu suchen. Es handelt sich ursprünglich um ein Netz von Lücken oder Spalträumen, welche dem rascheren Transport der von dem Darmepithel resorbierten, verflüssigten Nahrungssubstanzen dienen, als dies durch einfache Diffusion bewerkstelligt werden könnte. Schon vor Jahren hat Bütschli die ersten Anfänge des Blutgefäßsystems auf Reste der primären Leibeshöhle zurückgeführt, welche von Anfang an ein zusammenhängendes, in sich geschlossenes System von Lücken dargestellt hätten. Mit dieser „Blastocoeltheorie" Bütschlis steht die 1904 eingehend begründete „Haemocoeltheorie" Langs in keinem prinzipiellen Widerspruche. Bei vielen Anneliden findet sich in der Darmwand, und zwar besonders in den hinteren Rumpfabschnitten, ein bluterfüllter Spaltraum (sog. Darmblutsinus) oder ein diesen vertretendes unregelmäßiges Netz von Blutlacunen, aus denen das Rückengefäß gespeist wird. Diese Spalträume sind ihrer ersten Entstehung nach auf eine Abhebung der splanchnischen Mesodermschicht von dem entodermalen Darmepithel zurückzuführen (Fig. 62 B). Sie würden sonach in letzter Linie als wiedereröffnete oder neu gangbar gewordene Reste der primären Leibeshöhle zu bezeichnen sein. Diese Blutlacunen haben ursprünglich keine ihnen direkt zukommende eigene Wand. Das in ihnen zirkulierende Blut fließt in Bahnen, welche nach außen zu von den Schichten des splanchnischen Mesoderms, nach innen von dem Darmepithel begrenzt werden (Fig. 62 B). Da bei der oben erwähnten Abhebung der splanchnischen Schicht auch die entsprechenden Lagen der Darmmuskulatur (*lm* und *rm* Fig. 62) faltenartig emporgehoben werden, so entsteht auf diese Weise eine kontraktile Muskelschicht, welche die Blutlacunen zunächst nur von außen umhüllt, sich aber im weiteren Verlaufe mehr und mehr um dieselben schließt (Fig. 62 C). Ein inneres Epithel scheint den Blutgefäßen der Wirbellosen in den meisten Fällen völlig zu fehlen. Wo es vorhanden ist, da sind seine ersten Anfänge wohl auf Mesenchymzellen zurückzuführen, wir wir denn auch die erste Entstehung von Blutkörperchen auf das Freiwerden von Mesenchymzellen zurückzuführen haben. Ob es sich in diesen Fällen um Zellen des primären (larvalen oder ectodermalen) Mesenchyms oder um ein etwa später durch Zelleinwanderung von den Mesodermstreifen aus entstandenes sekundäres Mesenchym handelt, scheint aus den vorliegenden ontogenetischen Untersuchungen noch nicht mit voller Klarheit hervorzugehen.

Dieser Darmblutsinus, resp. das ihn vertretende irreguläre Darmblutgefäßnetz scheint die erste Anlage des Blutgefäßsystems der Anneliden zu repräsentieren. Daß die Mesenterien und die Dissepimente in gewissem Sinne vorgeschriebene Bahnen darstellen, in denen einzelne Teile des erwähnten Blutgefäßnetzes zu größerer Selbständigkeit gelangen konnten, ist unschwer vorzustellen. Es würden das Rücken- und Bauchgefäß und die sie verbindenden Queranastomosen (Fig. 57) als von dem ursprünglichen Darmgefäßnetz abgegliederte Teile zu betrachten sein. Unter dieser Annahme müßten allerdings

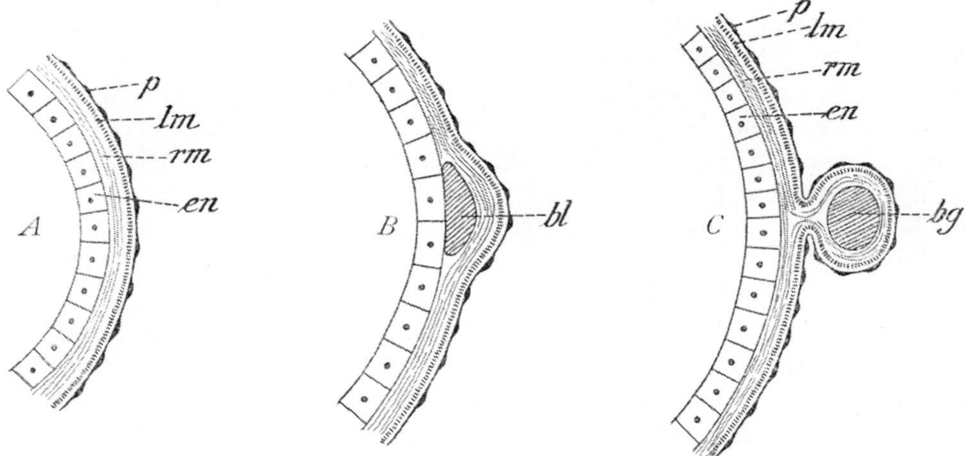

Fig. 62. Schema der Blutgefäßentwicklung bei Anneliden. *A* Schichtenbau eines Stückes der Darmwand. *B* Lage eines Blutsinus *bl* zwischen Darmepithel und Ringmuskelschicht der Darmwand. *C* Ablösung eines querdurchschnittenen Blutgefäßes *bg* von der Darmwand. *bg* Blutgefäß im Querschnitt, *bl* Blutsinus, *en* entodermales Epithel der Darmwand, *lm* Längsmuskelschicht der Darmwand im Querschnitt, *rm* Ringmuskelschicht der Darmwand, *p* Peritonealepithel der Darmwand, sog. Splanchnopleura.

alle mehr peripher gelegenen Gefäße, welche die Haut, die Körperanhänge und Kiemen versorgen, als durch sekundäre Gefäßsprossung hervorgegangen gedacht werden.

Die ontogenetischen Befunde stehen mit der hier mehr dogmatisch vorgetragenen Ansicht von der Entwicklung des Blutgefäßsystems im allgemeinen in guter Übereinstimmung. Es sei hier erwähnt, daß das Rückengefäß im allgemeinen paarig angelegt wird, also durch Verschmelzung zweier Anlagen hervorgeht. Das darf uns nicht in Erstaunen versetzen, da wir zu bedenken haben, daß das dorsale Mesenterium verhältnismäßig spät gebildet wird. Der rechte und linke Coelomsack jedes Segmentes (Fig. 61 B) rücken erst spät in der dorsalen Mittellinie aneinander. Da nun die dorsalen Kanten beider Coelomsäcke die Anlage der Rückengefäße bergen, so muß die letztere anfangs paarig sein. Diese Verhältnisse sind im Auge zu behalten, da uns bei der Entwicklung des Herzens der Arthropoden und Mollusken ganz ähnliche Entstehungsbedingungen entgegentreten werden.

Über die erste Entstehung der Nephridien der Anneliden herrscht noch manche Unklarheit. Man wird sie wohl als vom Epithel der Coelomsäcke abgegliederte Röhrchen in Anspruch nehmen dürfen. Die Angaben E. Meyers für die Nephridien von Psygmobranchus und die Lillies für Arenicola deuten nach dieser Richtung. Zweifelhaft muß es bleiben, ob noch etwa ein dem Ectoderm entstammender ausleitender Abschnitt hinzukommt, wofür gewisse Angaben an Oligochaeten und Hirudineen zu sprechen scheinen.

Bei der im vorstehenden gegebenen Darstellung des Körperbaues der Anneliden konnte gewissermaßen nur ein allgemeines Schema der fundamentalen Beziehungen entwickelt werden. Von der unendlichen Mannigfaltigkeit, von den aus zahlreichen Variationen dieses Grundthemas in der vorliegenden hochinteressanten Gruppe sich ergebenden Spezialformen mußte abgesehen werden, wie sich auch eine Darstellung zahlreicher besonderer Organbildungen, der Anhänge des Kopfes, der Extremitätenstummel der Rumpfsegmente, der Kiemen, der Borsten, der Rüssel- und Kieferbildungen usw. unserem Rahmen nicht eingefügt hat. Davon wird einiges in den folgenden Abschnitten nachzutragen sein.

V. ARTHROPODEN, GLIEDERFÜSSER.

Der formenreichste Stamm des Tierreiches, der der *Arthropoden*, schließt sich den *Anneliden* ungemein nahe an. Der „Kampf ums Dasein", immer bestrebt, alle Daseinsmöglichkeiten auszunützen und die Lebensbetätigung zum höchsten Grade der Intensität zu steigern, ließ aus einer Gruppe annelidenähnlicher Ahnenformen gepanzerte Wesen hervorgehen, welche unter reicherer Entfaltung gegliederter Extremitätenanhänge zu rascherer Körperbewegung befähigt erschienen. Wir denken an die unendliche Mannigfaltigkeit aller krebsähnlichen, spinnenähnlichen, tausendfußartigen oder insektenähnlichen Wesen, wenn wir von Arthropoden sprechen. In ihren Anfängen noch an das Wasserleben angepaßt und durch Kiemenatmung ihren Sauerstoffbedarf deckend, vollzogen diese Formen den Übergang zum Landleben, bis schließlich in der höchstentwickelten Gruppe der geflügelten Insekten die „Eroberung der Luft" als glückliche Lösung des schwierigsten der dem Tierreiche gestellten technischen und mechanischen Probleme die Entwicklungsreihe abschloß.

In den Grundzügen ihres Bauplanes erinnern die Arthropoden durchaus an Anneliden (Fig. 63). Die metamere Segmentierung des Körpers, welche hier meist zu heteronomer Ausbildung differenter Körperregionen führt, erinnert ebensosehr an die Ringelwürmer, wie die relativen Lagebeziehungen der wichtigsten Organe zueinander. Wie bei den Anneliden, so finden wir auch hier ein über dem Darm verlaufendes Rückengefäß (Herz) als Zentrum des Zirkulationsapparates (Fig. 63 *rg*, 66 *h*, 77 *h*) und als zentralen Teil des Nervensystems eine ventralwärts unter dem Darm sich längs erstreckende Bauchganglienkette (Fig. 63 *n*, 66 *bg*, 76, 77 *bg*). Wir werden sehen, daß vielfach Exkretionsorgane zu beobachten sind, welche sich ihrem Baue nach unter gewissen Modifikationen an die Nephridien der Anneliden anschließen (Fig. 65, 66 *n' n''*, 68 A *Dr*, 75 *so*). So innig erschien vielen Forschern der Anschluß der Gliederfüßer an die Ringelwürmer, daß Cuvier den Versuch begründete, beide Gruppen in eine höhere systematische Einheit: der Articulaten zu vereinigen, ein Bestreben, in welchem ihm bis auf die neueste Zeit manche Autoren (Hatschek) gefolgt sind.

Bei aller prinzipiellen Übereinstimmung, welche im Körperbau der Arthropoden zutage tritt, wird man immerhin noch gewisse Zweifel hegen dürfen, inwieweit dieser Stamm als genetische Einheit im Sinne gemeinsamer Abstammung zu erfassen ist. Es fehlt nicht an Stimmen, welche der Ansicht Ausdruck geben, daß mehrere, ihrem Ursprung nach getrennte Stämme von den Anneliden abzweigend gleiche oder ähnliche Entwicklungsrichtung eingeschlagen haben. Und in der Tat, es treten uns bei Betrachtung der unendlichen Formenfülle der Gliederfüßer mindestens drei voneinander mehr oder minder getrennte Formenreihen entgegen, welche höchstens an ihrer Wurzel miteinander zusammenhängen. Den ersten dieser Stämme können wir als den der *Crustaceen* oder krebsähnlichen Wesen bezeichnen. Hier handelt es sich meist um Bewohner des Wassers, vornehmlich der Meere, welche kiemenatmend und durch den Besitz zweier Fühlerpaare gekennzeichnet sind. Die zweite Reihe schließt sich in ihren Ursprüngen vielleicht durch Vermittlung der altehr-

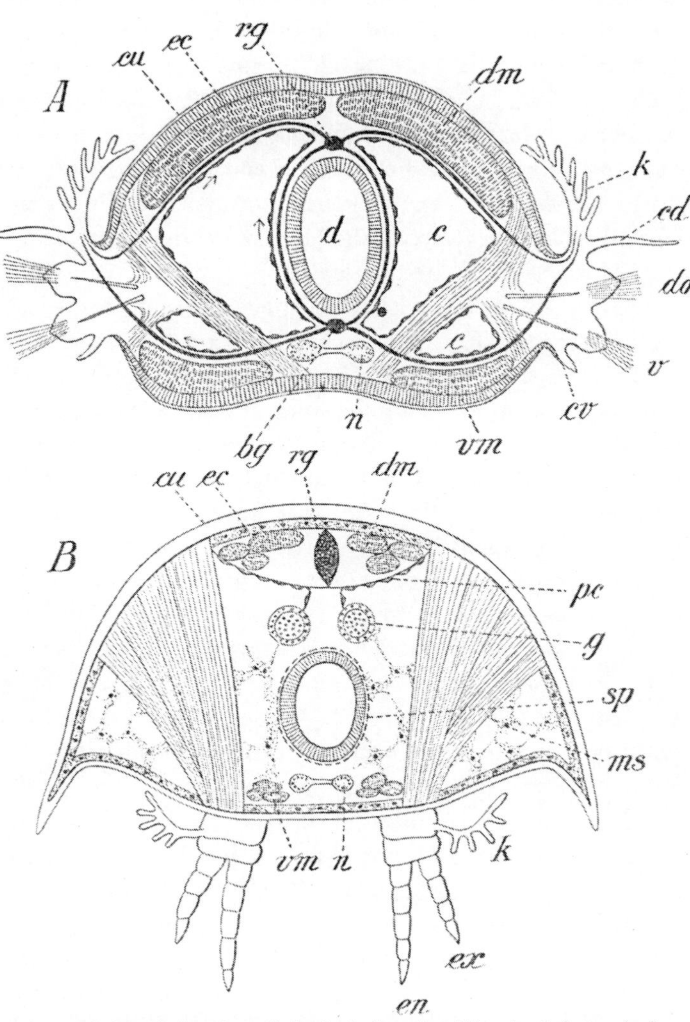

Fig. 63. *A* Schematischer Querschnitt durch einen Anneliden (verändert nach einer Abbildung in Grobbens Lehrbuch), vgl. Fig. 58 *B*. *B* Schematischer Querschnitt durch einen Arthropoden (Crustacee). *bg* Bauchgefäß, *c* Coelom, *cd* Dorsalcirrus, *cv* Ventralcirrus, *cu* Cuticula, *d* Darm, *dm* dorsaler Längsmuskel, *do* dorsales Borstenbüschel, *ec* ektodermales Epithel (Hypodermis oder Matrix), *en* Endopodit, *ex* Exopodit, *g* Geschlechtsorgane, *k* Kieme, *ms* mesenchymatisches Bindegewebe, *n* Bauchganglienkette, *pc* Pericardialseptum, *rg* Rückengefäß, *sp* splanchnische Schicht der Darmwand (Darmmuskelschicht), *v* ventrales Borstenbüschel, *vm* ventraler Längsmuskel.

würdigen *Trilobiten* (Fig. 70 und 71) an vorweltliche Crustaceen an. Sie führt von den *Palaeostraken* (Gigantostraken und Xiphosuren, Fig. 72) zu den *Scorpionen* (Fig. 73) und *spinnen*ähnlichen Formen. In ihren Anfängen marine und kiemenatmende Wesen umfassend, läuft sie in eine Gruppe landbewohnender, durch Tracheen oder Fächerlungen luftatmender Tiere aus, bei denen die vordersten Extremitätenpaare bereits der Gruppe der Mundwerkzeuge zuzurechnen sind, während eigentliche Fühler vermißt werden. Die dritte Reihe kann unter dem Namen der *Antennaten* zusammengefaßt werden. Ein Fühlerpaar und Tracheenatmung kennzeichnet diese vorwiegend aus Landbewohnern zusammengesetzten und in ihren höchstentwickelten Formen des Fluges sich bedienenden Wesen. Sie führt von *Peripatus* (Fig. 74, Gruppe der *Onychophoren*) durch Vermittlung der *Myriopoden* zu den *Insekten*.

Extremitäten. Die *Arthropoden* kennzeichnen sich durch den Besitz gegliederter Extremitäten (vgl. Fig. 73). Schon bei den *Anneliden* begegnen wir in der Untergruppe der marinen Polychaeten Andeutungen von Extremitätenbildungen, sog. Parapodien, welche sich hier nur als kurze, stummelförmige, häufig zweizipfelige, seitlich an den Segmenten befestigte Ruder präsentieren und in denen meist zwei mächtige Borstenbüschel (Fig. 63 A *do* und *v*) eingepflanzt erscheinen. Oft gewinnen diese Anhänge der Anneliden kompliziertere Gestalt, durch sekundäre Lappenbildung, durch das Vorhandensein von Fühlfäden (Dorsal- und Ventralcirrus, Fig. 63 *cd*, *cv*) und von Kiemenanhängen (*k*). Doch kommt ihnen ein geringer Grad von Eigenbewegung zu. Die Lokomotion der *Anneliden* vollzieht sich unter seitlichen Schlängelungen des ganzen Körpers. Anders bei den *Arthropoden*. Hier gewinnen die Extremitäten, höher entwickelt, nach der Ventralseite verlagert (Fig. 63 B), schärfer von den Rumpfsegmenten abgegliedert, den Charakter selbständig tätiger, durch eine komplizierte Eigenmuskulatur bewegter Lokomotionsorgane. Dementsprechend treten die Bewegungen des Rumpfes beim Schwimmen, Kriechen usw. mehr in den Hintergrund. Die Extremitäten der Arthropoden haben den Bau gegliederter hohler Stäbchen, welche in ihrem Inneren die Weichteile (Muskel usw.) bergen und an denen versteifte Abschnitte mit Partien größerer Beweglichkeit (sog. Gelenken) abwechseln. Bekannt ist ja, wie die Beine der Insekten sich in Abschnitte, welche als Hüfte, Trochanter, Femur, Tibia und Tarsus unterschieden werden, gliedern.

Haut. Die Möglichkeit, derartige zu mannigfaltigen komplizierten Leistungen befähigte Extremitäten zu entwickeln, eröffnete sich den Arthropoden durch ein ihnen allgemein zukommendes Merkmal: die stärkere Cuticularisierung der Körperoberfläche. Während bei den Anneliden die Cuticula (Fig. 63 A *cu*) als ein mehr weiches, nachgiebiges Häutchen der äußeren Oberfläche des ektodermalen Körperepithels (Hypodermis *ec*) aufgelagert erscheint, entwickelt das hier häufig als Matrix bezeichnete Körperepithel der Arthropoden (Fig. 63 B *ec*) einen starren, geschichteten, aus Chitin bestehenden und häufig durch Kalkeinlagerungen verstärkten Hautpanzer (Fig. 63 B *cu*), welcher oft mit Borsten, Dornen oder Stacheln besetzt und mit den zierlichsten Reliefbildungen versehen sein kann. Diese ganze Mannigfaltigkeit beruht auf der ungemeinen Plastizität des Chitins als skelettbildender Substanz, welcher in gleichem Maße im Tierreiche nur noch die Kieselsäure nahekommt, während der Kalk im allgemeinen zu massigeren Skelettbildungen führt. Mit der Ausbildung des Chitinpanzers der Arthropoden sind zwei Eigentümlichkeiten dieser Tiergruppe notwendig verbunden:

1. daß die einzelnen, gegeneinander beweglichen Stücke dieses Hautpanzers gelenkig miteinander verbunden und nicht selten ein wenig fernrohrartig einziehbar sind und
2. daß das Wachstum der hierher gehörigen Formen sich nur auf dem Wege von Häutungen unter Abwerfen der verbrauchten und zu klein gewordenen Hülle vollziehen kann. Die Häutungen des Seidenwurmes und der Raupen im allgemeinen sind eine den Schmetterlingszüchtern wohlbekannte Erscheinung.

Die Entwicklung dieses chitinösen, starren, äußeren oder Exoskeletts hatte wichtige Umgestaltungen der inneren Organisation im Gefolge. Zur Bewegung der einzelnen Panzerplatten, der Chitinringe, welche den Körpersegmenten entsprechen, der abgegliederten Teile der Extremitäten usw. erschien ein einheitlicher Hautmuskelschlauch nicht mehr geeignet. Wir sehen hier demnach das Muskelsystem in eine große Zahl einzelner Muskelgruppen zerlegt. Lyonet hat die Körpermuskel der Weidenbohrerraupe eingehend studiert und ihre Zahl nach Tausenden bewertet. Nur bei ursprünglicheren Arthropodenformen, wie bei *Peripatus* (Fig. 74), erhalten sich Anklänge an den Zusammenschluß der gesamten Körpermuskulatur zu einem einheitlichen Hautmuskelschlauch.

Mit der Auflösung des Hautmuskelschlauches in gesonderte Spezialmuskel und Muskelgruppen hängt zusammen: die Auflösung der Coelomwände. Was wir als Leibeshöhle der Arthropoden (Fig. 63 B) bezeichnen, stellt sich uns dar als ein von Bindegewebspartien (*ms*), Fettkörpergewebe usw. durchzogenes, mit Blutflüssigkeit erfülltes Lückensystem, das durchaus den Charakter eines Pseudocoels trägt. Eine epitheliale Auskleidung dieses unregelmäßig gestalteten, zwischen den einzelnen Körperorganen sich ausdehnenden Höhlensystems wird vermißt. Die Arthropoden erinnern im Charakter ihrer Leibeshöhle einigermaßen an die Verhältnisse, wie wir sie bei den Scoleciden (vgl. Fig. 49) vorgefunden haben, mit einer wichtigen und ungemein bezeichnenden Ausnahme. Wir finden hier regelmäßig eine splanchnische Muskelschicht (Fig. 63 B *sp*) der Darmwand, und dieser Befund deutet darauf hin, daß es sich bei der Leibeshöhle der Arthropoden um ein verschwundenes Coelom, um eine parenchymatöse Umbildung der Coelomwände handelt. Coelom.

Wir müssen uns an die Embryologie der Arthropoden halten (vgl. unten die Fig. 82 und 84), um über die morphologische Auffassung der Leibeshöhle der Arthropoden eine gewisse Klarheit zu gewinnen. Vor allem haben die von Kennel und Sedgwick genauer untersuchten Umbildungsvorgänge im Embryo von *Peripatus* diesbezüglich klärend gewirkt, wo wir anfangs, wie bei den Anneliden, umfangreiche Coelomsäcke auftreten sehen (Fig. 80 *c*), die später unter Dissoziierung des zelligen Gefüges ihrer Wand zur Leibeshöhle der ausgebildeten Form hinüberführen. Wenn wir die Verhältnisse im Insektenembryo heranziehen, auf welche wir unten noch zurückkommen, so gewinnen wir dort den Eindruck, daß das Hohlraumsystem, welches wir als Leibeshöhle bezeichnen, aus einem Zusammenfließen der Coelomhöhlen mit der primären Leibeshöhle unter Auflösung der Coelomwände entsteht.

Blutgefäßsystem.

Durch die Umwandlungen, welche das Coelomsystem der Arthropoden auf dem Wege von den Annelidenahnen durchzumachen hatte, wurde auch das Blutgefäßsystem in nicht unwesentlicher Weise tangiert. Es existiert eine eigentümliche, nicht ganz klar zu durchschauende Beziehung, welche sich dahin aussprechen läßt, daß ein geschlossenes, wohlentwickeltes Blutgefäßsystem im allgemeinen nur bei Formen sich findet, denen ein wohlkonditioniertes Coelom zukommt. Erleidet das Coelom irgendeine Form sekundärer Umbildung, so wird auch das Blutgefäßsystem rückgebildet und es kann bei den kleineren Formen unter den Arthropoden vollständig verschwinden. Im allgemeinen erhalten sich nur gewisse Teile des Blutgefäßsystems, welche dann mit dem Pseudocoel in direkte Kommunikation treten, so daß das Blut zum Teil in Gefäßen mit eigener Wandung, zum Teil aber in den Lückenräumen der Leibeshöhle zirkuliert. Das Blutgefäßsystem der Arthropoden ist sonach ein sogenanntes offenes. Meist erhält sich als propulsatorischer Apparat mit muskulöser Wandung versehen jener Teil des Zirkulationssystems (Fig. 66 *h*, 77 *h*), welcher dem Rückengefäß der Anneliden entspricht (Fig. 63 *rg*) und der hier bei den Arthropoden häufig als Herz bezeichnet wird. An ihn können sich in größerer oder geringerer Entfaltung Arterien (Fig. 64 *ac*, 77 *ao*) anschließen, welche nach längerem oder kürzerem Verlaufe frei endigen und — wie erwähnt — mit Räumen der Leibeshöhle in Verbindung treten. Ob und inwieweit gewisse Blutbahnen, welche z. B. beim Flußkrebs als Venen beschrieben worden sind, auf Teile des Blutgefäßsystems der Anneliden zu beziehen sind oder ob sie als selbständig neu hinzugebildete Gefäße zu betrachten sind, ist uns nicht bekannt.

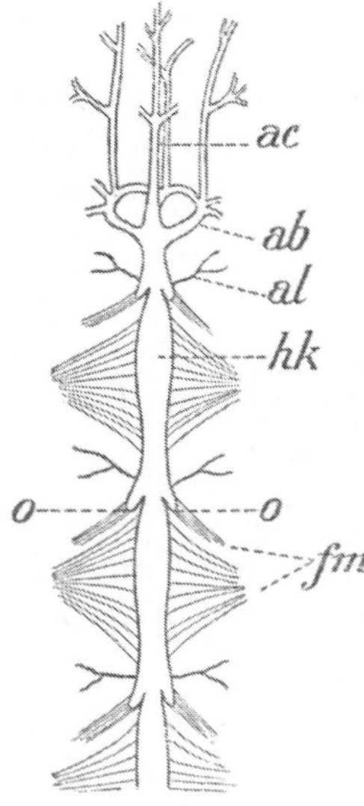

Fig. 64. Vorderes Ende des Herzens eines Tausendfußes (Scolopendra). Nach NEWPORT aus LANGS Lehrbuch). *ac* Arteria cephalica (Kopfarterie), *ab* Arterienbogen, *al* seitliche Arterien, *hk* Herzkammer, *o* Ostien des Herzens, *fm* sog. Flügelmuskel des Herzens, zur Erweiterung des Herzens dienend.

Das in manchen Fällen langgestreckte, als Rückengefäß entwickelte, in anderen Fällen kurz sackförmige Herz liegt in einem besonderen Raume, dem sog. *Pericardialsinus* (Fig. 84 C *p*), welcher durch ein horizontal ausgebreitetes, durchlöchertes *Pericardialseptum* (Fig. 63 B *pc*, 84 C *ps*) von den übrigen Teilen der Leibeshöhle abgegrenzt ist. Wenn wir die Lage des Rückengefäßes bei den Anneliden betrachten (Fig. 63 A), so wird uns deutlich, daß der Pericardialsinus der Arthropoden auf die primäre Leibeshöhle zu beziehen und durch ein Auseinanderweichen der beiden Blätter des dorsalen Mesenteriums entstanden zu denken ist. Dann muß man das Pericardialseptum auf eben diese Blätter des Mesenteriums zurückführen. Wir hätten sonach in ihm einen zeitlebens erhaltenen Teil der Coelomwand. An das Pericardialseptum sind vielfach die Gonaden (Fig. 63 *g*, 84 *g*) durch Stränge oder Lamellen, die man als ein Mesovarium (Mesorchion) betrachten kann, befestigt. Die sog. Endfäden, in welche die Eiröhren der Insekten auslaufen, sind unter diesem Gesichtspunkte aufzufassen und sonach in letzter Linie auch auf Reste des dorsalen Mesenteriums zu beziehen.

Das Blut, welches in den Lakunen des Pseudocoels kreisend die Organe des Körpers umspült, kehrt durch Lücken im Pericardialseptum in den Pericardialsinus zurück. Damit es ins Herz gelangen kann, sind seitliche Durchbrechungen der Herzwand, die sog. Herzostien (Fig. 64 *o*, 66 *ho*) in regelmäßigen Abständen angebracht. In ebensolchen regelmäßigen Abständen finden wir im Herzen der Insekten Klappenpaare angebracht, welche dem Blutstrome im Herzen die Strömungsrichtung von hinten nach vorn sichern. Durch diese Klappenpaare gewinnt das Herz der Insekten segmentalen Charakter. Es wird zu dem sog. „gekammerten Rückengefäß" dieser Formen.

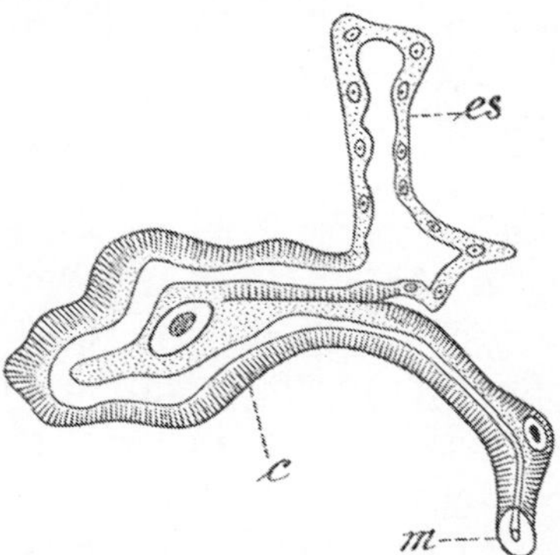

Fig. 65. Antennendrüse eines Krebses. Nach GROBBEN. *es* Endsäckchen, *c* Harnkanälchen, *m* Ausmündungsstelle.

Nephridien.

Die von den Anneliden überkommenen Nephridien erhalten sich im Kreise der Arthropoden nur in gewissen Fällen und in umgewandelter Form. Bei *Peripatus* noch in den meisten Körpersegmenten vorkommend (Fig. 75 *so*) und an der Basis der Beine ausmündend, finden sie sich bei den Crustaceen in zwei Paaren als sog. Antennen- und Maxillendrüse (Fig. 66 *n'* und *n''*), bei *Limulus* als sog. ziegelrote Drüse, bei den *Arachniden* als sog. Coxaldrüsen. Im wesentlichen handelt es sich um aufgewundene Schläuche (Fig. 65), welche im Inneren nichts mehr von Bewimperung erkennen lassen und welche im Körperinneren an einem kleinen geschlossenen Endsäckchen (*es*), das nun gewissermaßen einen abgekapselten Coelomrest darstellt, ihren Ursprung nehmen. Theoretisch werden wir auch die Ausführungsgänge der Geschlechtsorgane bei den Arthropoden auf umgewandelte Nephridien zu beziehen haben. Die innige Verbindung, in welche die Segmentalorgane der Anneliden zur Ausleitung der Geschlechtsprodukte treten, wurde ja bereits oben (S. 237 ff.) berührt.

Zum Schluß noch ein kurzer Hinweis auf gewisse allgemeinere Charaktere der Arthropoden, auf Merkmale histologischer Natur. Die in diesem Kreise durchgeführte Cuticularisierung der Körperoberfläche beeinflußt sämtliche spezielleren Hautgebilde. Wir müssen es uns versagen, unter diesem Gesichtspunkte die Sinnesapparate der Arthropoden, vor allem die hochentwickelten, häufig zusammengesetzten Augen, die Statocysten, die mannigfaltigen als Sinnesborsten, als blasse Kolben, als Chordotonal- und Tympanalorgane usw. bezeichneten Einrichtungen näher zu betrachten. Es entspricht der intensiven Lebensführung der Arthropoden, ihrer energischen Lokomotion, ihrer Befähigung zur Überwindung mechanischer Aufgaben, daß sämtliche Muskelfasern hier deutliche Querstreifung erkennen lassen. Wimperapparate sind in dem ganzen Kreise vollständig unterdrückt. Das geht so weit, daß bei den Krebsen sogar die Spermien den Charakter beweglicher Geißelzellen mehr und mehr verlieren.

A. Reihe der Crustaceen oder Krebstiere.

Der Körper aller Arthropoden setzt sich aus einer Reihe ursprünglich gleichartiger Körpersegmente zusammen. Die Gleichartigkeit dieser Abschnitte tritt an den Embryonen, wo der Körper häufig in der Form eines Keimstreifs (vgl. S. 267 Fig. 81) angelegt wird, deutlicher zutage, als an den entwickelten Formen, und hier erkennen wir auch das charakteristische Wachstumsgesetz der teloblastischen Hinzubildung neuer Körpersegmente von einer am hinteren Körperende, aber noch vor dem Telson (Fig. 81 *te*) befindlichen Knospungszone. Wir finden sonach an einem Embryo die Segmente um so wohlentwickelter und älter, wenn wir in der Reihe der Körpersegmente von hinten nach vorne fortschreiten. Theoretisch werden wir den Körper der Arthropoden, wie den der Anneliden in folgende 3 Partien einteilen können: 1. der vorderste, dem Kopflappen der Anneliden entsprechende Körperabschnitt (Fig. 81 bei *m*), den wir als primären Kopfabschnitt zu bezeichnen haben und dem nebst den Augen das Oberschlundganglion zugehört, 2. der aus einer wechselnden Anzahl von Metameren bestehende Rumpf und 3. der Endabschnitt (Telson oder Pygidium Fig. 81 *te*), welcher die Afteröffnung trägt. Eine Betrachtung der ausgebildeten Formen der Arthropoden führt uns jedoch meist zu einer anderen, sekundär durchgeführten Regioneneinteilung des Körpers. Wir sehen einen vorderen, die Fühler, die hauptsächlichsten Sinnesorgane, den Mund und die Mundwerkzeuge tragenden Abschnitt, den wir als Kopf (Fig. 76, 1—6) bezeichnen. Er ist durch Verschmelzung des primären Kopfabschnittes mit einer Anzahl vorderster Rumpfsegmente entstanden. Es folgt sodann die Brust- oder Thoraxregion (Fig. 76, 1—3 bei *al*), eine zweite Einheit zusammengehöriger Segmente umfassend. Die Extremitäten der Thoraxregion dienen hauptsächlich der Lokomotion. An die Thoraxregion schließt sich das Abdomen oder der Hinterleib (Fig. 76, 1—10 bei *ms*) an. In diesem Abschnitt treten die Extremitäten mehr in den Hintergrund, die Segmente bewahren sich meist größere Selbständigkeit. Erst bei den einzelnen Gruppen kann die speziellere Charakteristik dieser Körperregionen gegeben werden.

Bau der Crustaceen.

Die Kopfregion der Krebse (Fig. 66 von *au* bis ×) läßt keinerlei Segmentgrenzen äußerlich erkennen. Sie entsteht durch innige Verwachsung des primären Kopfabschnittes mit fünf folgenden, extremitätentragenden Segmenten. Die ihnen zugehörigen Extremitätenpaare sind in der Reihenfolge von vorn nach hinten: das erste Antennenpaar (*an'*), dem nach Bau und Verwendung eine gewisse Ausnahmestellung zukommt, das Paar der zweiten Antennen (*an''*), die oft als mächtig entwickelte Ruder benützt werden, das Mandibel- oder Oberkieferpaar (*md*), und zwei Paare von Maxillen oder Unterkiefern (*mx'*, *mx''*). Diese durch Kauladen ausgezeichneten Mundwerkzeuge umstellen die von einer Oberlippe (*ol*) überragte Mundöffnung (*m*). Nicht selten werden der Kopfregion noch einzelne ursprünglich dem Thorax zugehörige Körpersegmente sekundär angegliedert. Wir bezeichnen dann die vorderste Körperregion als Kopfbruststück oder Cephalothorax. Wenn, wie dies häufig vorkommt, die diesen angegliederten, Thoraxsegmenten zugehörigen Extremitätenpaare zur Kaufunktion herangezogen und dementsprechend umgebildet werden, so sprechen wir von Kieferfüßen oder Maxillarfüßen.

Dorsalwärts ist der Kopf von einer mächtigen gewölbten Chitinplatte überdeckt, und dieser „Rükkenschild" (Fig. 66 *rs*) läuft nicht selten seitlich (vgl. Fig. 63 B) und noch mehr an seinem hinteren Rande in einen freien Vorsprung oder eine Hautfalte aus, welche die angrenzenden Körperteile schützend überdeckt. So erscheinen beim Flußkrebs die Kiemen unter einem derartigen Faltenüberhange geborgen, wie denn überhaupt der Cephalothoraxschild des Flußkrebses zum größten Teile aus einer Faltenbildung, welche ursprünglich von der Maxillarregion (Fig. 66 bei ×) nach hinten vorgewachsen ist, hervorgegangen gedacht werden muß.

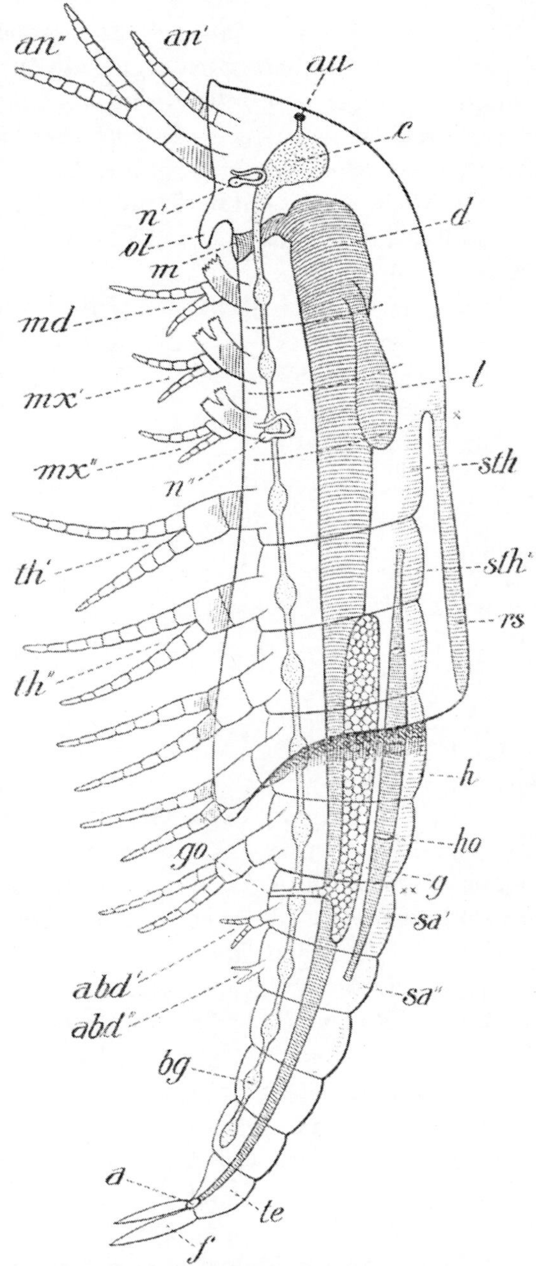

Fig. 66. Schema der Organisation eines Krebses. Ansicht von der linken Körperseite. *a* After, *abd'* erstes abdominales Beinpaar, *abd''* zweites abdominales Beinpaar, *an'* erstes Antennenpaar, *an''* zweite Antenne, *au* unpaares (Entomostraken-) Auge, *bg* Bauchganglienkette, *c* Gehirn, *d* Darm, *f* Furca, *g* Geschlechtsdrüse, *go* Genitalöffnung, *h* Herz (Rückengefäß), *ho* Herzostien, *l* Leberanhang des Darms, *m* Mund, *md* Mandibel, *mx'* erste Maxille, *mx''* zweite Maxille, *n'* Antennendrüse, *n''* Maxillendrüse, *ol* Oberlippe, *rs* Rückenschild, *sa'* erstes Abdominalsegment, *sa''* zweites Abdominalsegment, *sth'* erstes Thoraxsegment, *sth''* zweites Thoraxsegment, *te* Telson, *th'* erstes Thoraxbeinpaar, *th''* zweites Thoraxbeinpaar, bei × Grenze der Kopfregion gegen die Thoraxregion, bei ×× Grenze der Thoraxregion gegen die Abdominalregion.

Die Extremitäten der Crustaceen sind auf eine zweiästige Grundform zurückführbar (Fig. 67). Wir unterscheiden an ihnen: den zweigliedrigen, der Bauchseite des Körpers eingepflanzten Stamm (Protopodit 1 und 2), einen Innenast (Endopodit *en*) und einen Außenast (Exopodit *ex*). Nicht selten trägt der Stamm an seiner Außenseite blattförmige, säckchenförmige oder verästelte Kiemenanhänge (Epipodite *ep*). Die Umbildung der Extremitäten zu Kauwerkzeugen vollzieht sich in der Weise (Fig. 67 B), daß das Basalglied der betreffenden Extremität sich vergrößert und an seiner Innenseite einen bezahnten Vorsprung (Endit) hervorbringt. Dieser so entstandenen Kaulade sitzt dann der meist reduzierte Abschnitt der übrigen Extremität als „Taster" auf.

Die Thoraxregion der Krebse (Fig. 66 von × bis ××) besteht aus einer wechselnden Anzahl freier oder unter dem Rückenschilde verborgener und mit ihm verwachsener Segmente, welche die meist mächtig als Gangbeine, Ruderbeine

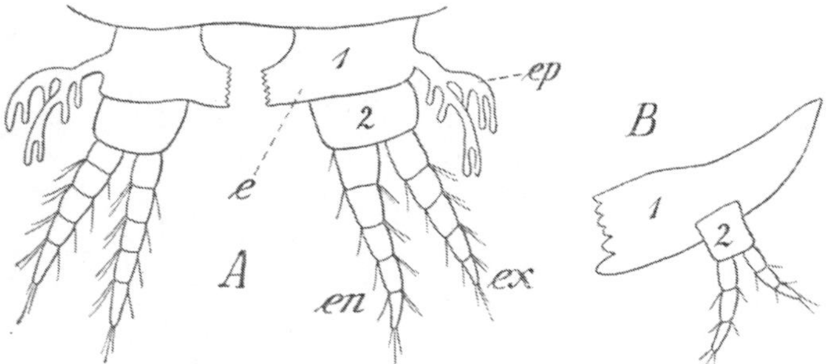

Fig. 67. *A* Ein Krebsbeinpaar in schematischer Darstellung. *1* erstes Stammglied, *2* zweites Stammglied. *e* Kaufortsatz der Innenseite (sog. Endit) *en* Endopodit oder Innenast, *ex* Exopodit oder Außenast, *ep* Epipodit (Kiemenanhang). *B* zeigt die Umformung bei Verwendung der Extremität als Mundwerkzeug (Mandibel). Das vergrößerte erste Glied wird zur Kaulade (*1*), während der übrige verkleinerte Teil der Extremität zum Taster wird.

usw. entwickelten, der Lokomotion dienenden Extremitätenpaare (Fig. 66 *th'*, *th''* usw.) tragen.

Wenn der Kopf und zum Teil auch der Thorax durch innige Verschmelzung der Segmente zu starren Körperabschnitten umgebildet werden, weist das Abdomen (Fig. 66 von ×× bis *f*) größere Beweglichkeit seiner Teile auf. Die Segmente bleiben hier frei. Die Extremitäten sind meist mehr reduziert (Fig. 66 *abd'*, *abd''*) oder fehlen gänzlich. Das Abdomen der Crustaceen dient als ein mit kräftiger Muskulatur ausgestatteter und häufig in einer Schwanzflosse endigender Ruder- und Steuerapparat.

Der Körper wird hinten von dem aftertragenden Telson (Fig. 66 *te*) abgeschlossen, welches bei den ursprünglicheren Formen in eine zweizipfelige Endbildung (sog. Furca *f*) ausläuft.

Von der inneren Organisation der Crustaceen hier nur weniges, das als Ergänzung des früher im allgemeinen für die Arthropoden entworfenen Bildes dienen mag. Die meisten inneren Organe finden sich in der Thoraxregion vereinigt, während das Abdomen, muskelreich, zum Unterschiede von der gleichnamigen Körperregion der Insekten, verhältnismäßig arm an Organbildungen erscheint. Der Darm (Fig. 66 *d*) verläuft geradegestreckt und besteht aus einem häufig zu einem Kaumagen erweiterten Stomodaeum, einem Mitteldarm, der vielfach mit gelappten Anhängen (sog. Leber *l* oder Mitteldarmdrüse) versehen ist und einem vom Mitteldarm meist nicht scharf abgegrenzten Proctodaeum. Die Geschlechtsorgane (Fig. 66 *g*) bestehen in ihrer einfachsten Form aus paarigen Säckchen (Fig. 63B *g*) mit Ausführungsgängen, welche in der

Regel in der Grenzregion von Thorax und Abdomen nach außen münden (Fig. 66 *go*).

Es erhalten sich im Kreise der Crustaceen nur 2 Paare von Exkretionsorganen vom Typus umgewandelter Nephridien. Das vordere Paar mündet an der Basis der zweiten Antenne und wird als Antennendrüse (Fig. 66 *n'*) bezeichnet, während ein hinteres Paar als Schalen- oder Maxillendrüse (*n''*) der Maxillarregion angehört. In ihrem Vorkommen schließen sich die beiden Paare meist derart aus, daß Formen, denen eine Antennendrüse zukommt (grüne Drüse des Flußkrebses) der Maxillardrüse entbehren und umgekehrt.

Entwicklung der Crustaceen.

Wenn wir die Crustaceen als umgewandelte Anneliden betrachten, so würden wir vielleicht erwarten, in ihrer Entwicklungsweise Anklänge an die typische Entwicklung der Gliederwürmer vorzufinden. Wir werden in dieser Erwartung nicht befriedigt. Zwar zeigen sich in der Furchungsweise gewisser niederer Krebse, in der Art der Sonderung des Mesoderms Erinnerungen an die für die Anneliden bekanntgewordenen Gesetze der Zellensonderung (cell-lineage) und nach dieser Richtung üben besonders die neueren Ergebnisse der Untersuchungen Bigelows an *Lepaden* eine suggestive Wirkung aus. Dagegen erscheinen alle Beziehungen zur charakteristischen Larvenform der Anneliden, zur Trochophora, völlig verwischt. Die jüngsten aus dem Ei entschlüpfenden Jugendformen der Crustaceen haben bereits typischen Arthropodencharakter. Sie kommen nicht selten in einer Gestalt aus dem Ei, welche von der ausgebildeten Form erheblich abweicht. Diese Larvenstadien, welche anfangs nur aus wenigen Körpersegmenten bestehen und durch zahlreiche Häutungen auf dem Wege einer vielfach höchst komplizierten Metamorphose in den ausgebildeten Zustand übergeführt werden, bilden ein ungemein reizvolles Objekt der vergleichenden Morphologie und Biologie, um so mehr da an ihrem Körper die verschiedenartigsten Anpassungen an eine von der des ausgebildeten Zustandes oft erheblich abweichende Lebensweise zutage treten. Wir greifen aus ihrer unendlichen Mannigfaltigkeit hier nur zwei Haupttypen heraus, welche in früheren Dezennien vielfach, besonders im Anschlusse an die genialen Deutungsversuche Fritz Müllers als Erinnerungen an vorweltliche Stammformen dieser Gruppe in Anspruch genommen wurden, während sie jetzt wohl allgemein als adaptive Larvenformen betrachtet werden. Von diesen beiden Typen bildet der eine, als *Nauplius* (Fig. 68) bezeichnet, den Ausgangspunkt für die Umwandlung der niederen Krebsformen, während der andere, die

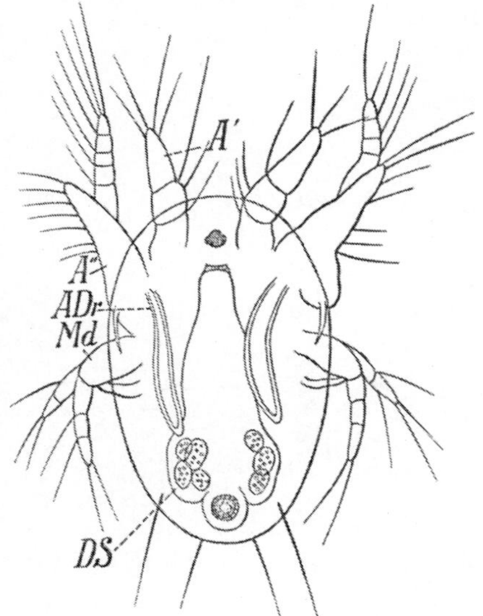

Fig. 68. Nauplius eines Krebses (Cyclops albidus). Nach CLAUS aus GROBBENS Lehrbuch. *ADr* Antennendrüse, *A'* erste Antenne, *A''* zweite Antenne, *Md* Mandibel, *DS* Darmaussackungen mit Harnzellen.

sog. *Zoëa* (Fig. 69) den höheren Krebsen (den sog. Malacostraken) eigentümlich ist.

Der *Nauplius* (Fig. 68) besteht nur aus wenigen Körpersegmenten. Es ist an ihm gewissermaßen nur der vordere Abschnitt der späteren Kopfregion zur Entfaltung gekommen, während die übrigen Segmente in der Reihenfolge von vorne nach hinten in späteren Stadien hinzugebildet werden. Wir finden nur drei ungemein einfach gestaltete Extremitätenpaare, welche nach der späteren Verwendung dieser Anlagen, als erste (*A'*) und zweite Antenne (*A''*) und als Mandibel (*Md*) bezeichnet werden, hier aber hauptsächlich als Ruder benützt werden. Der Mund, von einer mächtigen Oberlippe überragt, führt in einen kurzen Darm, welcher hinten zwischen zwei stummelförmigen Furcalhökern ausmündet. Das Nervensystem, hier noch in Verbindung mit dem Ektoderm, besteht aus Gehirn, Schlundcommissur und einem Unterschlundganglion. Dem Gehirn ist das charakteristische unpaare, aber aus drei Einzelaugen zusammengesetzte Naupliusauge angeheftet. Von Exkretionsorganen findet sich in der Basis der zweiten Antenne die Antennendrüse (*ADr*).

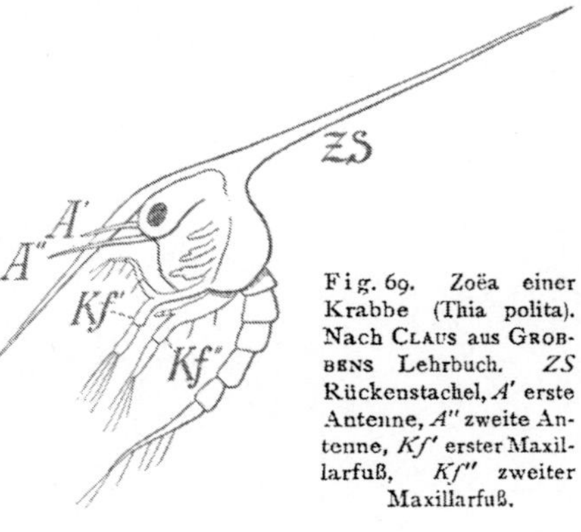

Fig. 69. Zoëa einer Krabbe (Thia polita). Nach CLAUS aus GROBBENS Lehrbuch. *ZS* Rückenstachel, *A'* erste Antenne, *A''* zweite Antenne, *Kf'* erster Maxillarfuß, *Kf''* zweiter Maxillarfuß.

Die pelagische Larvenform der Malacostraken, die sog. *Zoëa* (Fig. 69) besteht aus einem mit sieben Extremitätenpaaren versehenen Kopfbruststück (Cephalothorax) und einem sechsgliedrigen, mit dem Telson endenden Abdomen, während die eigentliche Thoraxregion, in der Entwicklung zurückgeblieben, noch kaum als Anlage zu erkennen ist. Der gewölbte Rückenschild ist vielfach mit starren Fortsätzen (Stirnstachel, Rückenstachel *ZS*, Seitenstacheln) versehen, die hier wohl als Schwebeeinrichtungen zu deuten sind. Die Extremitäten werden als 1. und 2. Antenne (*A'*, *A''*), als Mandibel, 1. und 2. Maxille und als 1. und 2. Maxillarfuß (*Kf'*, *Kf''*) bezeichnet. Von ihnen dienen die zweiästigen zweiten Antennen und die beiden Kieferfußpaare beim Schwimmen als wirksame Ruder. Neben dem dreiteiligen Naupliusauge, das sich hier noch erhalten hat, finden sich zwei seitliche zusammengesetzte Augen, welche bei dieser Larvenform noch nicht, wie meist im ausgebildeten Zustande, auf abgegliederte Stiele emporgehoben sind. Von inneren Organen fällt dem Untersucher das sackförmige, kräftig pulsierende Herz vor allem ins Auge.

B. Reihe der Arachnomorpha oder spinnenähnlichen Tiere.

Wenn wir bei Verfolgung der Morphologie der Crustaceen hauptsächlich auf das Studium recenter Formen angewiesen sind, so führen die Wurzeln des Stammes der spinnenähnlichen Tiere auf die ältesten Zeiten, auf die ersten fossilführenden Schichten unseres Planeten zurück. Das liegt wohl nur daran, daß die zarteren Krebse sich nicht in gleicher Weise der Erhaltung als Versteinerungen günstig zeigten, als die derber gepanzerten *Palaeostraken*, unter welchem Namen wir die Stämme der *Trilobiten* (Fig. 70, 71), der *Gigantostraken* und der *Xiphosuren* (Fig. 72) zusammenfassen.

Die *Trilobiten*, bereits im Cambrium erscheinend und im Silur zu größter Formenfülle sich entfaltend, reichen mit spärlichen, dem Aussterben entgegengehenden Ausläufern in die Steinkohlen- und Permperiode hinein. Ihrem Baue nach vermitteln sie die Beziehungen zu ursprünglichen Crustaceenformen, unter denen sie der im Süßwasser lebenden Phyllopodengattung Apus sich habituell nähern. Der Körper der Trilobiten (Fig. 70), aus drei Regionen bestehend: dem schildförmigen Kopf (bei *a*), dem aus freien Segmenten zusammengesetzten Rumpfe (bei *e*) und einem aus Verschmelzung von Segmenten hervorgegangenen Endabschnitt (Pygidium *g*), wird durch zwei Längsfurchen in eine mittlere erhöhte Partie (Rhachis *e*) und flachere Seitenteile (Pleuren *f*) geteilt. Die Extremitäten dieser asselartig sich einrollenden Meeresbewohner, lange vergeblich gesucht und erst durch glückliche Funde und mühevolle, an Schliffen durchgeführte Studien der neueren Zeit einigermaßen bekannt geworden (Fig. 71), schließen sich durch ihre zweispaltige Form, durch den Besitz von Exopodit und Endopodit, wozu vielleicht noch Kiemenanhänge kommen, denen der Crustaceen an. Den von einer Oberlippe (Hypostom) überragten Mund umstellten vier Paare von spaltästigen Kaufüßen mit basalen Kauladen, während vor dem Munde nur ein langgegliedertes Antennenpaar bekannt geworden ist. Seitlich am Kopfe finden sich meist zusammengesetzte Augen (Fig. 70 bei *c*).

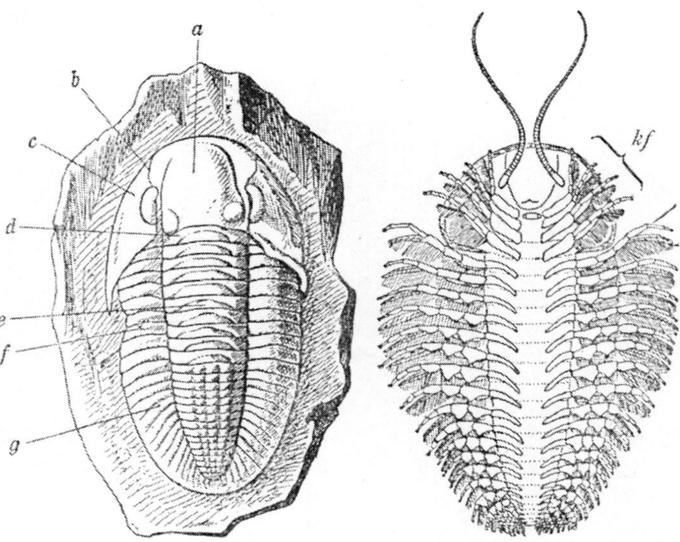

Fig. 70. Rückenansicht eines Trilobiten (Phillipsia gemmulifera PHILLIPS). Nach H. WOODWARD aus STROMER V. REICHENBACHS Lehrbuch der Palaeozoologie. *a* Glabella, *b* Gesichtsnaht, *c* Wange mit Auge, *d* Nackenring, *e* Spindel (Rhachis), *f* Pleuren der freien Brustsegmente, *g* Pygidium mit noch deutlichen Segmentgrenzen.

Fig. 71. Ventralansicht eines Trilobiten (Triarthrus Becki GREEN). Restauriert nach BEECHER aus STROMER V. REICHENBACHS Lehrbuch der Palaeozoologie. *kf* Kaufüße.

Die interessante Gruppe der *Gigantostraken*, ursprünglich aus zum Teil durch Körpergröße auffallenden Meeresbewohnern bestehend, aber in ihren der Steinkohlenperiode angehörigen Ausläufern mit Resten von Landpflanzen, Skorpionen und Insekten vergesellschaftet und demnach vielleicht als Süßwasserformen mit schuppenbedecktem Körper den Übergang zum Landleben vorbereitend, erinnert im Gesamthabitus bereits auffällig an Skorpione. Sie vermittelt den Übergang zur Gruppe der *Xiphosuren* (Schwertschwänze oder Pfeilschwanzkrebse), die uns in der Gattung *Limulus* (Fig. 72) den einzigen noch lebenden Vertreter der Palaeostraken vor Augen führt.

Limulus, ein Küsten- und Flachseebewohner des atlantischen und stillen Ozeans, zeigt dieselbe Scheidung des Körpers in drei Regionen, die wir bei den Trilobiten beobachteten. Sie werden hier als Kopfbrustschild, Abdomen und Schwanzstachel oder Pygidium bezeichnet. Jede von ihnen ist durch Verschmelzung mehrerer Körpersegmente entstanden. Wir finden ebenso die von den Trilobiten übergekommene longitudinale Scheidung in Rhachis und Lateralpleuren. Die Extremitäten des Kopfbruststückes haben den Charakter von starken, mit Scheren endigenden Gang- oder Grabbeinen (Fig. 72, 1—6), doch tragen sie sämtlich eine basale Kaulade und dienen sonach gleichzeitig als Mundwerkzeuge. Vor dem Munde finden sich keine Antennen, sondern an ihrer Stelle ein Paar ziemlich kleiner scherenbewaffneter Anhänge (1), welche hier bereits in Übereinstimmung mit der bei den Spinnen üblichen Terminologie als Cheliceren bezeichnet werden. Am Abdomen finden sich fünf flache kiementragende, von einem vorderen als Operculum bezeichneten Deckel überragte Abdominalbeinpaare (7). Am Kopfbrustschilde erkennen wir ein Paar kleinerer Medianaugen und ein zweites Paar größerer zusammengesetzter Seitenaugen. Es waren besonders Beobachtungen über den feineren Bau dieser Augen, sowie Übereinstimmungen der inneren Anatomie, welche die Forscher zur Annahme naher verwandtschaftlicher Beziehungen zwischen Limulus und den Skorpionen führten.

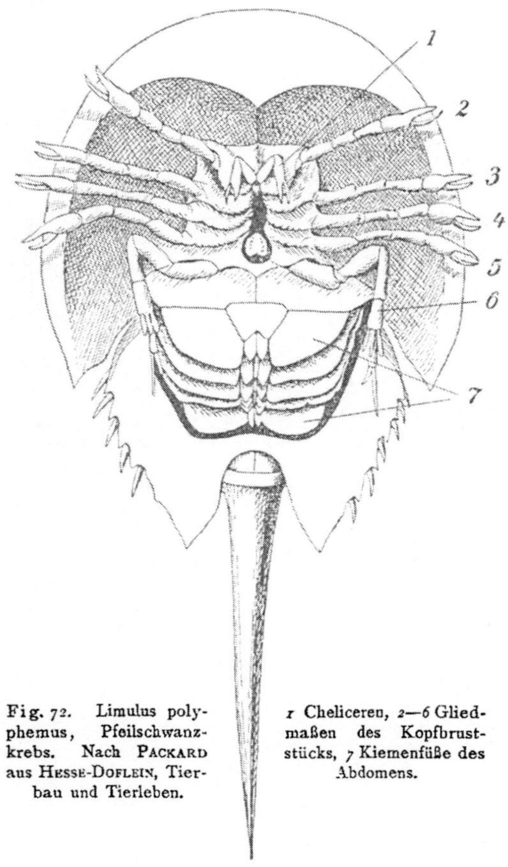

Fig. 72. Limulus polyphemus, Pfeilschwanzkrebs. Nach PACKARD aus HESSE-DOFLEIN, Tierbau und Tierleben.

1 Cheliceren, 2—6 Gliedmaßen des Kopfbruststücks, 7 Kiemenfüße des Abdomens.

Die *Skorpione* (Fig. 73) kennzeichnen sich unter den landbewohnenden Formen der Arachnidenreihe dadurch als die ursprünglichsten, daß bei ihnen die Körpergliederung in getrennte Segmente sich besonders in den hinteren Körperregionen im weitesten Umfange erhält, während bei den Spinnen und ihren näheren Verwandten eine Tendenz zur Konzentration der Organe, zur Verschmelzung der Segmente bemerkbar ist, bis in dem letzten Ausläufer dieser Reihe, den kleinen sackförmigen Milben alle Spur segmentaler Gliederung des

Körpers verschwindet. Die Teilung des Körpers in drei aufeinander folgende Regionen haben die Skorpione mit Limulus gemeinsam. Sie werden hier als Kopfbruststück (Cephalothorax), Praeabdomen (bei *st*) und Postabdomen (bei *pa*) bezeichnet, von denen das Kopfbruststück sechs Extremitätenpaare trägt, während dem Praeabdomen und Postabdomen Extremitäten fehlen, wenn wir von den Pectines oder Kämmen (*k*) des zweiten Abdominalsegmentes absehen. Das Praeabdomen besteht aus sieben (im Embryo acht), das Postabdomen aus sechs Körpersegmenten, von denen das letzte als Giftstachel umgebildet ist.

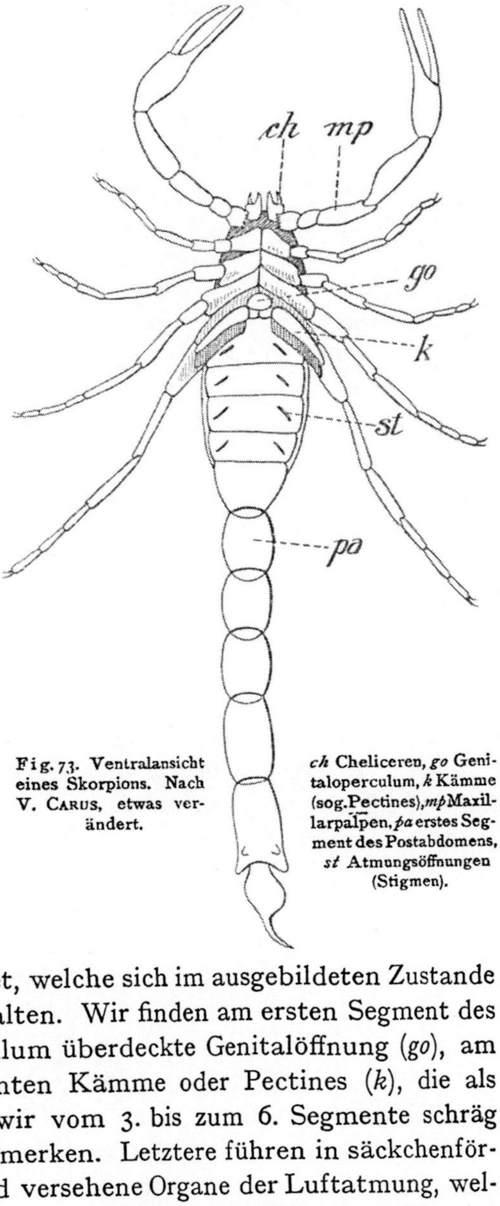

Von den sechs Extremitätenpaaren des Kopfbruststückes wird das erste kleine scherentragende, vor dem Munde gelegene als *Cheliceren* (Fig. 73 *ch*), das zweite mit einer basalen Kaulade versehene und mit großer, aufgetriebener Schere endigende als *Maxillarpalpen* (Pedipalpen, *mp*) bezeichnet. Die vier folgenden Beinpaare endigen mit Doppelkrallen. Im allgemeinen finden wir bei den Arachniden und bei den Insekten verdoppelte Endklauen der Gangbeine, während bei den Crustaceen in der Regel eine einfache Endklaue sich findet. Wir werden auf dies Merkmal nicht allzu großes Gewicht zu legen haben, da auch bei gewissen Krebsen (so in den Asselgattungen Jaera, Janira und Munna) eine Verdopplung der Endkralle zu beobachten ist.

Fig. 73. Ventralansicht eines Skorpions. Nach V. CARUS, etwas verändert.

ch Cheliceren, *go* Genitaloperculum, *k* Kämme (sog. Pectines), *mp* Maxillarpalpen, *pa* erstes Segment des Postabdomens, *st* Atmungsöffnungen (Stigmen).

Am Praeabdomen werden im Embryo der Skorpione, wie auch bei den Spinnen, Extremitätenanlagen gebildet, welche sich im ausgebildeten Zustande zum Teil in umgewandelter Form erhalten. Wir finden am ersten Segment des Praeabdomens die von einem Operculum überdeckte Genitalöffnung (*go*), am zweiten Segmente die bereits erwähnten Kämme oder Pectines (*k*), die als Sinnesapparate fungieren, während wir vom 3. bis zum 6. Segmente schräg gestellte Atemspalten (Stigmen *st*) bemerken. Letztere führen in säckchenförmige, mit fächerartig gefältelter Wand versehene Organe der Luftatmung, welche auf Grund embryologischer Daten mit den Kiemenanhängen von Limulus homologisiert werden. Bei den Spinnen erscheinen diese Respirationsorgane zum Teil durch verästelte Röhren, den Tracheen der Insekten gleichend, ersetzt.

Das Nervensystem der Skorpione zeigt die Form einer wohlgegliederten Bauchganglienkette. Von den Anhangsdrüsen des Darmkanals ist die mächtige, das Praeabdomen erfüllende, gelappte Leber am meisten in die Augen springend. Weiter hinten münden in den Darm zwei als Exkretionsorgane dienende Röhrchen, sog. Malpighische Gefäße, welche neuerdings von Bordas wohl nur irrtümlich den Leberausführungsgängen zugerechnet werden. Von umgewandelten Nephridien erhält sich hier nur ein Paar sog. Coxaldrüsen, welche am dritten Beinpaare ausmünden. Das hochentwickelte Blutgefäßsystem besteht aus einem im Praeabdomen gelegenen, mit 8 Ostienpaaren versehenen Rückengefäße, welches in vordere und hintere, zu den Organen tretende Arterien ausläuft. Unter diesen interessiert uns besonders ein auch bei Limulus sich findendes System supraneuraler, die Bauchganglienkette und die von ihr abgehenden Nerven überdeckendes und zum Teil sie umscheidendes System von Blutbahnen. Die röhrenförmigen Gonaden haben eine merkwürdige Neigung zur Netz- und Anastomosenbildung, woraus sich die bei den Afterspinnen oder Weberknechten (Opilionidea) und bei anderen Formen bemerkbare ringförmige Konfiguration der Keimdrüse herleiten läßt.

Wie sich der Bau der mannigfaltigen als Skorpionsspinnen, echte Spinnen, Solpugiden, Pseudoskorpione, Afterspinnen und Milben unterschiedenen Gruppen der Arachnidenreihe von dem hier für die Skorpione im Anschlusse an Limulus entwickelten Grundtypus herleiten läßt, soll hier nur angedeutet, nicht im einzelnen entwickelt werden. Es handelt sich um den Verlust des Postabdomens, um eine Verkürzung der praeabdominalen Region unter gleichzeitiger Auftreibung, wobei nicht selten die Segmentgrenzen dieser Region durch Verschmelzung zum völligen Verstreichen gebracht werden. Hand in Hand hiermit geht eine fortschreitende Konzentration der inneren Organe, wie sich dies besonders an der Bauchganglienkette erkennen läßt, welche zu einem einzigen sternförmigen Bauchganglion zusammengezogen ist.

Wenn wir zum Schlusse die Frage berühren, durch welches gemeinsame Merkmal diese ganze an mannigfaltigen Formen reiche Reihe gekennzeichnet wird, so könnten wir auf das Fehlen von Antennen hinweisen, die sich hier nur bei den an der Wurzel des ganzen Stammes stehenden Trilobiten und Gigantostraken erkennen lassen, während sie bei den übrigen Formen durch die Cheliceren ersetzt erscheinen. Man hat unter diesem Gesichtspunkte die Formen dieser Reihe unter dem gemeinsamen Namen der Chelicerata zusammengefaßt.

C. Reihe der Antennaten.

Wenn wir es im Kreise der Krebse, von wenigen Ausnahmen (Landasseln, Landkrabben) abgesehen, mit Wasserbewohnern zu tun hatten, während in der Reihe der Arachnomorpha oder Chelicerata, deren ursprünglichste Formen Meeresbewohner sind, sich der allmähliche Übergang zu luftatmenden Landtieren verfolgen läßt, treten uns im Gebiete der Antennaten, unter welchem Namen wir die Gruppen der *Onychophoren*, *Myriopoden* und *Insekten* zusammenfassen, typische Landbewohner entgegen. Wenn wir hier Formen begegnen, die sich im Wasser aufhalten, wie dies z. B. bei den Schwimmkäfern, bei den Ruderwanzen, bei den Libellulidenlarven oder bei der merkwürdigen im Süßwasser lebenden Schmetterlingsraupe der Gattung Acentropus u. a. der Fall ist, muß diese Lebensweise stets als eine sekundär erworbene erfaßt werden. Schon bei den Onychophoren, welche, an der Wurzel des ganzen Stammes stehend, nahe an die Anneliden heranreichen, treten uns Landbewohner entgegen, die durch Tracheen ihren Gasaustausch vermitteln. Doch sei in diesem Zusammenhange erwähnt, daß man neuerdings mit einigen Zweifeln in die Nähe der Onychophoren die wunderlichen Bärtierchen (Tardigraden) einreiht, Süßwasserformen, welche bei eintretender Trockenheit in geschrumpftem Zustande scheintot Jahre überdauern, um bei späterer Befeuchtung wieder aufzuleben.

Bau von Peripatus.

Wir rechnen zu den Onychophoren oder Protracheaten die Gattung *Peripatus* und verwandte Gattungen, welche in den Tropenländern aller Erdteile in feuchtem Holzmulm und unter Steinen leben. In ihrer systematischen Stellung lange rätselhaft und noch von Grube den Anneliden zugerechnet, wird Peripatus jetzt an die Wurzel des Antennatenstammes gestellt, seit Moseley mit der Expedition des Challenger in der Kapstadt landend, an dieser Form in röhrenförmigen Gebilden die charakteristischen Einrichtungen der Luftatmung (Tracheen) erkannte. Spätere anatomische und embryologische Untersuchungen haben diese Auffassung von Peripatus, als eines die Gruppe der Myriopoden (Tausendfüße) mit den Anneliden verbindenden ungemein ursprünglichen Arthropodentypus, durchaus gestützt.

Erblickt man *Peripatus* lebend, so wird man durch den Habitus (Fig. 74), durch sein Gebaren, an eine Insektenlarve, etwa an eine weichhäutige Schmetterlingsraupe, erinnert. Der Eindruck wird verstärkt, wenn man das Körperinnere eröffnend die umfangreichen Spinndrüsen (*sd* Fig. 75), die tracheenumsponnenen Organe in einheitlicher, nicht durch Dissepimente gegliederter Leibeshöhle gelegen wahrnimmt.

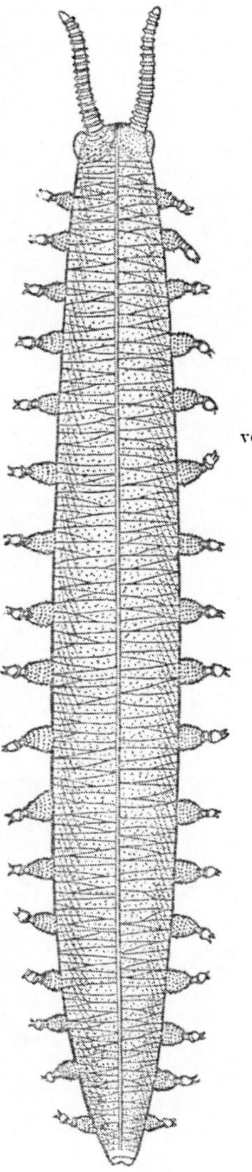

Fig. 74. Peripatus (Peripatopsis) capensis, vom Rücken gesehen. Nach Balfour aus Hesse-Doflein, Tierbau und Tierleben.

An die Anneliden gemahnen: die homonome Körpersegmentierung, der Mangel von Regionenbildung, die Anordnung der Körpermuskulatur, welche durch das Vorhandensein eines kontinuierlichen Hautmuskelschlauches, vor allem aber durch die Entwicklung eines transversalen, die Leibeshöhle durchziehenden seitlichen Muskelseptums (vgl. Fig. 63 A) an die Ringelwürmer erinnert, die stummelförmige Gestalt der nicht gegliederten Extremitäten, die hier allerdings arthropodengemäß in zwei Endklauen (Fig. 74) auslaufen, und schließlich der Besitz von Nephridien (Fig. 75 *so*), welche in allen Körpersegmenten mit einem Endbläschen beginnend an der Basis der Extremitäten ausmünden. Auch die seitlich am wenig abgegrenzten Kopfe gelegenen Augen fallen ganz aus dem Rahmen dessen, was wir von Augen an Arthropoden zu sehen gewöhnt sind. Als Bläschenaugen entwickelt erinnern sie an die hochkomplizierten Augen gewisser pelagischer Anneliden, etwa der Alciopiden.

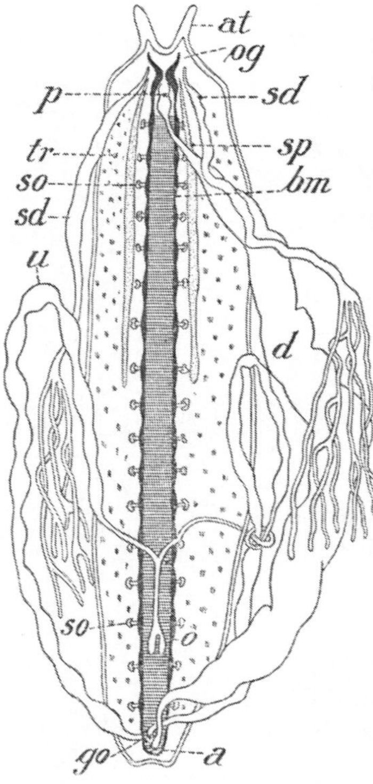

Fig. 75. Anatomie eines weiblichen, vom Rücken geöffneten Peripatus. Kombiniert aus Zeichnungen von BALFOUR und MOSELEY aus R. HERTWIGS Lehrbuch der Zoologie. *a* After, *at* Antennen, *bm* Längsstränge des Nervensystems (Bauchmark), *d* Darm, *go* Geschlechtsöffnung, *o* Eierstock (Ovarium), *og* Hirn, *p* Schlundkopf (Pharynx), *sd* Schleimdrüsen, *so* Nephridien (Segmentalorgane), *sp* Speicheldrüsen, *tr* Tracheenbüschel, *u* Uterus.

Der Kopf trägt ein Fühlerpaar. In der Mundöffnung versenkt finden sich zwei Paare von Krallen, die als Kiefer verwendet werden. Seitlich vom Munde stehen zwei krallenlose Extremitätenstummel, die sog. Oralpapillen, an deren Spitze die Spinn- oder Schleimdrüsen (Fig. 75 *sd*) ausmünden, welche das zur Erzeugung von Gespinsten dienende, anfangs zäh-schleimige, später erhärtende Sekret liefern.

Was Peripatus am meisten den Myriopoden und Insekten nähert, ist der Besitz von Tracheen, feinsten die Organe umspinnenden Röhrchen (Fig. 75 *tr*), welche sie lufterfüllt mit Sauerstoff versorgen. Ursprünglich auf Hauteinstülpungen zurückführbar finden sie sich in unregelmäßiger Anordnung über die Körperoberfläche zerstreut.

Das Zentralnervensystem besteht aus dem Oberschlundganglion (Gehirn Fig. 75 *og*), von welchem zwei ventralwärts geschlängelt verlaufende Längsnervenstränge (*bm*) nach hinten ziehen, um über dem Enddarm (bei *a*) durch eine Querbrücke ineinander überzugehen. Diese den seitlichen Hälften einer Bauchganglienkette entsprechenden Stränge stehen voneinander ziemlich weit ab und sind in jedem Segment durch zahlreiche Queranastomosen miteinander verbunden.

Die übrigen inneren Organe geben zu keinen besonderen Bemerkungen Veranlassung. Der Darm verläuft gestreckt, nicht wie bei den Insekten schlingenbildend. Malpighische Gefäße werden vermißt. Die paarigen Gonaden münden durch besondere Ausführungsgänge am hinteren Körperende. Das Herz ist ein mit seitlichen Ostienpaaren versehenes Rückengefäß.

Die Myriopoden.

Die gestaltenreiche Gruppe der Myriopoden oder Tausendfüße leitet unsere Betrachtung zu den Insekten hinüber. Stärker bepanzer als Peripatus, mit dem sie die homonome Körpersegmentierung gemein haben, führen sie an allen Leibesringen gegliederte, mit einfacher Klaue endende Extremitäten. Vor allem ist es die Untergruppe der Chilopoden, denen wir die in den Ländern zwischen den Wendekreisen wegen ihres Bisses gefürchteten Scolopendern zurechnen, welche den Übergang zu den einfachsten und ursprünglichsten Formen der Insekten, den flügellosen Apterygogenea, vermittelt.

Segmentierung des Insektenkörpers.

Der Körper der *Kerbtiere* (*Insecta*) oder der Sechsfüßigen (*Hexapoda*) gliedert sich in drei scharf geschiedene Regionen, welche als Kopf, Brust (Thorax) und Hinterleib (Abdomen) bezeichnet werden (Fig. 76 und 77, vgl. auch Fig. 81). Der Kopf, eine rundliche Kapsel, aus völlig verschmolzenen Segmenten bestehend, zeigt sich als geschlossene Einheit, am Thorax können wir die Segmentgrenzen in der Form von Nähten erkennen, indes das Abdomen aus beweglichen freien Segmenten besteht. Der Kopf ist der Träger des Gehirns (Fig. 77 *g*), der Sinnesapparate und des Mundes (*m*); der Thorax, im Inneren fast nur von Bein- und Flugmuskeln erfüllt, dient der Lokomotion, während die Organe der vegetativen Sphäre ins Abdomen verlagert sind. Von Anhängen trägt der Kopf die Fühler (Fig. 76 *ant*, Fig. 77 A) und die Mundwerkzeuge (Fig. 76 *mw*, Fig. 77 *md*, mx^1 mx^2), der Thorax die Beine (p_1, p^2, p^3) und Flügel (al_1, al_2); das Abdomen kann im ausgebildeten Zustande (Imago) als extremitätenlos bezeichnet werden. Nur bei gewissen Insekten niederer Ordnungen, wie bei den Küchenschaben, den Grillen, den Eintagsfliegen und den Perlariden finden sich Anhänge (Cerci), welche fühlerähnlich dem Hinterleibsende eingefügt sind und als umgewandelte Extremitäten gelten (Fig. 76 *cer*). Dem Embryo der Insekten kommen nämlich abdominale Extremitätenrudimente zu und auch bei gewissen Larven z. B. den Schmetterlingsraupen finden sich noch Extremitätenstummel an den Abdominalsegmenten. Aus solchen abdominalen Anlagen des 11. Hinterleibssegmentes sind die Cerci herzuleiten, während die in der Umgebung der Geschlechtsöffnung am 8. und 9. Segmente sich findenden sog. Gonapophysen nach den Feststellungen Heymons' nicht als Extremitäten aufzufassen sind.

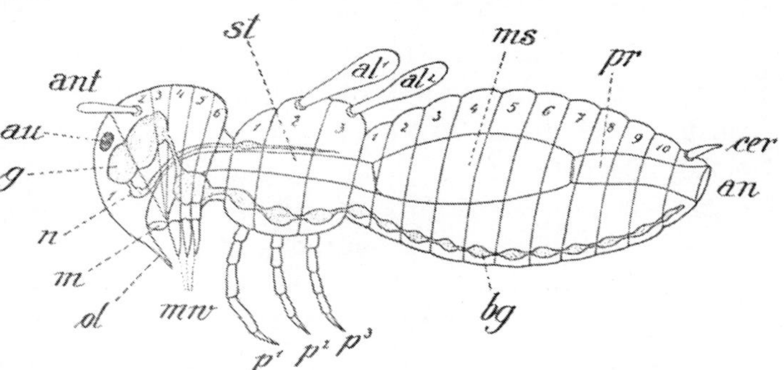

Fig. 76. Schematische Darstellung der Gliederung des Insektenkörpers. Nach Berlese. Die drei Hauptabschnitte des Körpers folgen von links nach rechts als: Kopf, Thorax und Abdomen. Im Kopf bedeutet *1* das primäre Kopfsegment, *2* das Antennensegment, *3* das Vorkiefersegment, *4*, *5* und *6* die drei Segmente der Mundwerkzeuge; der Thorax besteht aus den drei Segmenten *1*, *2*, *3*; das Abdomen zählt *1*—*10* Abdominalsegmente und das Endsegment. al^1 Vorderflügel, al^2 Hinterflügel, *an* After, *ant* Antenne, *au* Auge, *bg* Bauchganglienkette, *cer* Cerci, *g* Gehirn, *ol* Oberlippe, *m* Mund, *ms* Mitteldarm (Mesenteron), *mw* Mundwerkzeuge, *n* Schlundnerven, p^1, p^2, p^3 erstes, zweites und drittes Thoraxbeinpaar, *pr* Enddarm (Proctodaeum), *st* Vorderdarm (Stomodaeum).

Kopf.

Der Kopf der Insekten entsteht durch innige Verschmelzung des primären Kopfsegmentes (Fig. 76, 1), welches sich im Embryo durch die mächtigen Scheitellappen (Gehirnanlagen vgl. Fig. 81) kennzeichnet und an dessen hinterem Rande die Mundöffnung sich ausbildet, mit einer Reihe nachfolgender extremitätentragender Segmente (Fig. 76, 2—6). Auch die Fühler (Antennen) werden ursprünglich hinter dem Munde angelegt (*an* in Fig. 81 C) und erst sekundär bei der Ausbildung der Kopfkapsel durch einen eigenartigen Umrollungsprozeß nach vorn und aufwärts verlagert. Sie gehören dem ersten auf das primäre Kopfsegment folgenden Segmente (Fig. 76, 2) an. Da wir am Kopfe der Insekten im ganzen vier Anhangspaare (die Antennen, die Mandibeln und die beiden Maxillenpaare) vorfinden, so würden wir vermuten, daß es sich um vier gliedertragende Segmente handelt, welche mit dem primären Kopfsegmente in die Bildung dieser Region eingehen. Indessen haben embryologische Untersuchungen noch das Vorhandensein eines zwischen Antennen- und Mandibularsegment sich einschiebenden, seine Selbständigkeit bald aufgebenden intercalaren oder Vorkiefersegmentes dargetan (Fig. 76, 3).

Als Anhänge des Kopfes sind die Fühler und die Mundwerkzeuge zu betrachten. Die Fühler, mannigfaltig gestaltet, sind in letzter Linie stets auf eine einfache Gliederreihe zurückzuführen, mögen sie gesägt, gekämmt, mit Lamellen besetzt, knieförmig abgebogen oder wie immer umgebildet erscheinen. Den Mund umstellen: die einfache, nicht auf Extremitätenbildungen zurückführbare Oberlippe (Fig. 76, 77 *ol*), die stets tasterlosen Mandibeln (Fig. 77 *md*), welche bei den Formen mit kauenden Mundwerkzeugen meist eine starke bezahnte Kaulade darstellen, und zwei Maxillenpaare (mx^1, mx^2), zarter gebaute, mit gracileren Ladenteilen und mit Palpen versehene Anhänge, von denen die des zweiten Paares durch mediane Verwachsung ihres Stammteiles zur Bildung einer Art von Unterlippe Veranlassung geben. Die mannigfachen Umbildungen, welche die Mundwerkzeuge in den gestaltenreichen Legionen der Insekten erfahren, indem sie je nach der Lebensweise, nach ihrer Verwendung zu bestimmten Zwecken in Anpassung an eine leckende, nectarschlürfende oder nach erfolgtem Einstich aufsaugende Art der Nahrungsaufnahme verändert werden, gehören zu den lehrreichsten und viel bearbeiteten Gebieten vergleichend morphologischer Forschung.

Der Kopf der Insekten ist als Träger nicht aller, aber der hauptsächlichsten Sinnesapparate zu betrachten. Wir finden hier Augen zweierlei Art: einfache sog. Punktaugen oder Ocellen, bei den Larvenformen verbreitet und im Imagostadium vielfach in Dreizahl an der Stirn zu erkennen, während die hochkomplizierten Facettenaugen, deren musivisches Sehen den Physiologen von Johannes Müller bis auf Sigmund Exner zu wichtigen Erörterungen Anlaß geboten hat, bei den ausgebildeten Formen der Insekten die Seitenteile des Kopfes einnehmen. Die Fühler werden als Tastorgane und Organe der Geruchswahrnehmung betrachtet, während die Geschmacksperzeption an bestimmte, von v. Rath genauer erforschte, kegelförmige Chitinpapillen des Gaumens, der Maxillen und der Unterlippe gebunden erscheint. Dagegen finden sich die sog. Chordotonalorgane, saitenartig die Leibeshöhle durchziehend, in verschiedenen Regionen des Körpers. Ihnen sind auch die als Hörapparate gedeuteten Tympanalorgane an den Beinen der Locustiden u. a. zuzurechnen.

Thorax. Die Thoraxregion besteht aus drei als Pro-, Meso- und Metathorax unterschiedenen Segmenten (Fig. 76, 1—3 bei *st*), von denen der Prothorax in manchen Ordnungen eine gewisse Selbständigkeit bewahrt. Die drei Brustsegmente tragen die in charakteristische Abschnitte gegliederten mit doppelter Endkralle endenden Beine (p^1—p^3), während Flügel als abgegliederte mit sog. Nervatur (aus chitinösen Adern oder Rippen, welche den zarten Flügel gespannt erhalten, bestehend) durchsetzte Hautfalten der Dorsalseite des Meso- und Metathorax der Imagines sich angeheftet finden (Fig. 76 und 77 al_1, al_2), wahrscheinlich aus seitlichen Fortsetzungen der Rücken- oder Tergalplatten, nicht, wie Gegenbaur vermutete, aus umgewandelten Tracheenkiemen wasserlebender Vorfahren entstanden.

Die Abdominal- oder Hinterleibsregion setzt sich im Embryo aus 11 Segmenten zusammen, von denen das letzte, welches bei manchen ursprünglichen Formen die oben erwähnten Cerci entwickelt, frühzeitig der Rückbildung anheimfällt. Setzt sich so das Abdomen der meisten Insekten im ausgebildeten Zustande aus 9–10 meist frei gegeneinander beweglichen Segmenten zusammen (Fig. 76, 1—10 bei *ms*), so kann diese Zahl durch fernrohrartige Einziehung der letzten Segmente, durch nähere Angliederung des ersten Abdominalsegmentes an den Thorax (segment médiaire der Hymenopteren), durch stielförmige Umbildung desselben eine scheinbare weitere Reduktion erfahren. **Abdomen.**

Es ist nicht beabsichtigt, auf die unendlichen Verschiedenheiten, die sich dem Untersucher des inneren Baues der Insekten darbieten, hier im einzelnen einzugehen: auf die mannigfaltigen Varianten, denen die verschiedenen Organe je nach der Lebensweise, nach der eigentümlichen Art der Nahrungsbeschaffung bei räuberischer, carnivorer oder mehr vegetarischer Ernährungsweise, beim Übergang zu halbparasitärer oder völlig parasitärer Beschaffung der Lebensmittel, bei Anpassung des Zeugungs- und Entwicklungszyklus an den Wechsel der Jahreszeiten in gemäßigten Breiten usw. unterliegen. Nur auf einige Punkte der inneren Anatomie sei hingewiesen, welche die Insekten den übrigen Gruppen der Gliederfüßer gegenüber vor allem kennzeichnen. Zunächst das Vorhandensein des Fettkörpers. Eröffnen wir das Körperinnere, die Leibeshöhle eines Insekts, so fällt uns auf, daß alle Organe von feinsten Ausläufern silberglänzender, dichotomisch sich verästelnder Tracheenröhrchen umsponnen sind und daß sich zwischen ihnen in scheinbar unregelmäßiger Anordnung lappen- oder bandförmig gestaltete Komplexe eines an Reservenahrungsstoffen, vor allem an Fetten reichen cellulären Gewebes ausbreiten. Diese allen Organen anhaftenden, oft kreidig weißen oder blaß gelblichen Fettkörperläppchen behindern ebensosehr die mühselige Präparation der inneren Körperteile der Insekten, wie das Gespinst der Tracheen, welche, die einzelnen Organe in ihrer relativen Lage erhaltend, hier die Rolle von Mesenterien übernehmen. **Innerer Bau der Insekten.**

Der Darm der Insekten, bei den ursprünglichen Formen und besonders bei den Larven noch einfach gerade gestreckt, bei den höher entwickelten Imagines und vor allem bei den durch relative Länge des Darmkanals bemerkenswerten Pflanzenfressern in Schlingen gelegt, zeigt in besonderer Deutlichkeit die Scheidung in drei genetisch voneinander verschiedenen Abschnitte, die wir auf das Stomodaeum, Mesenteron und Proctodaeum der Embryonen (Fig. 76 und 77 *st*, *ms*, *pr*) beziehen, und von denen jeder wieder in einzelne funktionell und dem Baue nach verschiedene Unterabteilungen zerfallen kann. Stomodaeum und Proctodaeum, als aus Einstülpungen der äußeren Haut hervorgegangen, sind im Inneren mit einer bei jeder Häutung sich erneuernden Chitincuticula ausgekleidet. Der drüsenreiche, mit Crypten versehene und einer regelmäßigen Regeneration des Epithels unterliegende Mitteldarm entbehrt jener umfangreichen Leberanhänge, welche zu den kennzeichnenden Merkmalen der inneren Anatomie der höheren Krebse und der Arachniden gehören, während einfachere Blindsäcke, Pylorusanhänge verschiedener Art bei manchen Formen seinen Anfangsteil einnehmen. Speicheldrüsen (Fig. 77 *sp*), bei manchen Larven zu Spinndrüsen umgewandelt, ergießen ihr Sekret in die Mund-

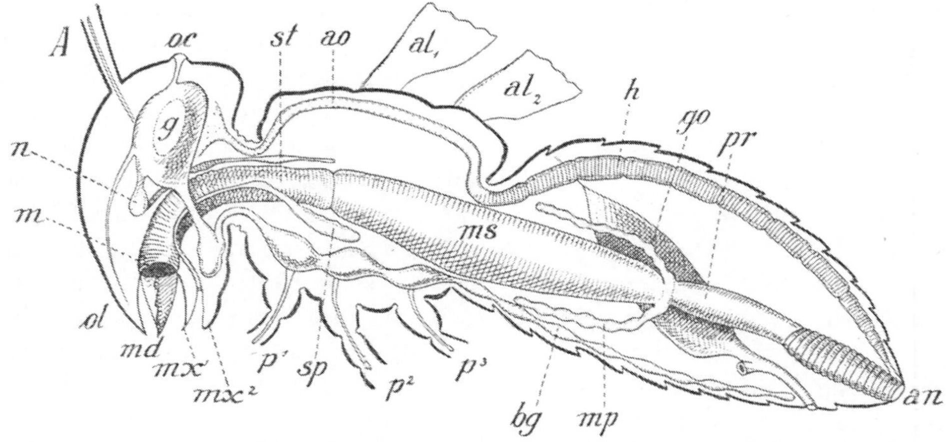

Fig. 77. Schematischer Längsschnitt durch ein Insekt. Nach BERLESE. *A* Antenne, al_1 Vorderflügel, al_2 Hinterflügel, *an* After, *ao* Aorta, *bg* Bauchganglienkette, *g* Gehirn, *go* Gonade, *h* Herz, *m* Mund, *md* Mandibel, *mp* Malpighische Gefäße, *ms* Mitteldarm (Mesenteron), mx^1 erste Maxille, mx^2 zweite Maxille, *n* Schlundnerven, *oc* Ocellus (einfaches Auge), *ol* Oberlippe, p^1, p^2, p^3 erstes, zweites und drittes Thoraxbein, *pr* Enddarm (Proctodaeum), *sp* Speicheldrüsen, *st* Vorderdarm (Stomodaeum).

region. Die Grenze von Mitteldarm und Enddarm (Proctodaeum) ist durch die Einmündungsstelle der Malpighischen Gefäße gekennzeichnet (Fig. 77 *mp*).

In letzteren erblicken wir den Exkretionsapparat der Insekten. Bei der Rückbildung, welche das System der Nephridien wohl in Anpassung an das Landleben in dieser Gruppe erfahren hat, übernahmen, wie schon bei gewissen Crustaceen (Fig. 68 *DS*), bestimmte Darmanhänge das Geschäft der Harnbereitung. Die Malpighischen Gefäße der Insekten, wechselnd an Zahl, häufig in großer Zahl vorhanden, doch oft nur in 2—3 Paaren erscheinend, gehören dem Enddarm an, in dessen Anfangsteil mündend sie ihr Exkret ergießen. Gelblich gefärbt, mit Kristallen von Harnsäure, Kalkoxalat und Taurin erfüllt, sind ihre Epithelien, wie auch die Antennen- und Schalendrüse der Crustaceen, zur Elimination von indigschwefelsaurem Natron aus dem Blute befähigt. Die Ähnlichkeit dieser Bildungen mit den gleichnamigen Organen der Skorpione ist überraschend. Doch stellt sich der Statuierung einer wahren Homologie die Tatsache hindernd entgegen, daß die Exkretionskanälchen der Skorpione und Spinnen dem Mitteldarm angehören, während die der Insekten als Auswüchse des Proctodaeums ihren Ursprung nehmen.

Wenn bei *Peripatus* die einzelnen Tracheenbüschel in unregelmäßiger Verteilung (Fig. 75 *tr*) an der Körperoberfläche entspringen, so hat im Kreise der Insekten, wie auch schon bei den Tausendfüßern, das System dieser Atmungsapparate gesetzmäßige Anordnung erfahren. Wir finden an gewissen Thoraxsegmenten und an einer größeren Zahl abdominaler Segmente seitlich je ein Paar von Eingängen des Tracheensystems (sog. Stigmen), welche zunächst in einen Stigmenast führend zwei seitliche Hauptkanäle mit Luft speisen, von denen zahlreiche Äste, sich vielfach verzweigend, an die einzelnen Organe herantreten. Das seltene Vorkommen von Tracheenstigmen am Kopfe, wie in der Symphylengattung Scolopendrella, deutet vielleicht darauf hin, daß ursprünglich jedem Körpersegmente ein Stigmenpaar zukam. Es ist vielfach bemerkt worden, daß bei den Insekten die Luft den einzelnen respirationsbedürftigen Organen direkt zugeführt wird, während bei den meisten Tieren der von den Atmungsorganen aufgenommene Sauerstoff an das Blut gebunden den einzelnen Körperteilen unter Vermittlung eines umständlichen Transportes zugeführt wird.

Als Hauteinstülpungen entstanden, werden die Tracheenröhrchen innen von einer chitinösen, meist mit spiraliger Verdickungsleiste versehenen Membran ausgekleidet, welche bei jeder Häutung abgestoßen und erneuert wird.

Das Zentralnervensystem der Insekten (Fig. 76 und 77 *bg*), die bekannte Form der Bauchganglienkette darbietend und durch Zusammenrücken der einzelnen Ganglienpaare vielfach einer Konzentration unterliegend, weicht nicht von dem im allgemeinen für die Arthropoden entwickelten Typus ab. An den Geschlechtsorganen (Fig. 77 *go*) ist die Auflösung der Keimdrüsen in ein Multiplum einzelner kleiner keimbereitender Apparate, welche im männlichen Geschlechte als Hodenfollikel, im weiblichen Geschlechte als Eiröhren bezeichnet werden, bemerkenswert. Diese zahlreichen den Eierstock zusammensetzenden Eiröhrchen sind durch Endfäden an das Pericardialseptum mesenterienartig (vgl. Fig. 84 *g*) befestigt. Es ist hervorzuheben, daß bei einigen Thysanuren (Japyx) die Ovarialröhren gering an Zahl in streng segmentaler Anordnung sich finden. Die Geschlechtsausführungsgänge, auf umgewandelte Nephridien zurückzuführen, münden ventralwärts vor dem After in der Region des 8. und 9. Abdominalsegmentes (Fig. 77).

D. Die Entwicklung der Arthropoden im Ei.

Wie in allen Fällen, so liefert auch hier die Verfolgung der Entwicklungsvorgänge im Eie den wahren Schlüssel für das Verständnis des morphologischen Aufbaues des Arthropodenkörpers. Wenn der im Vorstehenden gegebene flüchtige Überblick uns bei aller Mannigfaltigkeit des Baues der einzelnen Formen der Gliederfüßer ein gewisses ihm zugrunde liegendes einheitliches Schema erkennen ließ, so treten uns in der Vielheit der Erscheinungen der embryonalen Entwicklung dieser Wesen ebenfalls gewisse Züge allgemeiner Übereinstimmung entgegen. Wir heben aus der Mannigfaltigkeit der in Betracht kommenden Erscheinungen nur gewisse Beispiele hervor. Vor allem sollen die Vorgänge in dem vieluntersuchten Insektenei als Grundlage unserer Darstellung dienen.

Superfizielle Furchung.

Merkwürdig abgeändert und durch den hohen Gehalt an Nahrungsdottersubstanzen beeinflußt verlaufen die ersten Entwicklungsvorgänge in der Form der sog. superfiziellen Furchung (Fig. 78). Das Ei der Arthropoden groß, reich an Nahrungsdotter, kugelig oder in vielen Fällen verlängert elliptisch gestaltet, zeigt im Inneren eine kompakte Nahrungsdottermasse (*do*), während die Oberfläche häufig von einer Plasmaschicht überkleidet ist, welche in Erinnerung an veraltete Anschauungen über Zellgenese den Namen „Keimhautblastem" (*kh*) bewahrt hat. In der inneren Dottermasse finden sich anfangs vereinzelte

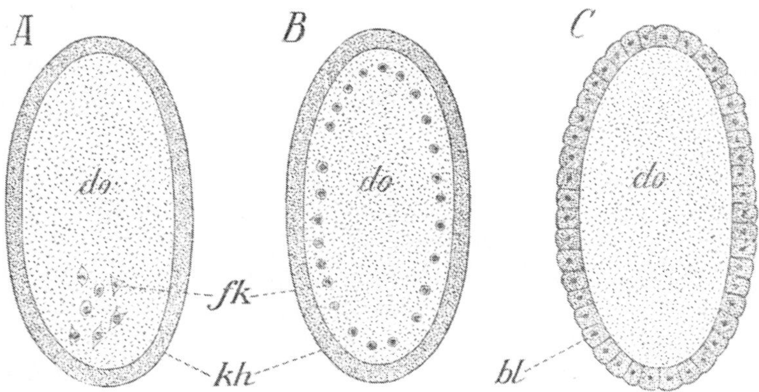

Fig. 78. Drei Stadien der sog. superfiziellen Furchung des Insekteneies. *A* enthält im Inneren mehrere Furchungskerne *fk*; *B* die Furchungskerne haben sich durch Teilung vermehrt und in einer Sphäre angeordnet; *C* die Furchungskerne rücken an die Oberfläche und veranlassen eine Ausbildung von Zellgrenzen in der oberflächlichen Schicht. *bl* Blastoderm. *do* Nahrungsdotter, *fk* Furchungskerne, *kh* oberflächliche Plasmarinde (sog. Keimhautblastem).

kernhaltige Plasmainseln, welche vom ersten Furchungskern ableitbar, und durch Teilung sich vermehrend, nach Art von Amoeben den Dotter durchwandern (Fig. 78 A und B *fk*). Wenn diese sog. Furchungszellen an die Oberfläche des Eies geratend und mit der Masse des Keimhautblastems vereinigt zur Ausbildung einer die Oberfläche des Keimes überkleidenden epithelialen Zellschicht (Blastoderm Fig. 78 C *bl*) Veranlassung geben, so ist ein Stadium erreicht, welches wir dem Blastulastadium anderer Formen gleichsetzen können. Nur ist hier das Innere des Keimes (Blastocoel) von Dottermasse erfüllt, in der nicht selten einzelne Zellen (Vitellophagen) zurückbleiben, welche die Nahrungsdotterkügelchen durch intracelluläre Verdauung bewältigend an dem weiteren Aufbau des Embryos keinen Anteil nehmen und in unserer Schilderung vernachlässigt werden können.

Peripatus-entwicklung.

Ein derartiger Furchungsablauf, ein dem hier geschilderten Bilde entsprechendes Blastulastadium kommt auch bei *Peripatus* zur Beobachtung, auf dessen noch immer ziemlich lückenhaft erkannte, die Anneliden mit den Arthropoden in eigentümlicher Weise verknüpfende Embryogenese hier kurz eingegangen werden soll. Die erste Anlage des Embryos ist in einer sohlenförmigen Blastodermverdickung zu erkennen, in deren Mitte ein längliches Grübchen die Mündung der Gastrulaeinstülpung, den sog. Blastoporus (Fig. 79 A und B *bl*) andeutet. Vom Grunde dieser Einstülpung (Fig. 80 *bp*) wandern einzelne Zellen (*en*) in die zentrale Nahrungsdottermasse, an deren Oberfläche sie sich zu einem Epithel, der Wand des späteren Mitteldarms, konstituieren (Fig. 80 C *en*). Es wird auf diese Weise eine innere Keimesschichte gebildet, während das Lumen des Mesenterons, ursprünglich von Dottermasse völlig erfüllt, erst allmählich durch Verflüssigung und Resorption der letzteren (Fig. 80 C *z*) eröffnet wird. Der Verschluß des langgestreckten Urmundes erfolgt in seinen mittleren Partien (Fig. 79 B und C *bl*), während ein vorderster und hinterster Abschnitt, dem späteren Munde und After (Fig. 79 D *m* und *a*) entsprechend, unverschlossen bleiben. Hier werden durch sekundäre Umstülpung der ektodermalen Ränder der vorderste und hinterste Darmabschnitt (das Stomodaeum und das Proctodaeum) hinzugebildet.

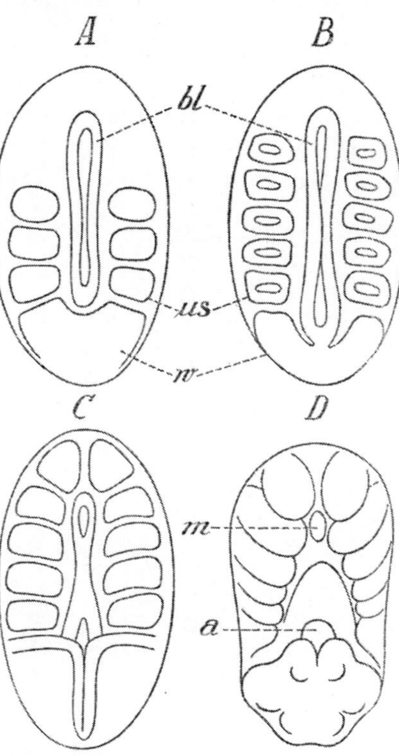

Fig. 79. Vier Entwicklungsstadien von Peripatus capensis, in der Ansicht von der Bauchseite. Nach BALFOUR. *A—C* zeigen den Schluß des Blastoporus und die Entwicklung der segmentierten Mesodermstreifen, *D* läßt die erste Entstehung der Extremitätenhöcker erkennen. Man sieht schon die definitive Körpergestalt des bauchseitig eingekrümmten Würmchens angedeutet. *a* After, *bl* Blastoporus, *m* Mund, *us* Ursegmente der Mesodermstreifen, *w* Wucherungszone des Mesoderms.

Frühzeitig erkennt man am hinteren Ende der Embryonalanlage eine Wucherungszone (Fig. 79 *w*), von welcher Zellen in den Raum zwischen Ektoderm und Entoderm einwuchern, die sich zu beiden Seiten des Blastoporus als Mesodermstreifen (Fig. 79 *us*) anordnen. Sie entsprechen den Mesodermstreifen der Anneliden (Fig. 61). Aber in ihrer Entstehungsweise weichen sie von den gleichnamigen Bildungen der Ringelwürmer dadurch ab, daß bei *Peripatus* Urmesodermzellen und mit ihnen eine teloblastische Wachstumsform der Mesodermstreifen vermißt werden. Der Prozeß der Sonderung des mittleren Keimblattes beruht hier auf einer vielzelligen Einwucherung. Bald werden die Mesodermstreifen in Ursegmente gegliedert (Fig. 79 *us*). Während sich in diesen letzteren durch Auseinanderweichen der Zellen die Coelomhöhlen (Fig. 80 B und C *c*) ausbilden, werden hinten von der ursprünglichen Wucherungszone aus immer neue Ursegmente hinzugebildet.

Wir können diese ganze an der Bauchseite des Eies von Peripatus entwikkelte Zone embryonaler Bildungen (Fig. 80 A und B), welche durch das Vorhandensein von Mund und After und durch die seitlichen Mesodermstreifen gekennzeichnet ist und an welcher bald knospenartig die Extremitätenanlagen hervorsprossen, als ein Ganzes zusammenfassen und bezeichnen sie als Keimstreif. Auch bei gewissen Anneliden, so vor allem bei den Regenwürmern und den Blutegeln, werden die wichtigsten Organbildungen des Embryos streifenförmig angelegt (vgl. Fig. 61 sowie den Text S. 239). Diese Verhältnisse sollen

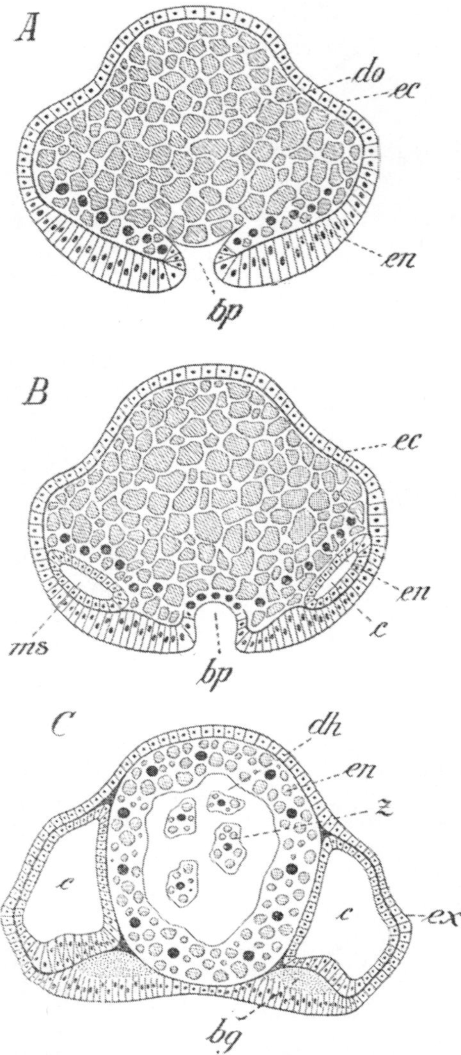

Fig. 80. Drei aufeinander folgende Entwicklungsstadien von Eoperipatus weldoni. Schematische Querschnitte nach EVANS. *A* zeigt die Art der Entodermbildung. Man vergleiche Fig. 82 *A*, die Entodermbildung am Insektenkeimstreif betreffend. Die Verhältnisse beider Formen unterscheiden sich insofern, als bei Eoperipatus die Entodermzellen (*en*) sich im Nahrungsdotter zerstreuen, während sie bei den Insekten vereinigt bleiben. *B* zwischen Ektoderm (*ec*) und Entoderm (*en*) haben sich die Mesodermstreifen (*ms*) eingeschoben, welche hier bereits in Coelomsäckchen gegliedert sind. Man vergleiche die Fig. 79 *B* und das auf Anneliden bezügliche Bild Fig. 61 S. 239, sowie Fig. 82 *D*. *C* die Entodermzellen (*en*) konstituieren sich zur Bildung der Darmwand. Durch Auflösung degenerierender Zellen (z) ist die Darmhöhle (*dh*) zur Ausbildung gelangt. Seitlich wachsen die Extremitätenhöcker (*ex*) aus. Die Anlage des Bauchmarks ist als Ektodermverdickung kenntlich. *bg* Anlage des Bauchmarks (Längsnervenstränge), *bp* Urmund (Blastoporus), *c* Coelomsäckchen, *ec* Ektoderm, *en* Entoderm, *ex* Extremitätenhöcker, *dh* Darmhöhle, *do* Nahrungsdotter, *ms* Mesodermstreifen, *z* degenerierende Zellen in der Darmhöhle.

uns ein gewisses Verständnis für die Tatsache eröffnen, daß bei den Insekten die Embryonalanlage als Keimstreif (Fig. 81, 82 und 83) in einen noch schärferen Gegensatz zu den übrigen Partien des Eies tritt, welche an Organbildungen steril, einem dorsalen Dottersacke vergleichbar, allmählich von der Keimstreifanlage umwachsen werden.

Querschnitte durch Embryonen von Peripatus lassen in diesen Stadien erkennen, daß die seitlichen Partien durch die an den Mitteldarm angrenzenden Coelomsäcke (Fig. 80 C *c*) eingenommen werden. Wir bemerken, daß die letzteren weder über noch unter dem Darm zur Bildung eines Mesenteriums zusammenrücken. Vielmehr finden sich hier später ziemlich umfangreiche Hohlräume, welche durch sekundäre Wiedereröffnung von Räumen der primären Leibeshöhle, durch ein Abrücken des Ektoderms vom Entoderm entstanden zu denken sind. Diese Räume werden von Zellen der Coelomsackwand durchsetzt und in dem so entstandenen mesenchymatischen Gewebe entwickelt sich die definitive Leibeshöhle von Peripatus. Die Coelomsäcke, deren Wand durch Abgabe der erwähnten Mesenchymzellen sich in ihrem Bestande an Zellen erschöpfte, schrumpfen zusammen und gehen einer allmählichen Auflösung entgegen. Sie zerfallen in einzelne Unterabteilungen, von denen einige mit den Pseudocoelräumen der definitiven Leibeshöhle verschmelzen, andere sich als Gonadensäckchen und als geschlossene Endsäckchen der Nephridien erhalten.

Die Anlage der Bauchganglienkette (Fig. 80 C *bg*) findet sich ursprünglich in der Form paariger Stränge, welche als Verdickungen des äußeren Keimblattes angelegt und später durch einen Abspaltungsprozeß von der äußeren Haut abgetrennt werden (vgl. Fig. 40 S. 215).

Keimblätterbildung der Insekten.

Bei den *Insekten* verläuft die Keimblätterbildung auf ähnliche Weise wie bei *Peripatus*. Auch hier wird die erste Anlage des Keimstreifs in der Gestalt einer frühzeitig segmentierten Blastodermverdickung (Fig. 82 A *ec*) kenntlich,

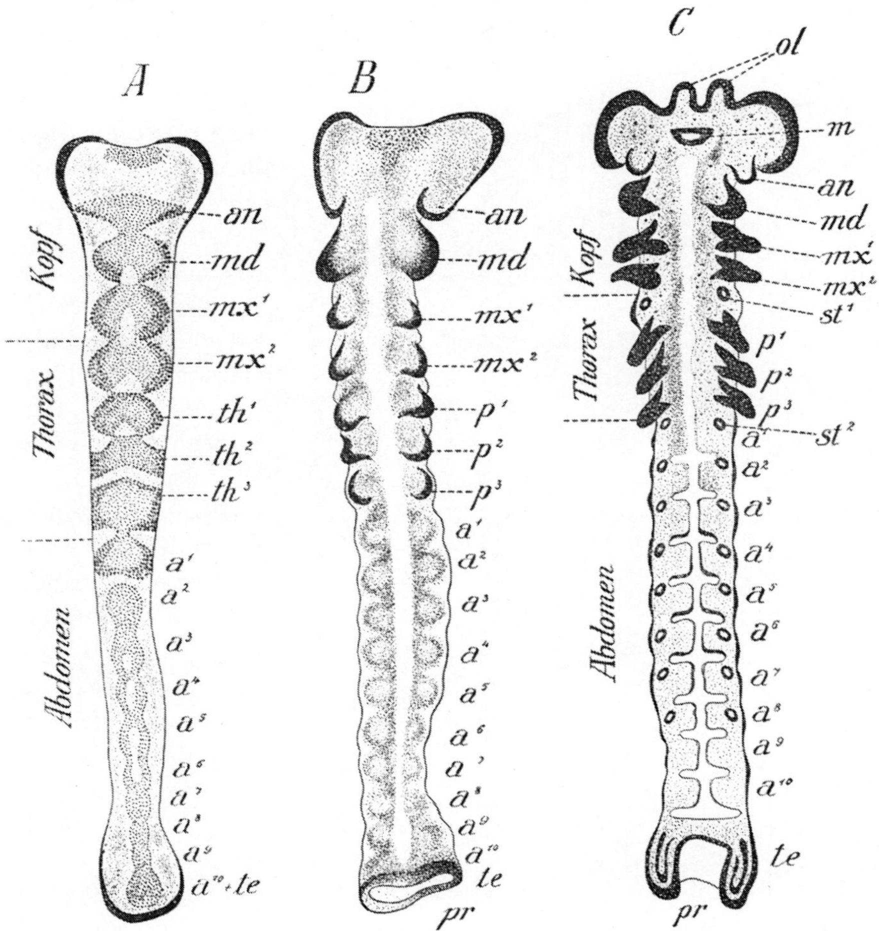

Fig. 81. Drei aufeinander folgende Stadien in der Entwicklung eines Insektenkeimstreifs (Pieris Brassicae, des Kohlweißlings). Nach GRABER aus BERLESE. $a^1, a^2, a^3 \ldots a^{10}$ Abdominalsegmente, *an* Antenne, *m* Mund, *md* Mandibel, mx^1 erste Maxille, mx^2 zweite Maxille (in *A* nur die Anlage der betr. Segmente andeutend), *ol* Anlage der Oberlippe, p^1, p^2, p^3 Thoraxbeinpaare, st^1 erstes Stigmenpaar, st^2 zweites Stigmenpaar, *pr* Proctodaeum oder Enddarm, *te* Telson oder Endsegment, th^1, th^1, th^3 Thoraxsegmente.

in deren Mitte eine längsverlaufende Rinne oder Furche den Blastoporus (Fig. 82 A *p.en*) darstellt. Der Verschluß dieser Rinne vollzieht sich auch hier derart, daß jene Stellen, an denen später die Stomodaeum- und Proctodaeumeinstülpungen zur Ausbildung kommen, sich am spätesten schließen. Die Zellen dieser Gastrularinne breiten sich unter dem Ektoderm des Keimstreifs aus (Fig. 82 B) und liefern so dessen unteres Blatt, welches die Anlage des Entoderms und der Mesodermstreifen in sich birgt (Fig. 82 C *p.en*).

Keimhüllen.

Die Keimstreifanlage der Insekten grenzt sich von ihrer Umgebung dadurch so scharf ab, daß sich an ihren Rändern eine Blastodermfalte (Fig. 82 B *af*) erhebt, welche den Keimstreif völlig überwachsend (Fig. 82 C), denselben mit einer doppelten Hülle (Amnion *am* und Serosa *se*) überdeckt. Der Keimstreif rückt auf diese Weise von der Oberfläche des Keimes ab (Fig. 83 A und B *am* und *se*) und gerät in das Innere einer unter den genannten Hüllenbildungen gelegenen Höhle, der Amnionhöhle. Wir werden auf diese Adnexe des Embryos der Insekten, welche sehr an die gleichbenannten Hüllenbildungen im Keime der höheren Vertebraten gemahnen, im folgenden nicht weiter zurückkommen. Uns interessieren mehr die Umbildungen, welche die eigentliche Embryonalanlage, vor allem das untere Blatt, im weiteren Verlaufe erfährt.

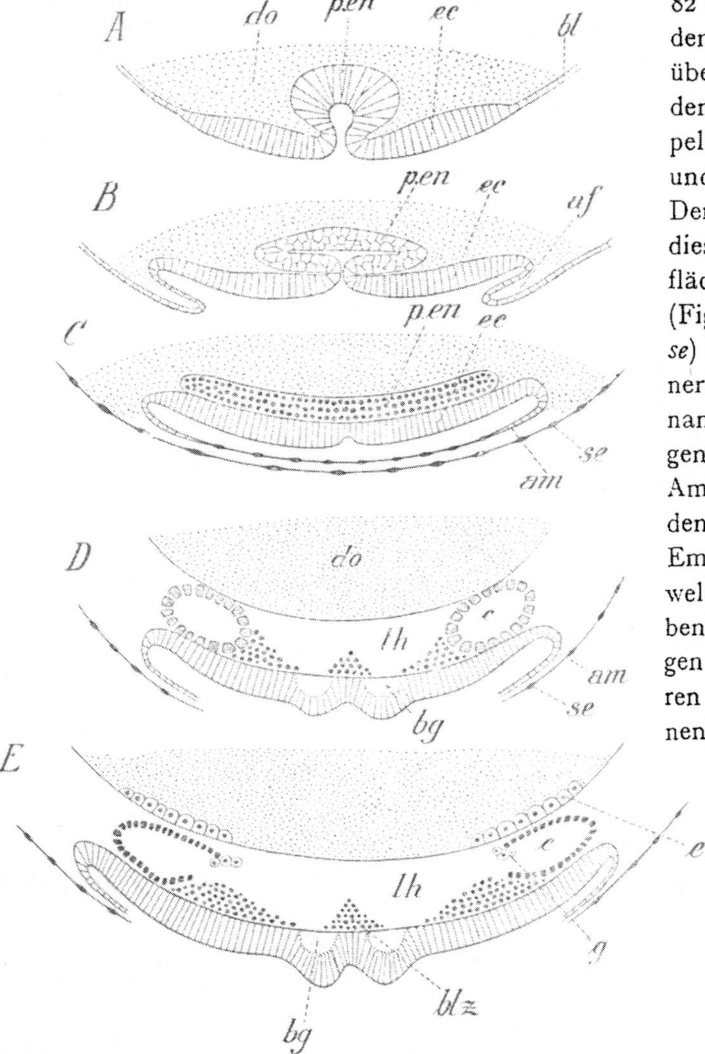

Fig. 82. Querschnitte durch fünf verschiedene Stadien in der Entwicklung des Insektenkeimstreifs. Schema. Man vergleiche hierzu Fig. 81 und 83. *af* Amnionfalte, *am* Amnion, *bg* Anlage der Bauchganglienkette, *bl* Blastoderm, *blz* sog. Blutzellenstrang, *c* Coelomsäckchen, *do* Nahrungsdotter, *ec* Ektoderm des Keimstreifs, *en* Anlage des Mitteldarmepithels (sog. Enteroderm), *g* Genitalzellen, *lh* definitive Leibeshöhle, *p.en* primäres Entoderm (gemeinsame Anlage von Enteroderm und Mesoderm; diese Anlage wird in Fig. *C* als unteres Blatt des Keimstreifs bezeichnet), *se* Serosa. Die Embryonalhüllen (Amnion *am* und Serosa *se*) sind in *D* und *E* nicht vollständig eingezeichnet. Diejenigen Teile des Querschnittes durch das ganze Ei, welche in unseren Zeichnungen weggelassen sind, enthalten nur Nahrungsdotter *do* und sind an der Oberfläche von der Serosa *se* (dem Blastodermrest) bedeckt (vgl. Fig. 84 *A*).

Darmentwicklung.

Zunächst treten an den beiden Enden der oben erwähnten Gastrularinne zwei Ektodermeinstülpungen (Fig. 81 *m* und *pr*, 83 C *st* und *pr*) auf, welche den späteren Vorderdarm (Stomodaeum) und den Enddarm (Proctodaeum) liefern. Wenn diese ursprünglich blind endigenden Einstülpungen sich in die Tiefe versenken, nehmen sie vom unteren Blatte je eine Zellgruppe (Fig. 83 C *en*) mit sich in die Tiefe, welche sich in eigentümlicher Weise an der Dotteroberfläche ausbreitet und die Anlage des Mitteldarmepithels, das Entoderm, darstellt. Wir finden hier sonach eine gedoppelte Entodermanlage, einen vorderen dem Stomodaeum anhaftenden (Fig. 83 C *en*) und einen hinteren, dem Proctodaeum angefügten (*en'*) Mitteldarmkeim — ein eigentümliches Verhalten, welches vielleicht dadurch unserem Verständnis näher gebracht wird, daß beide Anlagen durch einen medianen Zellstrang des unteren Blattes, welchen die Embryologen als Blutzellenstrang (Fig. 83 C *bz*, 82 E *blz*) bezeichnen miteinander in Verbindung stehen.

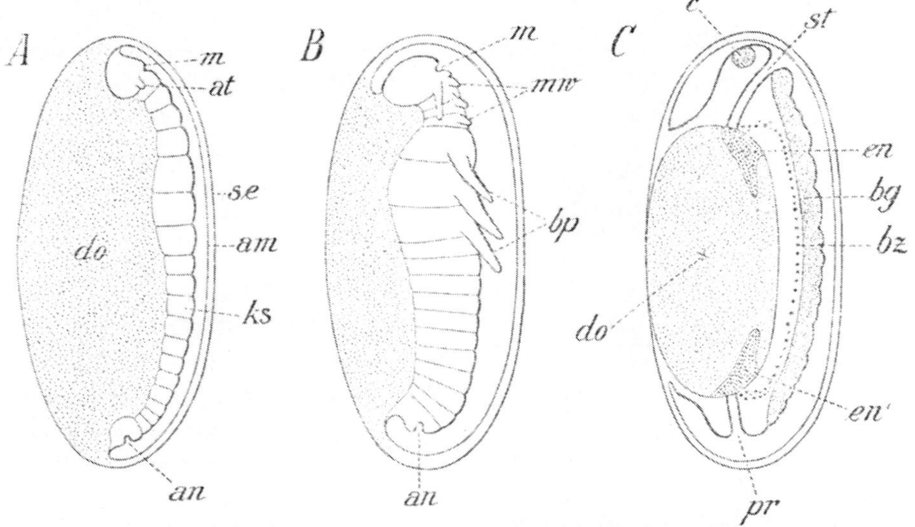

Fig. 83. Drei Insekten-Embryonen in der Ansicht von der rechten Körperseite, *C* (nach einer Zeichnung GROBBENS) im Medianschnitt. Man vergleiche Fig. 82. *am* Amnion, *at* Antenne, *bg* Bauchganglienkette, *bp* Beinpaare der Thoraxregion, *bz* sog. Blutzellenstrang, *c* Gehirnanlage, *do* Nahrungsdotter, *en* vorderer Mitteldarmkeim, *en'* hinterer Mitteldarmkeim, *ks* Keimstreif, *m* Mund, *mw* Mundwerkzeuge, *pr* Proctodaeum (Enddarm), *se* Serosa, *st* Stomodaeum (Vorderdarm).

Mesodermstreifen.

Nach Absonderung der Mitteldarmkeime und des Blutzellenstranges bleiben zwei seitliche Streifen des unteren Blattes übrig, welche wir nun als Mesodermstreifen bezeichnen. An ihnen macht sich im folgenden die Segmentierung des Keimstreifens besonders bemerkbar und bald treten in ihnen paarweise angeordnete Säckchen auf, welche wir als Ursegmente oder Coelomsäckchen (Fig. 82 D *c*) bezeichnen. Sie sind in den verschiedenen Gruppen der Insekten von wechselnder Mächtigkeit. Im Keime der Orthopteren am stärksten entwickelt, sind sie bei anderen Formen, so z. B. bei den Käfern weniger ausgebildet, bei denen nicht das ganze Zellmaterial der Mesodermstreifen zur Ausbildung der Coelomsackwände verbraucht wird. Währenddes die Coelomhöhlen sich entwickeln, entsteht noch ein weiteres System von unregelmäßigeren Hohlräumen, welche ihrem Ursprunge nach auf eine Abhebung des Keimstreifs von der Dotteroberfläche zurückzuführen sind, und diese Lücken, gegen welche sich später die Coelomhöhlen eröffnen (Fig. 82 E), sind als Anlage der definitiven Leibeshöhle der Insekten zu betrachten (Fig. 82 D und E *lh*).

Umbildungen des Coeloms.

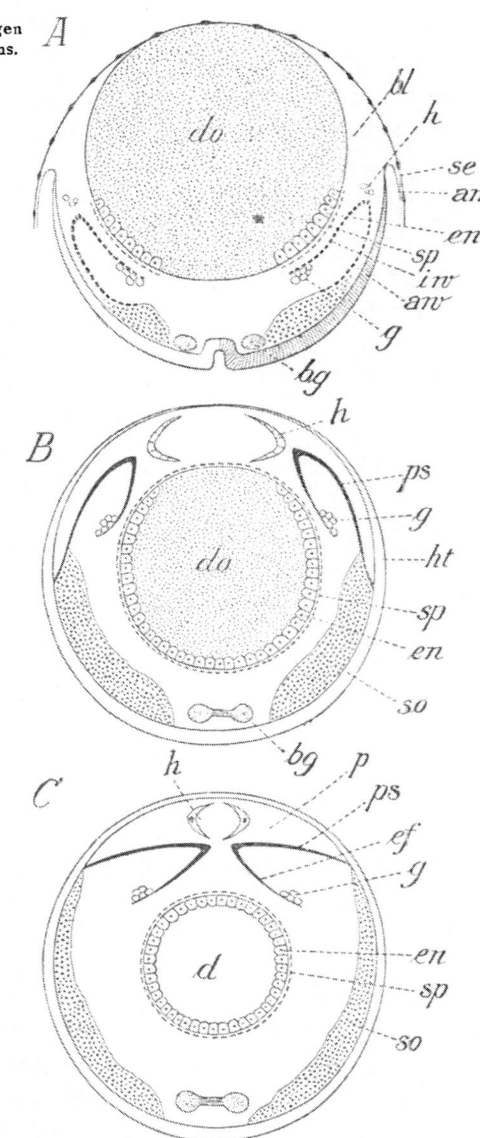

Fig. 84. Drei Querschnitte durch spätere Entwicklungsstadien von Insekten-Embryonen. Schema. In *A* sind noch die Embryonalhüllen (Serosa *se* und Amnion *am*) angedeutet. Man vergleiche diesen Schnitt mit dem Fig. 82 *E*. In *B* und *C* sind die Embryonalhüllen bereits durch Rückbildung verloren gegangen. Der Leser vergleiche auch Fig. *C* mit dem Querschnitt Fig. 63 *B*. *am* Amnion, *aw* äußere Wand des Coelomsäckchens (wird später zum Pericardialseptum *ps*), *bg* Anlage der Bauchganglienkette, *bl* Blutsinus, *d* Darmlumen, *do* Nahrungsdotter, *ef* Endfadenplatte, *en* Entoderm (Anlage des Mitteldarmepithels), *g* Anlage der Geschlechtsorgane, *h* Herzanlage, *ht* Haut (Epidermis), *iw* innere Wand des Coelomsäckchens (wird später zur Endfadenplatte *ef*), *p* Pericardialsinus, *ps* Pericardialseptum, *se* Serosa, *so* somatische Schicht des Mesoderms (Anlage der Körpermuskulatur, des Fettkörpers, Bindegewebes usw.), *sp* splanchnische Schicht des Mesoderms (Anlage der Darmmuskelschicht).

Um die Umbildungen, welche die Coelomsäckchen im weiteren Verlaufe erfahren, richtig verstehen zu können, müssen wir uns daran erinnern, daß der Keimstreif in die Breite wachsend allmählich den ganzen Embryo umhüllt (Fig. 83 A und B, 84), wodurch die Dottermasse (*do* in Fig. 84 B) ins Innere des Keims (in die Mitteldarmhöhle) gelangt. Der Keimstreif repräsentiert ursprünglich die Anlage der Bauchseite des Insekts (Fig. 83 A). Der Rücken wird erst später durch das erwähnte Breitenwachstum des Keimstreifs gebildet, indem sich seine Ränder daselbst in einer medianen Verwachsungsnaht aneinanderschließen. Wir werden sonach in den seitlichen Rändern des Keimstreifs die Anlagen derjenigen Bildungen vorfinden, welche im ausgebildeten Insekt die Mittellinie des Rückens einnehmen und so werden wir verstehen, daß die Herzanlage hier, wie das Rückengefäß der Anneliden aus einer paarigen Anlage hervorgeht (*h* in Fig. 84 A).

Die Wand der Coelomsäckchen, welche sich nun schon an ihrer medialen Seite gegen die definitive Leibeshöhle eröffnet haben (Fig. 82 E *c*, 84 A), erschöpft sich durch Zellabgabe. Sie liefert Elemente des Bindegewebes, des Fettkörpers, der Körpermuskeln (Fig. 84 B, *so*). Ebenso spaltet sich die Anlage der splanchnischen oder Darmmuskelschicht (Fig. 84 A *sp*) von ihr ab. Schließlich bleibt ein verkleinertes Säckchen übrig, an dem wir einen inneren (Fig. 84 A *iw*) gegen den Dotter gewandten Wandabschnitt von einem äußeren der Haut zugewendeten (*aw*) unterscheiden können, die in einem Winkel ineinander übergehen. Von dieser winkeligen Knickungsstelle werden einzelne Zellen in einen dorsolateral entwickelten Blutsinus (Fig. 84 A *bl*) abgegeben, in denen wir die erste Anlage des Herzens erblicken und die wir dementsprechend als Herzbildner oder Cardioblasten (*h*) bezeichnen. Sie formieren bald zwei Rinnen (Fig. 84 B *h*), welche den erwähnten Blutsinus mehr oder weniger umfassen. Wenn diese rinnenförmigen Herzhälften nach der Dorsalseite verlagert, miteinander verwachsen, so kommt das einheitliche Herzrohr zur Ausbildung (Fig. 84 C *h*).

Während sich so das Herz entwickelt, wird der Rest der äußeren oder somatischen Lage des Coelomsäckchens (Fig. 84 A *aw*) zur Bildung des Pericardialseptums (Fig. 84 B und C *ps*) verwendet, indem die Ränder dieser Platte mit der Haut (*ht*) verwachsen, während jene Partien, welche der Umschlagsstelle der lateralen Coelomsackwand entsprechen, in der Medianlinie unter dem Herzen zur Verschmelzung kommen (Fig. 84 C). Dabei ergibt sich, daß die innere oder splanchnische Platte der Coelomsackwand (Fig. 84 A *iw*) dieser Verwachsungsstelle angeheftet bleibt und aus ihr geht das Aufhängeband der Gonade *g* (im weiblichen Geschlechte als Mesovarium oder Endfadenplatte Fig. 84 C *ef* bezeichnet) hervor.

Die Urgenitalzellen der Insekten finden sich in frühen Stadien in einem dem hintersten Keimstreifende angehörigen Grübchen, der sog. Geschlechtsgrube oder Genitalgrube, welche von Heymons für eine Reihe von Formen nachgewiesen wurde. Später ordnen sie sich in der inneren Coelomsackwand (*g* in Fig. 82 E und 84) an und werden daselbst von Zellen der Coelomwand umhüllt zur Genitalanlage. Jenes Aufhängeband, welches aus der splanchnischen Platte der Coelomsäcke (Fig. 84 A *iw*) hervorgeht, erhält sich im Ovarium der Insekten in den sog. Endfäden der Ovarialröhren (*ef* in Fig. 84 C), welche die letzteren an das Pericardialseptum befestigen. Schon Joh. Müller ließ die Ovarialröhren der Insekten durch Vermittlung ihrer Endfäden mit dem Herzen in Verbindung stehen.

Von den übrigen Organanlagen und ihrer Entwicklungsweise im Insektenembryo sei hier nur weniges angedeutet. Die Bauchganglienkette (Fig. 82 D und E *bg*, 84 *bg*) entwickelt sich, wie bei den Anneliden und bei Peripatus (Fig. 80 C *bg*) aus paarigen verdickten Ektodermstreifen, den sog. Primitivwülsten durch einen schon früher für Peripatus angedeuteten Abspaltungs- oder Delaminationsprozeß (vgl. Fig. 40 S. 215). Hierbei war die Rolle einer zwischen den Primitivwülsten befindlichen Ektodermrinne (Fig. 84 A, 40 B und C) lange Zeit rätselhaft, bis Escherich den Nachweis erbrachte, daß aus ihr ein selbständiger Teil des zentralen Nervensystems der Insekten, der mit dem Sympaticus verglichene sog. Leydigsche Mittelstrang hervorgeht. Die Tracheen entwickeln sich aus segmental angeordneten Hauteinstülpungen. Die Extremitätenanlagen wachsen als zapfenförmige Auswüchse der Haut (Fig. 81 B und C, 83) hervor, deren Inneres mit mesodermalem Gewebe erfüllt wird.

VI. MOLLUSCA, WEICHTIERE.

Wenn bei den Arthropoden die ungemeine Plastizität des Chitins als skelettbildender Substanz eine Entwicklung ins Leichte und Zierliche ermöglichte, so tritt uns im Kreise der Mollusken ein „massiger Typus" entgegen. Mit diesem Ausdruck kennzeichnet Karl Ernst v. Baer in glücklicher Weise die Konzentration der Körpermuskulatur in einem einheitlichen ventralen Kriechorgan (dem Fuße), die Zusammenballung innerer Organe in dem Eingeweidesacke, den Mangel metamerer Körpersegmentierung und das Vorherrschen mesenchymatischer Bildungen. Auf äußere Reize nur langsam reagierend, hinsichtlich ihrer Bewegungen auf die Kontraktion glatter Muskulatur angewiesen, erscheinen sie im allgemeinen als Formen von trägeren Lebensgewohnheiten, die sich nur bei den pelagischen Tieren, vor allem bei den hochentwickelten Tintenfischen (Cephalopoden) zu höherer Intensität steigern.

Wie die Entwicklungsgeschichte lehrt, werden wir bei der Frage nach der ersten Herleitung des Molluskenstammes auf den Trochophoratypus verwiesen. Wir können sonach, von trochophora-ähnlichen Urformen ausgehend, zwei große Reihen wirbelloser Tiere erkennen. Die eine — gegliederte Formen umfassend — führt durch Vermittlung der Anneliden zu den Arthropoden. Die andere würde als Reihe der Mollusken zu bezeichnen sein. Dunkel ist für uns die Frage, von welchem Punkte sich der Stamm der Weichtiere von der Mannigfaltigkeit wurmähnlicher Urformen abzweigt, welche Zwischenformen sich zwischen dem trochophora-ähnlichen Ausgangspunkt und dem hypothetischen Urmollusk, das wir sofort ins Auge fassen wollen, einschieben.

Unendlich ist die Mannigfaltigkeit an Formen im Kreise der Mollusken. Wir rechnen hierher die größeren Stämme der *Schnecken* oder *Gastropoden*, der *Klappmuscheln* oder *Lamellibranchiaten* und der *Tintenfische* oder *Cephalopoden*. Zu diesen drei Klassen, welche die Hauptmasse aller Mollusken in sich begreifen, kommen noch die formenärmeren, aber morphologisch ungemein eigentümlichen Klassen der *Solenoconchen* oder *Röhrenschnecken*, als deren Hauptvertreter die Zahnschnecken oder Dentalien gelten, und die der *Urmollusken* oder *Amphineuren*. In der letzteren Gruppe werden einige merkwürdige Formen vereinigt, welche, nach mancher Richtung durch Anpassung an die Lebensweise modifiziert, sicher in vielen Merkmalen uraltertümliche Züge bewahrt haben. Es sind dies die Chitonen oder Käferschnecken mit flacher, dorsaler, gegliederter Schale, in der Gezeitenzone lebend, und die wurmförmigen, im Schlamm oder Sand des Meeresgrundes wühlenden oder auf Korallen und Hydroiden halbparasitisch lebenden Solenogastren.

Es empfiehlt sich die allgemeine Betrachtung der Mollusken mit der Schilderung eines abstrahierten Schemas einzuleiten, in welchem jene Merkmale vereinigt erscheinen, die wir der hypothetischen Ausgangsform des Weichtierstammes zuschreiben. Dies konstruierte Urmollusk (Fig. 85 und 86) wird wohl auch als Prorhipidoglossum bezeichnet, ein Name, der sich von gewissen ursprünglichen Schneckenformen (Pleurotomaria, Fissurella, Haliotis, Trochus usw.) herleitet, welche in der Gruppe der Rhipidoglossen oder Fächerzüngler vereinigt werden. Es ist uns wohl bekannt, daß neuerdings von Naef wie schon von Goette gegen dies Schema gewisse bestechend klingende Einwände erhoben worden sind, welche sich auf die Orientierung der Teile zur Hauptachse, auf die ursprüngliche Gestalt des Eingeweidesackes und der Schale beziehen. In letzter Linie handelt es sich um die Frage, ob wir dem Urmollusk eine kriechende Bewegungsweise zuschreiben oder ob wir es als eine nach Art der Cephalopoden pelagisch schwimmende Form erfassen. Wenn wir den Amphineuren die oben gekennzeichnete Stellung im Kreise der Mollusken zuerkennen, so werden wir doch mit einiger Wahrscheinlichkeit auf eine schneckenähnlich kriechende Ausgangsform verwiesen.

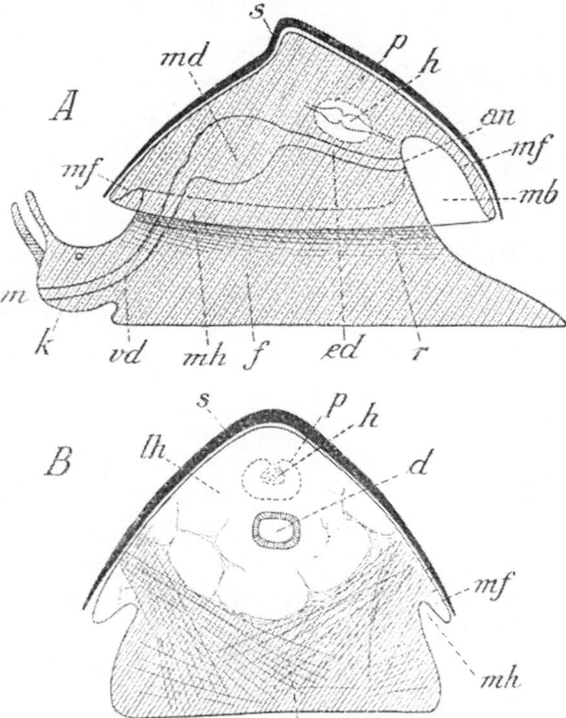

Fig. 85. Urmollusk, Schema. *A* in der Ansicht von der linken Körperseite, *B* im Querschnitt durch die Gegend des Herzens. *an* After, *d* Darm im Querschnitt, *ed* Enddarm, *f* Fuß, *h* Herz, *k* Kopf, *lh* Leibeshöhle (Pseudocoel), *m* Mund, *mb* Mantelbucht, *md* Mitteldarm, *mf* Mantelfalte, *mh* Mantelhöhle, *mu* Muskulatur des Fußes (verdickte Ventralpartie des Hautmuskelschlauches), *p* Pericardialsäckchen (Coelom), *r* Rand der Mantelfalte, *s* Schale, *vd* Vorderdarm.

Bau des Molluskenkörpers.

Vier Teile setzen den Molluskenkörper zusammen: der Kopf (Fig. 85 A *k*), der Fuß (*f*), der Eingeweidesack und der Mantel (*mf*). Der Kopf trägt die Mundöffnung (Fig. 85, 86 *m*) und wichtige Sinnesapparate: die Fühler und die Augen. Er birgt in seinem Inneren das paarige Gehirn- oder Cerebralganglion (Fig. 86 *c*). Nicht immer deutlich vom übrigen Körper abgesetzt verschwindet er in der Gruppe der Lamellibranchiaten fast vollständig. Der Rumpf des Tieres ist durch den Gegensatz einer muskulös-verstärkten Ventralpartie (Fig. 85 A *f* und 85 B *mu*, Fuß) und einer schalentragenden (*s*), bruchsackartig vorgebuchteten Rückenpartie (Eingeweidesack) gekennzeichnet. Der unpaare, muskulöse Fuß, bei den Schnecken mit ventraler Kriechsohle versehen, dient als Bewegungsorgan (Fig. 85 *f*). Er umfaßt die Hauptmasse der in seinem Inneren geborgenen, wenig geordneten und durch den Spindelmuskel an die Schale angeschlossenen Körpermuskulatur (Fig. 85 B *mu*). Die Anhäufung dieser ventralen Muskelmasse bedingt eine dorsale Vorwölbung der Leibeswand, in welcher die Eingeweide aufgenommen erscheinen: der Eingeweidesack. Wenn uns der Fuß als eine verstärkte Ventralpartie des Hautmuskelschlauches entgegentritt, so fällt uns an dem dorsalen Eingeweidesack die zartwandige Beschaffenheit der Körperdecke, welche hier die Kalkschale (*s*) absondert, auf. An jener Stelle, an welcher der Eingeweidesack sich halsartig vom übrigen Körper abtrennt, umgibt ihn eine ringförmige Hautduplikatur, welche als Mantelfalte (Fig. 85 *mf*) bezeichnet wird. Als Mantel der Mollusken wird die ganze dünnwandige, den Eingeweidesack bedeckende Rückenpartie der Haut bezeichnet, welche sich durch die Mantelfalte gegen die übrigen Teile der Körperdecken abgrenzt. Der von der Mantelfalte bedeckte Hohlraum, welcher den halsartigen Übergangsteil zwischen Fuß und Eingeweidesack ringförmig umgibt, wird als Mantelhöhle (Fig. 85 B *mh*) bezeichnet. Sie ist nicht allseitig von gleicher Tiefe. In den meisten Teilen des Umkreises nur seicht entwickelt, bildet sie ursprünglich hinten eine tiefere Einsenkung, die Mantelbucht oder Mantelhöhle im engeren Sinne (Fig. 85 A *mb*, Fig. 86, Fig. 89, Fig. 93). Sie birgt die Afteröffnung (Fig. 86, 89 *an*), die Ausmündungspapillen der Nieren (Fig. 86 *n*, Fig. 89 *np*), die als Kiemen (Fig. 86 *ct*, Fig. 89 *kr*, *kl*) entwickelten Atmungsorgane: eine Gruppe von Bildungen, welche man unter dem Namen des pallialen Organkomplexes zusammenfaßt.

Ursprünglich ist der Körper der Mollusken streng bilateral-symmetrisch gebaut (Fig. 85 B, Fig. 87, Fig. 89 A) und diese Anordnungsweise der Organe erhält sich im allgemeinen in den meisten Klassen des Molluskentypus, so bei den Amphineuren, den Solenoconchen, Lamellibranchiaten (Fig. 90) und Cephalopoden. Dagegen entwickelt sich bei den Schnecken (Gastropoden) Hand in Hand mit der spiraligen Einrollung des Eingeweidesackes, mit der Verlagerung der Mantelhöhle nach vorne eine einseitige, asymmetrische Ausbildung wichtiger innerer Organe (Fig. 89 B und C), welche sich darin kundgibt, daß jene Teile des pallialen Organkomplexes, welche nach erfolgter Verlagerung der Mantelhöhle nach vorn an der rechten Körperseite liegen, einer Rückbildung unterworfen werden. Das hindert nicht, daß bei vielen Schnecken, die wir aber als abgeleitete Formen betrachten, eine Tendenz zu sekundärer Symmetrisierung der Körpergestalt wieder in Wirksamkeit tritt.

Die Mollusken zeigen im allgemeinen eine schleimige Beschaffenheit der unbedeckten Teile ihrer Körperoberfläche. Sie verdanken dieselbe dem Vorhandensein zahlreicher, mucinbildender Drüsenzellen in ihrer Haut, in dem zarten, häufig bewimperten ektodermalen Epithel, welches ihre Oberfläche überkleidet.

Schale. Auch die Schale der Mollusken (Fig. 85 *s*) entsteht als eine Abscheidung von seiten dieses Körperepithels nach außen. Sie ist sonach den cuticularen Bildungen zuzurechnen und besteht aus einer chitinartigen organischen Grundsubstanz (Conchin oder Conchiolin), welcher Kalksalze, meist Kalkkarbonat, eingelagert sind. An einem senkrechten Durchschnitt oder Schliff durch eine Muschelschale erkennt man, von außen nach innen folgend, drei Schichten: zuäußerst ein zartes, chitiniges Oberhäutchen (Epidermis oder Periostracum), welches an älteren Schalenteilen häufig abgerieben wird und daher fehlt; dann folgt eine aus senkrecht gestellten Kalkprismen bestehende Schicht: die Porzellanschicht oder Prismenschicht, und zuinnerst die aus horizontal geschichteten Lamellen bestehende Perlmutterschicht. Das Wachstum der Schale vollzieht sich in der Weise, daß an ihrem freien Rande neue Schalenteile hinzugebildet werden, also bei den Klappmuscheln am Rande der Schalenklappen, bei den Schnecken an der Mündung. Die Schale wird auf diese Weise immer größer, die Mündung entsprechend weiter. Man kann diese Art des Anwachsens der Schale an dem Vorhandensein von parallelen Zuwachsstreifen erkennen. Das Dickenwachstum der Schale erfolgt durch Auflagerung neuer Schichten an ihrer inneren Fläche.

Die Form der Schale, sowie die Art, wie die Schale zum Schutze des Körpers in Verwendung kommt, ist für die einzelnen Mollusken eine sehr verschiedene. Formen mit flacher napfförmiger Schale (vgl. das Schema Fig. 85), wie die in der Gezeitenzone lebenden Patellen, benützen die Schale hauptsächlich als Rückenschild. Ihre Lebensweise hat Goethe am Lido beobachtet und in seiner italienischen Reise anschaulich geschildert. Der breite Fuß wirkt hier wie ein Saugnapf, mit welchem die Schnecke sich an die Unterlage festheftet, während die Schale durch Kontraktion der Muskulatur an die Unterlage fest angepreßt wird. Die meisten Mollusken können sich in die Schale vollständig zurückziehen. Die Klappenmuscheln schließen in diesem Falle ihre Schalenklappen, während die meisten Schnecken am Rücken des hinteren Fußabschnittes einen kalkigen Deckel (Fig. 94 D *op* S. 287) besitzen, mit welchem die Schalenmündung verschlossen wird, sobald sich die Schnecke in ihr Gehäuse zurückzieht. In den rätselhaften Aptychen, deren Deutung die Paläontologen so vielfach beschäftigte, scheint ein ähnlicher Verschlußapparat des Gehäuses fossiler Cephalopodenformen (der Ammoniten) vorzuliegen.

Der Darmkanal der Mollusken ist meist länger als das Tier und verläuft daher in der Regel schleifenförmig aufgewunden, nur selten gerade gestreckt. Zunächst bedingt ja schon bei jenen Formen, denen ein umfangreicher, vom Körper abgesetzter Eingeweidesack zukommt, die Aufnahme in diesen Sack einen U-förmig gekrümmten Verlauf des Darmkanals (Fig. 94 D S. 287), wozu noch in vielen Fällen sekundäre Schleifenbildungen (Fig. 91 S. 281) kommen. Wir unterscheiden am Darm drei Abschnitte als Vorder-, Mittel- und Enddarm (Fig. 85 A *vd*, *md*, *ed*, Fig. 86), welche aber mit den im Embryo als Stomodaeum, Mesenteron und Proktodaeum unterschiedenen Abschnitten nicht direkt zu vergleichen sind. Jedenfalls wird der Enddarm größtenteils vom Mesenteron, zum kleineren Teile vom Proktodaeum ausgebildet. Wo sich diese beiden Abschnitte gegeneinander absetzen, erscheint vielfach zweifelhaft. Darm.

Die Mundöffnung (Fig. 86 *m*) führt zunächst in einen muskulösen Schlundkopf, welcher in seinem Inneren chitinöse Kiefer und einen zungenähnlichen Wulst birgt, dessen Oberfläche von einer zähnchenbesetzten Reibplatte, der sog. Radula (*r*), bedeckt ist. Hier münden paarige Speicheldrüsen ein. Der folgende Vorderdarmabschnitt stellt die verengte Speiseröhre dar. In den Mitteldarm mündet eine umfangreiche Verdauungsdrüse (Leber) ein, welche, ursprünglich paarig angelegt, bei vielen Mollusken durch asymmetrische Entwicklung oder Verschmelzung unpaar wird.

Leibeshöhle. Die Leibeshöhle der Mollusken (Fig. 85 B *lh*) präsentiert sich als ein unregelmäßig gestaltetes System von lacunären Bindegewebslücken, welche nicht von Epithel bekleidet erscheinen. Sie ist — ähnlich der Leibeshöhle der Arthropoden — als ein Pseudocoel zu betrachten und läßt sich in letzter Linie auf das Blastocoel (die Furchungshöhle) der Embryonen beziehen. Mit Blut durchströmt tritt sie in Verbindung mit dem hier nur unvollkommen ausgebildeten (nicht geschlossenen) Blutgefäßsystem.

Die sekundäre Leibeshöhle oder das echte Coelom findet sich bei den Mollusken in reduzierter Form als ein verhältnismäßig kleines, ursprünglich hinten dorsalwärts gelegenes Säckchen, welches das Herz in seinem Inneren birgt und dementsprechend als Pericardialsäckchen (Fig. 85, 86 *p*) bezeichnet wird. Wir könnten dies mit eigener Wandung versehene und mit Epithel ausgekleidete Gebilde als einen geschlossenen Hohlraum betrachten, wenn er nicht regelmäßig durch kleine Öffnungen oder durch Kanälchen (Renopericardialgänge) mit den Nieren (Fig. 86 *n*) in Verbindung stünde, und wenn nicht bei gewissen Formen (Solenogastren und Cephalopoden eine ähnliche Verbindung mit den Geschlechtsorganen (Fig. 86 *g*, Fig. 87) zu erkennen wäre. Die Entwicklungsgeschichte läßt erkennen, daß das Pericardialsäckchen (samt dem Herzen), die Anlage der Gonaden und der Nieren aus einer ursprünglich einheitlichen Anlage hervorgehen. Demnach müssen wir die Gonadensäckchen als abgegliederte Teile des Coeloms betrachten. Diesbezüglich finden sich die einfachsten (aber vielleicht nicht ursprünglich einfachen, sondern durch Reduktion der Genitalgänge oder Coelomoducte sekundär vereinfachten) Verhältnisse bei gewissen Amphineuren (den Solenogastren Fig. 87). Hier münden die Geschlechtsorgane in das Pericardialsäckchen. Es gelangen bei diesen Formen die reifen Geschlechtsprodukte in die Herzbeutelhöhle (*p*) und aus dieser durch Vermittlung der Nieren (*n*) und der Mantelhöhle (*mt*) nach außen. Bei den meisten Mollusken emanzipieren sich die Gonaden mehr und mehr von dem Pericardialsäckchen, sei es daß eigene Genitalausführungsgänge (Coelomoducte oder Gonoducte) in Funktion treten, sei es daß die Geschlechtsprodukte unter Ausschluß des Pericardialsäckchens durch die Niere nach außen geleitet werden (Fig. 89 C *g*).

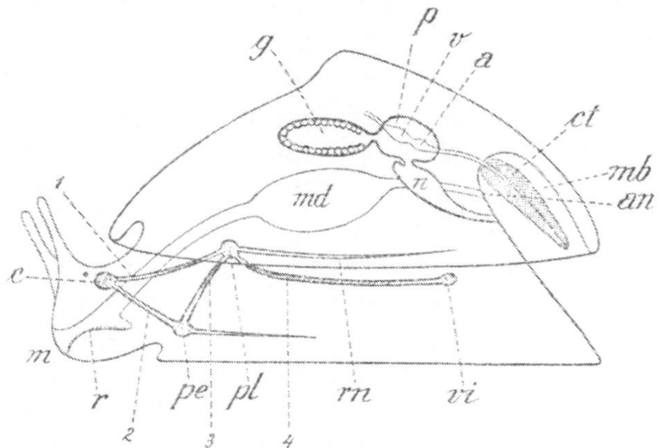

Fig. 86. Urmollusk, Schema, Ansicht von der linken Körperseite (im Anschlusse an PELSENEER). Man vergleiche Fig. 85 *A*. *a* Vorhof des Herzens (Atrium), *an* After, *c* Cerebralganglion (Gehirn), *ct* Kieme (Ctenidium), *g* Gonade (Geschlechtsorgan), *m* Mund, *mb* Mantelbucht, *md* Mitteldarm, *n* Niere, *p* Pericardialsäckchen (Coelom), *pe* Pedalganglion, *pl* Pleuralganglion, *r* Radula, *rn* Mantelrandnerv, *v* Herzkammer (Ventrikel), *vi* Visceralganglion, *1* Cerebropleuralconnectiv, *2* Cerebropedalconnectiv, *3* Pleuropedalconnectiv, *4* Pleurovisceralconnectiv (Visceralschlinge).

Ursprünglich kommen den Weichtieren paarige, symmetrisch gelagerte Gonaden (Fig. 87 *g*) zu. In vielen Fällen aber wird die Keimdrüse durch Verschmelzung ihrer beiden Hälften (oder vielleicht auch durch Reduktion der einen Hälfte?) zu einem unpaaren Gebilde (Fig. 89 C *g*).

Nieren

Die Nieren der Mollusken (Fig. 86 *n*, 87 *n*) sind als ein Paar von Nephridien zu betrachten und ihrer morphologischen Grundlage nach auf Annelidennephridien zu beziehen. Meist durch Erweiterung sackförmig geworden, stehen sie durch Wimpertrichter (Nierenspritze) oder durch Renopericardialgänge mit dem Pericard in Verbindung. Während sonach diese innere Mündung (Fig. 91 *ni*) eine Kommunikation der Niere mit dem Coelom herstellt, ergießen die Nieren ihr Exkret durch die äußeren (Fig. 91 *no*) häufig auf Papillen erhobenen Mündungen (Fig. 89 *np*) in die Mantelhöhle. Bei den asymmetrischen Formen erhält sich nur eine Niere.

Das Blutgefäßsystem der Mollusken ist kein geschlossenes. Es kommuniziert mit dem Pseudocoel. Das Herz (Fig. 85 *h*) ist ein dorsales und arterielles und entspricht sonach dem Rückengefäß der Anneliden. In dem Pericardialsack gelegen und seinem Ursprunge nach auf einen im dorsalen Mesenterium entstandenen Hohlraum zurückzubeziehen, geht es nach vorne und hinten röhrenförmig in Arterien über, welche sich nach längerem Verlaufe in die Bindegewebslücken der primären Leibeshöhle ergießen. Von hier gelangt das Blut in die Gefäßräume der Respirationsorgane und von diesen durch seitlich am Herzen angebrachte Vorhöfe in das Herz zurück.

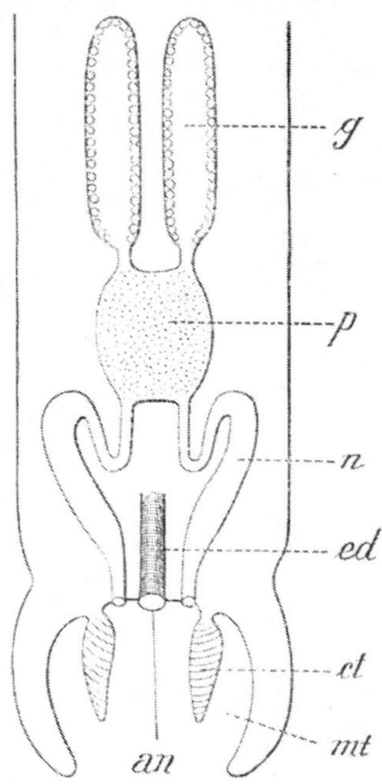

Fig. 87. Schematische Darstellung der Organe im hinteren Körperabschnitt einer Form aus der Gruppe der wurmförmigen Solenogastren (im Anschlusse an H. E. ZIEGLER). Man vergleiche Fig. 86 und Fig. 89 *A*. *an* After, *ct* Kieme, *ed* Enddarm, *g* Geschlechtsorgan (Gonade), *mt* Mantelbucht, *n* Niere, *p* Pericardialsäckchen.

Die ursprünglichen Respirationsorgane der Mollusken sind durch paarige, gefiederte, in der Mantelhöhle gelegene Kiemen (sog. Ctenidien) gegeben, welche jedoch bei vielen Formen durch Reduktion einseitig entwickelt erscheinen oder völlig verloren gehen (Fig. 86 *ct*, Fig. 89 *kl*, *kr*).

Nervensystem.

Das Nervensystem der Mollusken läßt sich auf ein System von Ganglienknötchen zurückführen, welche durch Nervenstränge untereinander in Verbindung stehen und periphere Nerven abgeben. Wir bezeichnen jene Stränge, welche gleichnamige Ganglien in Verbindung setzen, als Kommissuren, während Verbindungen zwischen ungleichnamigen Ganglien als Konnektive benannt werden. Das ursprüngliche Schema des Molluskennervensystems ist bilateral-symmetrisch (Fig. 88 A). Es besteht aus paarigen, im Kopfe über dem Schlund gelegenen Cerebral- oder Gehirnganglien (Fig. 86, 88 *c*), welche durch die Cerebralkommissur (Fig. 88 B *cc*) verbunden sind und die Nerven zu den Sinnesorganen des Kopfes sowie ein System von Schlundnerven mit Buccalganglien abgeben. Wir finden ferner ein Paar von Ganglien im Fuße: die Pedalganglien (Fig. 86, 88 *pe*), welche, durch die Pedalkommissur (Fig. 88 B *pc*) verbunden, die Muskelmasse des Fußes innervieren. Sie sind an das Gehirn durch Cerebropedalkonnektive (Fig. 86, 88, 2) angeschlossen. Mehr dorsal und seitlich gelagert finden wir ein Paar von Pleuralganglien (Fig. 86, 88 *pl*), welche den Mantelrand innervieren und durch Pleurocerebralkonnektive (1) mit dem Gehirn, durch Pleuropedalkonnektive (3) mit dem Pedalganglion in Verbindung gesetzt sind. Von dem Pleuralganglion geht der Mantelrandnerv (*rn*) und die nach hinten unter den Darm sich ausdehnende Visceralschlinge (4) ab. Sie führt zu einem paarig oder unpaar unter dem Enddarm gelegenen Visceralganglion (*vi*) und kann daher als durch Vereinigung von Pleurovisceralkonnektiven gebildet betrachtet werden. In ihrem Verlaufe finden sich vielfach Parietalganglien (Fig. 88 *pa*) eingelagert, welche die Nerven für die Kiemen und ein an der Basis der Kiemen gelegenes Sinnesorgan (Osphradium) abgeben, ein Sinnesepithelpolster, welches der Perzeption der chemischen Qualität des Atemwassers zu dienen scheint.

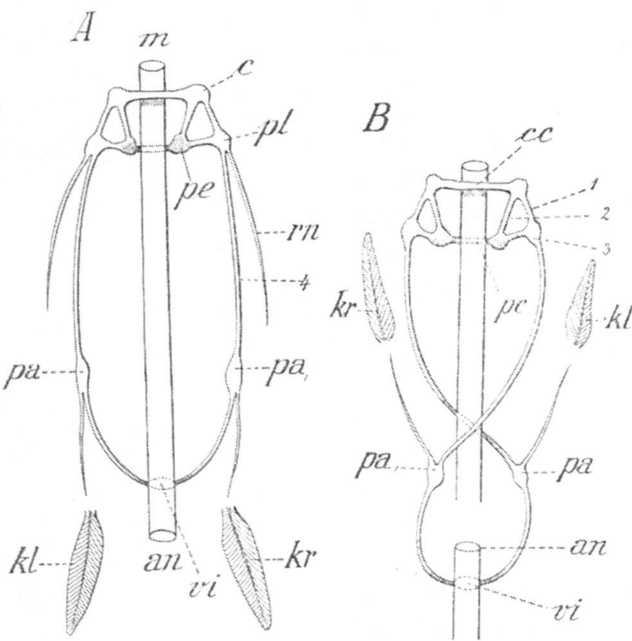

Fig. 88. Nervensystem der Mollusken. Schema. *A* von einer ursprünglicheren Form mit ungekreuzter Pleurovisceralschlinge. Man vergleiche hierzu die Fig. 86 und Fig. 89 *A*. *B* von einer Form mit gekreuzter Pleurovisceralschlinge. Vgl. Fig. 89 *B*. *an* After, *c* Cerebralganglion, *cc* Cerebralcommissur, *kl* ursprünglich linke, nach der Drehung rechts gelagerte Kieme, *kr* ursprünglich rechte, nach der Drehung links gelagerte Kieme, *m* Mund, *pa* ursprünglich linkes Parietalganglion (in *B* Subintestinalganglion), pa_1 ursprünglich rechtes Parietalganglion (in *B* Supraintestinalganglion), *pc* Pedalcommissur, *pe* Pedalganglion, *pl* Pleuralganglion, *rn* Mantelrandnerv, *vi* Visceralganglion, *1* Cerebropleuralconnectiv, *2* Cerebropedalconnectiv, *3* Pleuropedalconnectiv, *4* Pleurovisceralschlinge.

Überhaupt sind die Mollusken reich an Sinnesapparaten. Wir finden Augen nicht bloß am Kopfe, sondern auch, so besonders bei den kopflosen Lamellibranchiern, am Mantelrande. Lippenbildungen des Mundes dienen dem Tast- und Geschmackssinne, tentakelartige Anhänge des Kopfes und am Fuße oder Mantel der Tastfunktion. An den Pedalganglien angelagert, aber vom Cerebralganglion innerviert finden sich sog. Gehörbläschen, die man als Organe des Gleichgewichtssinnes, als statische Organe, deutet.

A. Gastropoda, Schnecken.

Wir geben im folgenden einen kurzen Überblick über die Grundzüge des morphologischen Aufbaues in den formenreicheren Gruppen der Mollusken und beginnen mit den Gastropoden, die sich ihrer Organisation nach am nächsten an die Urmollusken anschließen. Die meisten Schnecken besitzen eine spiralig eingerollte Schale und einen dementsprechend gewundenen Eingeweidesack. In der überwiegenden Mehrzahl der Fälle handelt es sich um eine Aufwindung im Sinne einer rechtsläufigen Spirale (Fig. 89 B und C); nur selten kommen linksgewundene Gehäuse zur Beobachtung.

Hand in Hand mit dieser spiraligen Einrollung des Gehäuses erfolgt eine Verlagerung der Mantelbucht und eine asymmetrische Ausbildung des in ihr

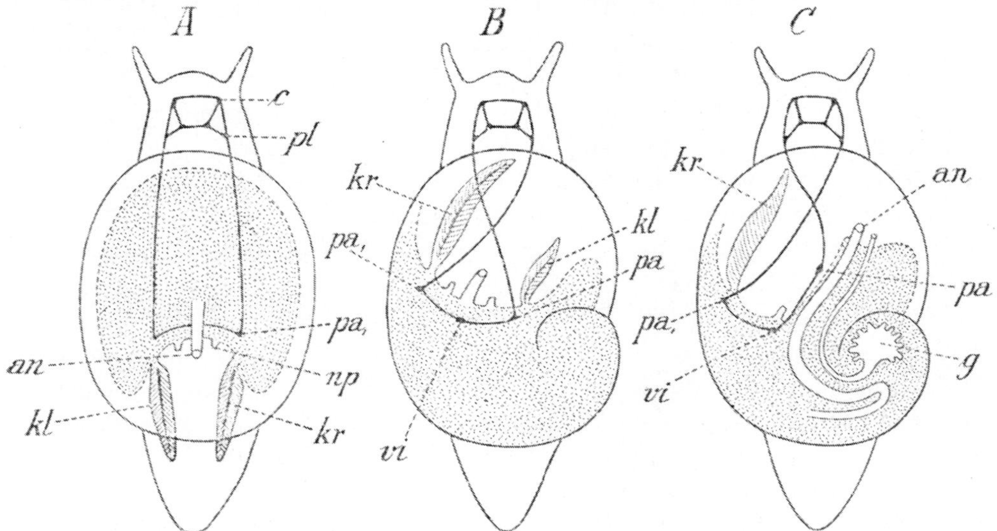

Fig. 89. Schematische Darstellung der Drehung des Eingeweidesackes bei den Schnecken. Nach GROBBEN. *A* hypothetisches Urmollusk vgl. Fig. 85 und Fig. 86, *B* rhipidoglosse Zwischenform (etwa Haliotis), *C* Verhältnisse der meisten Meeresschnecken (Ctenobranchier). *an* After; *c* Cerebralganglion; *g* Gonade; *kl* ursprünglich linke, nach der Drehung rechts gelagerte Kieme; *kr* ursprünglich rechte, nach der Drehung links gelagerte Kieme; *np* Nierenpapille; *pa* ursprünglich linkes Parietalganglion (Subintestinalganglion); pa_1 ursprünglich rechtes Parietalganglion (Supraintestinalganglion); *pl* Pleuralganglion; *vi* Visceralganglion. Hinsichtlich der Verlagerung der Mantelbucht vergleiche man auch die Fig. 94 *B*—*D*.

befindlichen pallialen Organkomplexes. Während wir bei unserem Urmollusk, wie auch bei den Amphineuren die Mantelbucht, d. h. den am tiefsten eingebuchteten Teil der Mantelhöhle dem hinteren Körperende genähert fanden (Fig. 89 A), zeigen die Schnecken eine dorsalwärts nach vorne gerichtete Mantelbucht (Fig. 89 B und C). Man muß sich diese Verlagerung der Mantelhöhle in der Weise zustande gekommen denken, daß man annimmt, daß die Mantelbucht in einer horizontalen, der Kriechsohle des Fußes parallelen Ebene wandernd zunächst auf die rechte Körperseite und dann allmählich nach vorne gedreht wurde. Damit rückt aber zunächst auch der After (*an*) nach vorne und findet sich bei den Schnecken vorne in der Mantelhöhle rechts ausmündend. Der Darmkanal muß nun eine U-förmige Krümmung erfahren (Fig. 94 D). Er steigt zunächst im Eingeweidesack nach aufwärts und wendet sich dann nach rechts und vorne, um den After zu erreichen. Mit dem After wurden auch die ihn begleitenden Organe des pallialen Komplexes nach vorne verlagert. Wir betrachten zunächst die beiden Ctenidien oder die paarigen, federförmigen Kiemen

(Fig. 89 *kl*, *kr*). Während sie ursprünglich ihre freie Spitze nach hinten gerichtet hatten, wendet sich dieselbe jetzt nach erfolgter Verlagerung der Mantelbucht nach vorne. Da das Herz bei dieser Drehung ziemlich an der gleichen Stelle verbleibt, so ist nun das relative Lageverhältnis der Kiemen zum Herzen ein geändertes. Ursprünglich hinter dem Herzen gelegen finden sich die Kiemen und mit ihnen die von den Kiemen zum Herzen ziehenden Vorhöfe nun vor dem Herzen, daher man diese Formen als Vorderkiemer oder Prosobranchiaten bezeichnet hat. Gleichzeitig zeigt sich eine zunehmende Tendenz zu asymmetrischer Entwicklung der Kiemen. Nach erfolgter Verlagerung der Mantelbucht wird die rechte Kieme (Fig. 89 B *kl*) immer kleiner, bis sie schließlich vollständig verschwindet (Fig. 89 C), was auch den Verlust des rechten Vorhofes zur Folge hat.

Ebenso werden die Nieren (vgl. Fig. 89 A *np*) von der asymmetrischen Entwicklung des pallialen Organkomplexes betroffen. Es erhält sich nur die Niere der linken Seite (Fig. 89 C), während die rechte Niere rückgebildet zum Geschlechtsausführungsgang (Ausführungsgang von *g* in Fig. 89 C) wird.

Von der Verlagerung des pallialen Organkomplexes wird das Nervensystem derart beeinflußt, daß nun die beiden Pleurovisceralkonnektive (Fig. 89 B und C, Fig. 88 B) einen eigentümlich gekreuzten Verlauf nehmen. Infolge dieser Kreuzung gelangt das in den Verlauf des rechten Konnektivs eingeschaltete Parietalganglion über den Darm und wird zum Supraintestinalganglion (*pa*), während das Parietalganglion der linken Seite, unter den Darm verlagert, nun als Infraintestinalganglion (*pa*) bezeichnet wird. Wir benennen alle Schnecken, welche die erwähnte Kreuzung der Visceralschlinge erkennen lassen, als chiastoneure oder streptoneure Formen. Viele Schnecken weisen allerdings das entgegengesetzte Verhalten auf. Es zeigt sich im Kreise der Lungenschnecken oder Pulmonaten und der Hinterkiemer oder Opisthobranchiaten eine gewisse Tendenz, die Kreuzung der Pleurovisceralkonnektive sekundär wieder rückgängig zu machen. Sie werden auf diese Weise zu euthyneuren Formen.

Man hat verschiedene Versuche gemacht, die Ursachen zu ergründen, welche dieser spiraligen Einrollung des Eingeweidesackes, dieser Verlagerung der Mantelhöhle unter gleichzeitiger Asymmetrisierung der Organe, die dem ganzen Körperbau der Schnecken sein eigentümliches Gepräge verleiht, zugrunde liegen. Ohne auf diese Erklärungsversuche näher einzugehen, sei hier nur angedeutet, daß es sich in letzter Linie wohl um eine günstigere Form der Raumausnützung, um eine möglichst kompendiöse Art der Verpackung der Organe im Eingeweidesack handelt. Vielleicht kommt auch noch ein weiteres Moment für die Verlagerung des pallialen Organkomplexes mit in Frage: die Verminderung des auf diesen lebenswichtigen Organen lastenden Druckes im Moment der Zurückziehung des Kopfes und Fußes in die Schale. Wir dürfen nicht vergessen, daß die Schnecken, um sich vor Angriffen zu schützen, ihren Körper vollkommen in die Schale zurückziehen, wobei die inneren Organe einem erheblichen Druck ausgesetzt sein müssen. Möglicherweise hat die Verlagerung der Mantelbucht den Zweck, jene Stelle zu gewinnen, an welcher die Kiemen und das Herz diesem Innendruck am wenigsten unterworfen sind.

B. Lamellibranchiata, Klappmuscheln.

Der Körper der Lamellibranchiaten ist meist durchaus bilateral-symmetrisch gebaut. Das zeigt schon die Beschaffenheit ihrer Schale (Fig. 90 *s*), welche aus zwei seitlich angebrachten gleich großen Klappen besteht, die am Rücken des Tieres durch ein elastisches Ligament (Schloßband *l*) und durch ein aus verschieden gestellten und gestalteten Zähnen bestehendes Schloß zusammengehalten werden. Die Wirkung des elastischen Schloßbandes bedingt das Öffnen der Schale, während das Schließen der Schalenklappen durch die Tätig-

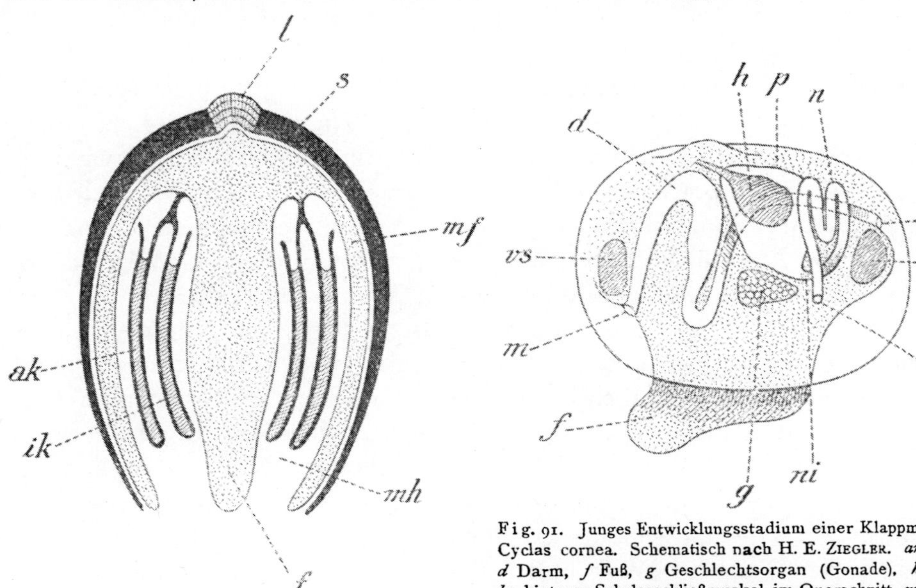

Fig. 90. Querschnitt durch eine Klappmuschel (Schema im Anschlusse an Zeichnungen von BOAS und PFURTSCHELLER). *ak* äußere Kiemenlamelle, *f* Fuß, *ik* innere Kiemenlamelle, *l* Schloßligament, *mf* Mantelfalte, *mh* Mantelhöhle, *s* Schale. Man vergleiche Fig. 85 *B*.

Fig. 91. Junges Entwicklungsstadium einer Klappmuschel, Cyclas cornea. Schematisch nach H. E. ZIEGLER. *an* After, *d* Darm, *f* Fuß, *g* Geschlechtsorgan (Gonade), *h* Herz, *hs* hinterer Schalenschließmuskel im Querschnitt, *m* Mund, *n* Niere (Bojanussches Organ), *ni* innere Nierenöffnung (Verbindung zwischen Niere und Pericardialsäckchen), *no* äußere Nierenöffnung (Mündung der Niere in die Mantelhöhle, *p* Pericardialsack, *vs* vorderer Schalenschließmuskel im Querschnitt. Man vergleiche Fig. 86.

keit besonderer Schalenschließmuskeln (Fig. 91 *vs*, *hs*) besorgt wird. Aus den geöffneten Schalenklappen kann das Tier nur den Fuß (Fig. 90, 91 *f*) und eventuell noch gewisse Mantelanhänge, wie z. B. die röhrenförmigen Siphonen, hervorstrecken. Im allgemeinen ist der ganze Muschelkörper in der Schale geborgen. Da die beiden Schalenklappen von der äußeren Oberfläche der Mantelfalte abgeschieden werden, so ergibt sich hieraus, daß der Mantel bei diesen Tieren die Gestalt zweier seitlicher, den Körper völlig umhüllender Hautfalten oder Mantelklappen (Fig. 90 *mf*) besitzt.

Wenn wir es versuchen, den Bau der Muscheln von der schneckenähnlichen Urform mit flacher, napfförmiger Schale abzuleiten (Fig. 85 B), so werden wir annehmen müssen, daß der Mantel in zwei seitliche, klappenförmig den Körper umhüllende Lappen ausgewachsen ist, welche die beiden verkalkten Schalenklappen produzieren (Fig. 90). Diese zweiklappige Schale ist in der Weise von der einfachen napfförmigen Schale abzuleiten, daß wir das elastische Schloßband, welches am Rücken die beiden Schalenhälften verbindet, mit zur

Schale hinzurechnen oder als einen dorsomedian gelegenen, unverkalkten Teil der Schale betrachten. Wir werden auf diese Weise dazu geführt, auch den Klappmuscheln ein einheitliches Schalengebilde zuzuschreiben, welches, dem Körper sattelförmig aufsitzend, nur in seinen seitlichen Partien verkalkt, in der dorsalen Mittelpartie (Schloßband) unverkalkt geblieben ist.

Die körperliche Ausgestaltung der Muscheln steht in inniger Beziehung zu ihrer Lebensweise. Träge, von feinstem, durch Wimperbewegung herbeigeströmtem organischen Detritus sich ernährend, zeigen sie nur ein geringes Maß von Ortsveränderung. Viele schieben sich durch Vorstrecken des Fußes, durch Öffnen und Schließen der Schale am Grunde der Gewässer fort, wobei manche sich vorübergehend mit einem erhärtenden, von Fußdrüsen produzierten Fadensekrete (Byssus) festheften, wie die Steckmuscheln (Pinna) und die Miesmuscheln (Mytilus), während andere mit dem fingerförmig eingekrümmten Fuß sich springend abschnellen oder durch Klappbewegungen der Schale umherschwimmend zu intensiverer Lokomotion befähigt erscheinen.

Durch die Aufnahme des Körpers in eine schützende zweiklappige Schale wird die Regionenbildung der Muscheln beeinflußt. Ähnlich, wie dies auch bei schalentragenden Krebsen zu beobachten ist, erfährt die Kopfregion eine Rückbildung (Fig. 91 bei *m*), die so weit geht, daß man kaum mehr von einem Kopf bei diesen Tieren sprechen kann; daher man auch die Muscheln als Acephala oder Kopflose bezeichnet hat. Die Sinnesorgane des Kopfes werden rückgebildet, während der Mantelrand hier die bevorzugte Stelle für Ausbildung verschiedenartiger Sinnesorgane wird. Als umfangreichster Körperabschnitt tritt uns der Fuß (*f*) entgegen, der in seinem Inneren verschiedene Eingeweide, Darmschlingen, Teile der Leber und der Gonaden birgt, während ein eigentlicher Eingeweidesack hier nicht zur Ausbildung kommt. Der Körper der Muscheln besteht fast ausschließlich aus Fuß und Mantel. Eine eigentliche Kriechsohle des Fußes findet sich nur bei wenigen ursprünglichen Lamellibranchiaten (Nucula, Leda, Pectunculus); bei den meisten Muscheln hat der Fuß eine beilförmige Gestalt mit ventraler zugeschärfter Kante. Zu den Seiten des Fußes (*f*) finden sich in der Mantelhöhle die umfangreichen Kiemenlamellen (Fig. 90 *ak*, *ik*), der Länge nach dem Körper angewachsen. Es kann hier nicht näher ausgeführt, sondern nur angedeutet werden, daß sich diese Kiemenbildungen auf die doppelt gefiederte Form des Ctenidiums ursprünglicherer Molluskentypen zurückführen lassen.

Von der inneren Organisation der Muscheln hier nur Weniges, Typisches. Die Nahrung wird durch eigentümliche Mundlappen, gewissermaßen auf lappenförmig ausgezogene Mundwinkel mit Wimperfurche zurückführbar, dem Munde zugeführt. Kieferbildungen und die für die Mollusken sonst so typische Radula fehlen hier. Der Magen trägt in einem besonderen Anhang den merkwürdigen Krystallstiel, ein gallertiges, der Verdauung durch amylolytische Fermente dienendes Produkt. Der in mehrfache Schlingen gelegte Darm endigt mit einer über dem hinteren Schließmuskel gelegenen, in die Mantelhöhle sich öffnenden Afterpapille (Fig. 91 *an*). Er zeigt ein eigentümliches, auch bei vielen

Schnecken aus der Gruppe der Rhipidoglossen zu beobachtendes Verhalten, indem er vor seiner Ausmündung in den Pericardialsack eintritt und das Herz (Fig. 91 *h*) durchbohrt. Wir können uns diese Merkwürdigkeit vielleicht am besten in der Weise verständlich machen, daß wir die Verhältnisse des Blutgefäßsystems der Anneliden zum Vergleiche heranziehen (Fig. 92). Die Ringelwürmer besitzen ein über dem Darmrohr hinziehendes Dorsalgefäß (*do*) und ein unter dem Darm gelegenes Ventralgefäß (*vg*). Beide sind durch segmental angeordnete Queranastomosen (*a*) miteinander verbunden, von denen einzelne, erweitert und kontraktil als Herzen (a_1) funktionieren. Wir können nun das Herz der Muscheln (Fig. 92 B) auf eine derartige Queranastomose zurückführen, wobei wir noch hinzuzufügen haben, daß sich bei ihnen vom Rückengefäß nur der nach vorne ziehende Abschnitt, vom Bauchgefäß der hintere Abschnitt erhalten hat. Wir würden das Verhältnis richtiger darstellen, wenn wir die gewöhnliche Ausdrucksweise, daß bei den Muscheln der Enddarm das Herz durchbohrt, vermeidend sagen würden: bei den Lamellibranchiern hat sich das Herz, wie auch die Coelom- oder Pericardialblase im Umkreise des Darmes entwickelt, was ja bei den meisten Coelomtieren für das Coelom das normale Verhalten ist. Es zeigt sich auch in diesem Falle die innige genetische Beziehung, in welcher bei allen Tieren das Blutgefäßsystem zur Darmwand steht, eine Beziehung, auf welche vor allem Lang in seiner bedeutungsvollen Haemocoeltheorie die Aufmerksamkeit der Forscher gelenkt hat.

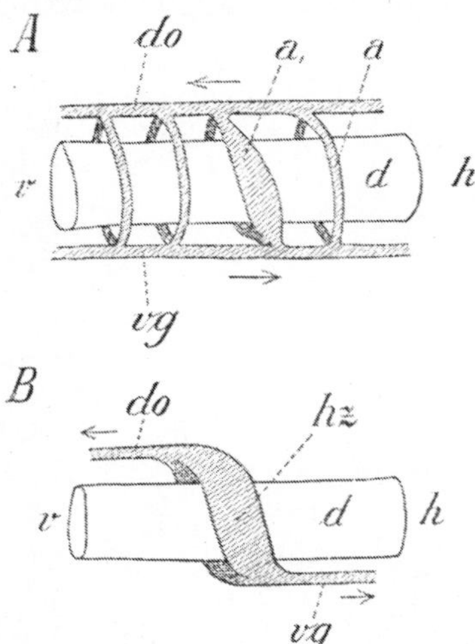

Fig. 92. Schematische Darstellung der Beziehungen des Blutgefäßsystems zum Darmkanal, *A* bei Anneliden (vgl. auch Fig. 57 S. 236), *B* bei einer Muschel. *a* Queranastomose, a_1 verbreiterte kontraktile Queranastomose, als Herz fungierend, *d* Darm, *do* Rückengefäß, *h* hinten. *hz* Herz, *v* vorn, *vg* Bauchgefäß.

C. Cephalopoda, Kopffüßler oder Tintenfische.

In der Gruppe der pelagischen Cephalopoden erreicht der Stamm der Mollusken seine höchste Organisationsstufe, wie denn auch in dieser Gruppe, einem allgemeinen Gesetze folgend, wonach die Körpergröße mit steigender Organisationshöhe zunimmt, die größten Formen unter den Mollusken gefunden werden. Freischwimmende Meeresbewohner von räuberischer Lebensweise erscheinen sie mit Sinnesorganen vorzüglich ausgerüstet; zu energischen Muskelkontraktionen befähigt, eignen sie sich zu intensivster Lebensbetätigung. Die hohe Komplikation ihres Körperbaues hindert nicht, daß sie in vieler Hinsicht uraltertümliche Züge bewahrt haben. Hierher ist es zu rechnen, daß die ursprüngliche bilaterale Symmetrie des Körpers bei ihnen im allgemeinen vollständig gewahrt ist, daß sie eine nach hinten verlagerte Mantelhöhle (Fig. 93 *mb*) besitzen, daß der palliale Organkomplex jene Zusammensetzung aufweist, die wir unserem Urmollusk zuerkannt haben, und daß bei ihnen der Zusammenhang zwischen Gonadenhöhle und Pericardialhöhle gewahrt bleibt.

Die Cephalopoden der Gegenwart sind die Überreste einer Gruppe, welche in der Vorwelt eine viel größere Mannigfaltigkeit entwickelte. Die eigenartige Gattung Nautilus der indischen Meere, mit gekammerter, lufterfüllter, exogastrisch eingerollter Schale schwimmend, fällt durch den Besitz von 2 Kiemenpaaren und dementsprechend von vier Vorhöfen des Herzens (wie auch von vier Nierensäcken) auf. In ihr hat sich der einzige Repräsentant jener umfangreichen Gruppe erhalten, welcher die zahlreichen Nautiloidea der Vorwelt, zu denen wir auch die Orthoceratiten mit linearer Anordnung der Schalenkammern rechnen, zugehören. Ihnen stehen auch die Ammoniten nahe, deren Kammerscheidewände sich in zierlicher ornamentaler Lobenzeichnung an die Schale ansetzen. Dagegen werden die Belemniten, deren Schalenrostren als Donnerkeile die mesozoischen Schichten (Jura und Kreide) erfüllen, den dibranchiaten Cephalopoden mit bloß einem Ctenidienpaare zugerechnet. Wenn wir von Nautilus absehen und von Argonauta, dessen Weibchen sich durch Absonderung der lappigen Rückenarme ein sekundäres Gehäuse erbaut, haben die übrigen Formen rezenter Cephalopoden keine äußere den Körper bedeckende Schale. Schon bei Spirula vom Mantel teilweise bedeckt, rückt das Schalenrudiment bei den Sepien und Verwandten in tiefere Körperschichten, wo es als sog. Schulp (os sepiae Fig. 93 *sp*) vorgefunden wird, um schließlich in der Gruppe der achtarmigen Polypen vollständig zu verschwinden.

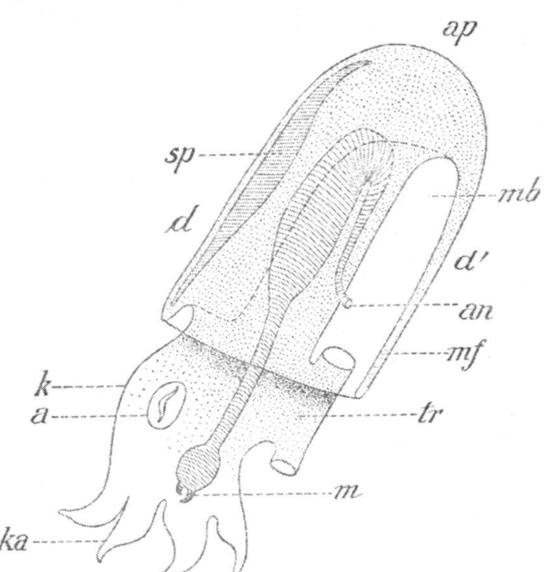

Fig. 93. Schematische Darstellung eines Cephalopoden in der Ansicht von der linken Seite. Nach PFURTSCHELLER. *a* Auge, *an* After, *ap* Scheitelpunkt der Rückenfläche, *d* vordere, *d'* hintere Fläche des Rückens, *k* Kopf, *ka* Kopfarme, *m* Mund, *mb* Mantelbucht, *mf* Mantelfalte, *sp* Schulp, *tr* Trichter.

Der Körper der Sepien, an die wir uns hier halten wollen, sondert sich in einen großen mit mächtigen Augen (*a*) versehenen Kopfabschnitt (Fig. 93 *k*), welcher halsartig verschmälert in den hinteren Rumpfabschnitt übergeht, der dorsalwärts den Schulp (*sp*) birgt. Ein freier Hautsaum, hinter welchem der Hals des Tieres verschwindet, läßt erkennen, daß wir in dem als Rumpf bezeichneten Abschnitte den mantelbedeckten Eingeweidesack zu erblicken haben, welcher in der nach hinten gelagerten umfangreichen Mantelhöhle (*mb*) die Afterpapille (*an*), die paarigen Nierenpapillen, die Genitalöffnung und die Kiemen — mit einem Worte den pallialen Organkomplex enthält. Nachdem wir so an dem Körper der Tintenfische von den typischen Bestandteilen der Mollusken drei, nämlich: Kopf, Eingeweidesack und Mantel nachgewiesen haben, hätten wir noch nach dem Fuße zu suchen. Einen Teil des Fußes haben wir jedenfalls in dem sog. Trichter der Kopffüßler (*tr*) vor uns, einem röhrenförmigen Gebilde, durch welches das in der Mantelhöhle enthaltene Wasser bei Kontraktionen der muskulösen Mantelfalte nach außen geleitet wird. Die Cephalopoden schwimmen, indem sie ihre Mantelhöhle mit Wasser erfüllen, worauf sie es, den Mantelrand an Hals und Trichter fest anpressend, durch die Trichterröhre schnell nach außen stoßen. Der Gegenstoß des Wassers verursacht sodann eine rasche Vorwärtsbewegung, durch welche das Tier mit dem spitzen Körperende (*ap*) voran, die Kopfarme hinten nachziehend fortbewegt wird. Der Name Kopffüßler, den wir diesen Formen zuerteilen, erinnert uns daran, daß die erwähnten Kopfarme (*ka*) auch als ein zum Kopf hinzugezogener Teil des Fußes betrachtet werden. Man pflegt das Verhältnis gewöhnlich so zu kennzeichnen, daß man angibt: es sei ein in saugnapfbewehrte, armartige Fortsätze aufgelöster Teil des Fußes durch seitliche Überwachsung in die Gegend des Mundes gerückt. Hier birgt sich im Inneren die muskulöse Schlund- und Buccalmasse, mit papageienschnabelähnlichen Kiefern (*m*) und der bezahnten Radula bewehrt.

Noch ein Wort über die Orientierung des Cephalopodenkörpers, welche wir unserer schematischen Abbildung zugrunde gelegt haben. Wenn wir in den Kopfarmen und dem Trichter Teile des Fußes erkennen, so werden wir nur die kurze zwischen Mund und innerer Trichteröffnung sich ausdehnende Strecke als Ventralseite, der Kriechsohle der Schnecken vergleichbar, in Anspruch nehmen können. Dann erscheint uns der Cephalopodenkörper als ein ungemein hochrückiges Gebilde und wir werden in der spitz auslaufenden oberen Endigung des Eingeweidesackes (*ap*) den mittleren Teil der Rückenfläche zu sehen haben. Die vom Kopf zum Apex oder Scheitel des Eingeweidesackes verlaufende Strecke (*d*), unter welcher sich der Schulp befindet, ist als vordere Hälfte der Rückenfläche, die vom Apex zum Trichter herablaufende Zone (*d'*), unter welcher die Mantelhöhle verborgen ist, als hintere Hälfte des Rückens zu betrachten.

Wir übergehen viele Merkwürdigkeiten dieser Formen: so den Besitz eines Tintenbeutels, einer Afterdrüse, deren Sekret als Sepiabraun von den Malern verwendet wird, das auffallende Phänomen des Farbenwechsels, auf rhythmischer Erweiterung und Verengerung von farbstofferfüllten Zellen der Haut (Chromatophoren) beruhend, die wundervolle, an bestimmte Organe geknüpfte Fähigkeit des Leuchtens, die besonders den Tiefseebewohnern unter den Kopffüßlern eignet und die den gelehrten Erforscher der Tiefsee, Prof. Chun, anläßlich seiner Valdiviafahrt zu bedeutungsvollen Studien veranlaßt hat, und anderes.

D. Zur Entwicklungsgeschichte der Mollusken.

Wenn wir von den Kopffüßlern absehen, die mit dotterreichen Eiern keimscheibenbildend einen eigenartigen Typus individueller Entwicklung verfolgen, so schließt sich die Molluskenentwicklung auf das innigste der Keimesbildung der Anneliden an. In ihrer Furchungsweise verfolgen sie ganz den gleichen, durch das Auftreten bestimmter Zellquartette gekennzeichneten Spiraltypus. Das Gastrulastadium wird durch Einstülpung oder durch Umwachsung (Epibolie) erreicht und es erfolgen sodann jene oben (S. 225) gekennzeichneten

Umbildungen, durch welche dies Stadium allmählich in ein freischwimmendes oder in Eihüllen geborgenes Trochophorastadium (Fig. 94 A) übergeführt wird. Die Tatsache, daß den Mollusken fast durchwegs ein wohlcharakterisiertes Trochophorastadium zukommt, muß als Hauptkennzeichen der Molluskenentwicklung festgehalten werden.

Trochophora der Mollusken.

Wir geben in Fig. 94 A—D ein konstruiertes Schema der Schneckenentwicklung. Der Leser wird keiner Schwierigkeit in dem Versuche begegnen, unsere Fig. 94 A auf den allgemeinen Trochophoratypus zurückzuführen. Wie bei der echten Trochophora erscheint auch hier der Körper durch einen mächtigen äquatorialen Wimperapparat (Prototroch hier meist als Velum *v* bezeichnet) in ein Scheitelfeld (Episphaere) und ein Gegenfeld (Hyposphaere) geteilt. Den vorderen Pol der Hauptachse nimmt eine mit Wimperschopf versehene Ektodermverdickung, die Scheitelplatte (*sp*) als Anlage des Gehirnganglions ein. Frühzeitig gewinnen die Molluskenlarven das für die Trochophora typische larvale Exkretionsorgan vom Typus der Protonephridien: die Urniere (*un*). Wir verweisen ferner auf den Bau des ventralwärts eingekrümmten Darmkanals, der, aus Stomodaeum (Speiseröhre), Magen und Dünndarm bestehend, in diesem Stadium noch keine Afteröffnung zur Ausbildung gebracht hat. In unserer Zeichnung sind die Teile des mittleren Keimblattes nicht zur Darstellung gebracht. Doch mag erwähnt werden, daß auch sie die für die Trochophora typische Anordnung erkennen lassen. Neben einem larvalen Mesenchym ektodermalen Ursprungs besitzt die Molluskentrochophora paarige von Urmesodermzellen entwickelte Mesodermstreifen, welche die Muskulatur des Hautmuskelschlauches und vielleicht auch, wie bei den Anneliden, die Coelomanlage, (hier die gemeinsame Anlage von Herz, Pericard, definitiver Niere und Gonade) liefern.

Wir dürfen nicht verabsäumen, den Leser auf einige Merkmale hinzuweisen, welche — als typische Molluskencharaktere — unsere Trochophora von der Annelidenlarve trennen. Der Rücken ist hier von einer flachen, napfähnlichen Schalenanlage (*s*) bedeckt, welche cuticular von einer darunter liegenden Ektodermverdickung, der sog. Schalendrüse (*sd*), abgeschieden wird. Vielfach erscheint die erste Anlage der Schalendrüse unter dem Bilde einer mächtigen Einstülpung, was den ersten Untersuchern der Mollusken-Blastogenese zu gewissen Irrtümern in der Auffassung dieser Stadien Veranlassung geboten hat. In einer hinter dem Munde bemerkbaren, leicht angedeuteten Vorwölbung der Bauchseite (*f*) erkennen wir die Anlage des Molluskenfußes, während hinter derselben eine leichte Einziehung der Körperoberfläche als Andeutung der Mantelbucht (*mb*) erscheint.

Schon im nächsten Entwicklungsstadium (Fig. 94 B) treten an unserer Larve die Molluskenmerkmale deutlicher hervor. Die Schale ist tiefer, mehr glockenförmig geworden und birgt den Eingeweidesack, welcher einen großen Teil des nun schon stärker ventralwärts eingekrümmten Darmkanals in sich aufnimmt. Unter dem Rand der Schale ist die ringförmige Mantelhöhle (*mh*) und die hinten ventralwärts gelagerte Mantelbucht (*mb*) zu erkennen. Der Fuß (*f*) ist deutlicher vom Körper abgesetzt. Noch trägt der Kopf den Wimperkranz (Velum), aber er hat den apikalen Wimperschopf verloren, während die ersten Andeutungen der Kopftentakel (*t*) der jungen Schnecke und die Augenanlagen (*a*) zu bemerken sind.

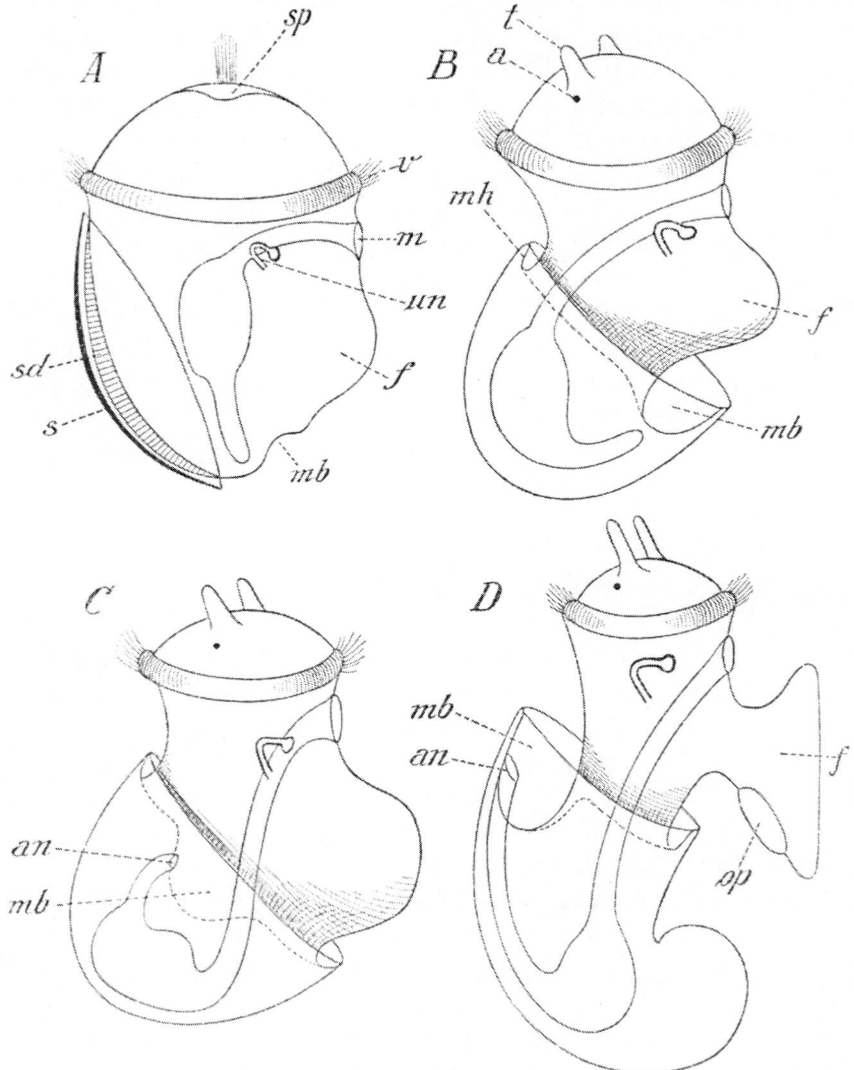

Fig. 94. Vier Entwicklungsstadien einer Schnecke. Schema in der Ansicht von der rechten Körperseite. *A* Trochophora, *B* und *C* Übergangsstadien, *D* sog. Veligerstadium. *a* Auge, *an* After, *f* Fuß, *m* Mund, *mb* Mantelbucht, *mh* Mantelhöhle, *op* Deckel (Operculum), *s* Schale, *sd* Schalendrüse, *sp* Scheitelplatte, *t* Kopffühler, *un* Urniere, *v* praeoraler Wimperkranz (Prototroch oder Velum).

Das nächste Stadium (Fig. 94 C) zeigt im wesentlichen die gleiche Ausbildungsstufe der Organe, doch hat eine Drehung des Eingeweidesackes stattgefunden, durch welche die Mantelbucht (*mb*), in die nun schon der Enddarm mit der Afteröffnung (*an*) einmündet, auf die rechte Körperseite verlagert wurde.

Diese Drehung des Eingeweidesackes ist im nächsten Stadium (Fig. 94 D) der von uns dargestellten Entwicklungsreihe schon so weit gediehen, daß die

Mantelbucht (*mb*) ganz an die Dorsalseite verlagert erscheint. Während also die erste Anlage der Mantelbucht ventralwärts hinten (Fig. 94 A *mb*) zu erkennen war, liegt sie nun ziemlich weit vorne an der Rückenseite (Fig. 94 D). Im übrigen zeigt unser Stadium schon ziemlich alle Merkmale einer jungen Schnecke. Die Scheidung des Körpers in Kopf, Fuß und Eingeweidesack ist deutlicher ausgeprägt. Der Fuß (*f*) hat eine Kriechsohle entwickelt und trägt hinten an seiner Rückenfläche die Anlage des Deckels (*op*). Die Drehung des Eingeweidesackes hat zu einer Verlagerung der Darmschleife geführt. Während sie in den jüngeren Stadien (Fig. 94 B) ventralwärts eingekrümmt war, erscheint sie nun nach der Dorsalseite gekrümmt; der After (*an*) mündet rechts am Rücken in die Mantelbucht (vgl. auch Fig. 89 C). Die Schale zeigt die ersten Spuren spiraliger Einrollung.

Veligerstadium. Dies Stadium (Fig. 94 D) kann schon durchaus als ein junges Mollusk, als eine junge Schnecke in Anspruch genommen werden. Es hat nur mehr zwei Trochophorakennzeichen bewahrt: die larvale Urniere und den Wimperreifen am Kopf. Durch die Wimperbewegung dieses Organs ist die junge Schnecke zu lebhaftem Schwimmen im Meerwasser befähigt, und dies um so mehr als der hier als Velum bezeichnete Wimperkranz häufig in zierliche Lappenbildungen ausgezogen erscheint. Nach ihm wird dies im Entwicklungskreis vieler Mollusken wiederkehrende Stadium als die typische *Veligerlarve* der Mollusken bezeichnet.

Wir haben von der Entwicklung der Organe im Inneren eigentlich Weniges angedeutet. Verlockend wäre es hierauf näher einzugehen. Vor allem nimmt hier die Umbildung des Coelomkomplexes, die Entwicklung von Herz, Pericard, Niere und Gonade, welche neuerdings durch die Arbeiten der Korschelt-schen Schule, durch die Untersuchungen von Meisenheimer, Otto und Tönniges u. a. bedeutsam gefördert wurde, das Interesse in Anspruch.

Wie sich aus der typischen Trochophoralarve die Organisation der *Lamellibranchier* hervorbildet, kann nur kurz angedeutet werden. Hier müssen wir von allen jenen Gestaltumwandlungen, durch welche bei den Schnecken die schärfere Absetzung des spiralig eingerollten Eingeweidesackes, die für die letztere Gruppe typische Asymmetrie der Bildungen bedingt wird, absehen. Wir müssen auf unser Ausgangsstadium (Fig. 94 A) zurückgehen. Wenn wir annehmen, daß die ursprünglich napfförmige Schalenanlage den Körper sattelförmig umwächst, wodurch die Anlage der beiden seitlichen Schalenhälften der Klappmuscheln gebildet wird, und daß dementsprechend auch die beiden Mantelfalten sowie die Mantelhöhle eine mächtige Entwicklung zu den Seiten des Körpers erlangen, bis schließlich der ganze Körper von den paarigen Schalenklappen umhüllt erscheint, so wird man im allgemeinen die Organisation der Klappmuscheln von der Ausgangsform der Trochophora ableiten können. Erwähnt sei noch, daß auch bei vielen Lamellibranchiaten ein mittelst der vorgestreckten Lappen des Velums frei umherschwärmendes Stadium, vergleichbar der Veligerlarve der Gastropoden, zur Beobachtung kommt, sowie daß sich der Wimperapparat der Larve im ausgebildeten Tiere in der Form der den Lamellibranchiern eigentümlichen Mundlappen erhält.

VII. TENTACULATA, KRANZFÜHLER.

Eine formenärmere Gruppe des Tierreichs, welche von manchen Autoren mit dem wenig passenden Namen „Molluscoidea" bezeichnet wird, und welche in mancher Hinsicht eine Zwischenstellung zwischen den großen Gruppen der Protostomia und der Deuterostomia einnimmt. Wir legen weniger Gewicht auf den von manchen Seiten unternommenen Versuch, die Tentaculata gewissen sedentären Enteropneustenformen (Rhabdopleura) zu nähern, als auf die Tatsache, daß die Tentaculata die einzige Gruppe der Protostomia sind, in welcher Spuren einer Mesodermbildung durch Abfaltung beobachtet wurden. Man möchte wohl versucht sein, in ihnen den uralten Überrest einer Bilateriengruppe zu erkennen, welche in gleicher Weise Beziehungen zu den Protostomia, wie zu den Deuterostomia aufwies. Wenn wir sie der ersteren Gruppe zurechnen, so bestimmt uns hierzu der Umstand, daß die Larvenformen dieser Wesen (Fig. 98) gewisse Anklänge an den Trochophoratypus erkennen lassen, und daß sich bei ihnen der Blastoporus von hinten nach vorne sich schließend als Schlundpforte erhält.

Es handelt sich meist um Meerestiere von sedentärer Lebensweise. Der Einfluß der festsitzenden Lebensweise auf die Körpergestalt, welchen A. Lang in einer gedankenvollen Schrift so anziehend behandelt hat, beeinflußt ihre morphologische Ausbildung. In cuticularen Röhren oder Gehäusen wohnend, manchmal schalenbildend, entwickeln sie an ihrem Kopfe eine oft fast radiär ausstrahlende Tentakelkrone zu wimpernder Nahrungsbeschaffung. Die schleifenförmige Einkrümmung des Darmes (Fig. 95), die Annäherung des Afters (*an*) an die Mundöffnung (*m*) ist eine weitere Folge sedentärer Lebensgewohnheit. Neigung zum Hermaphroditismus, ein hochausgebildetes Regenerationsvermögen, das sich im Abwerfen und der Wiedererzeugung der Köpfchen kundgibt und in einer Gruppe zu Knospungsprozessen und zur Stockbildung steigert, sind aus der gleichen Quelle abzuleiten.

Wir rechnen zu den *Tentakulaten* drei Klassen: die *Phoronoidea*, wurmartige Formen, solitär in Röhren wohnend, doch durch Vergesellschaftung am Meeresgrunde rasenbildend, die *Moostierchen* oder *Bryozoen* durch Knospung stockbildend, im Habitus ihrer Stöckchen vielfach an Hydroiden erinnernd und die schalentragenden *Brachiopoden* (*Armfüßer*), deren zweiklappige Schalen als Leitfossilien den Paläontologen wohlbekannt sind, ein Stamm, der sich von den ältesten Zeiten der Erdgeschichte bis zur Gegenwart in wunderbarer Lebenszähigkeit erhalten hat.

Während im „massigen Typus" der Mollusken die Gewebe mesenchymatischen Ursprungs vorherrschen, so daß die Coelomderivate (Gonade und Pericard) nur einen geringeren Raum beanspruchen, erweisen sich die *Tentaculata* als ausgesprochene Coelomaten. In der ausgedehnten das Körperinnere einnehmenden Coelomhöhle (Fig. 95 *c*), welche von den reifenden Geschlechtsprodukten erfüllt wird, in dem Zurücktreten mesenchymatischer Gewebe, in dem Besitz eines geschlossenen Blutgefäßsystems nähern sie sich — wenigstens habituell — den echten Enterocoeliern, als welche uns die in der Gruppe der Deuterostomia vereinigten Formen erscheinen.

Wir entwickeln den morphologischen Grundplan dieser Gruppe an dem wohlbekannten Beispiel der Gattung *Phoronis*, welche die ursprünglichsten Züge der Organisation bewahrt zu haben scheint. Der Bau der Bryozoen und der Brachiopoden läßt sich unschwer auf diesen Typus zurückführen.

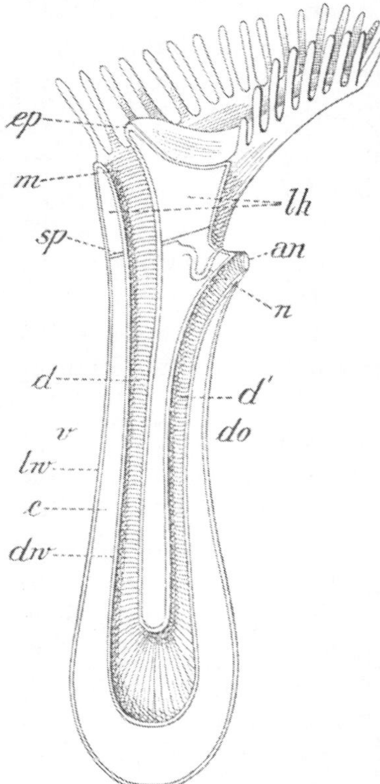

Fig. 95. Medianschnitt durch Phoronis, schematische Ansicht von der linken Körperseite. Der Rumpf ist im Verhältnis zum Kopf viel zu kurz gezeichnet. *an* After, *c* Leibeshöhle (Coelom des Rumpfes), *d* absteigender Darmschenkel, *d'* aufsteigender Darmschenkel, *do* dorsal, *dw* Darmwand, *ep* Epistom (Oberlippe), *lh* Lophophorhöhle, *lw* Leibeswand (Hautmuskelschlauch), *m* Mund, *n* Niere, *sp* Septum, *v* ventral.

Bau von Phoronis.

Phoronis ist ein würmchenähnliches Wesen (Fig. 95) dessen Körperlänge selten 4—5 cm übersteigt. Es wohnt in selbsterzeugten, mit Sandkörnchen beklebten Röhren oder in Bohrlöchern in Steinen versenkt. Sein Körper zerfällt bei äußerlicher Betrachtung in zwei Abschnitte, die wir populärerweise als Kopf und Rumpf bezeichnen könnten. Der mit einer Tentakelkrone versehene Kopf bezeichnet das vordere Körperende, während der Rumpf hinten mit einer ampullenförmigen Erweiterung endigt. Sämtliche Leibesöffnungen (Mund *m*, After *an*, Nephridialporen *n*) sind in die Nähe des vorderen Körperendes verlagert. Der Darmkanal bildet eine U-förmige Schlinge, welche an ihrer unteren Umbiegungsstelle eine Magenerweiterung erkennen läßt. Wir können am Darm den vom Munde (*m*) zum Magen ziehenden Teil als den absteigenden Schenkel (*d*), den vom Magen zum After (*an*) ziehenden Teil als den aufsteigenden Schenkel (*d'*) des Darmes bezeichnen. Das Tier ist bilateral-symmetrisch (Fig. 96). Wir wollen zu deskriptiven Zwecken jene Körperseite, welcher der absteigende Darmschenkel (Fig. 95 d) genähert ist, als Bauchseite bezeichnen, während der aufsteigende, zum After ziehende Darmschenkel (*d'*) der Dorsalseite des Körpers nahe liegt.

Der mit hohlen (Coelomräume in sich aufnehmenden und Blutgefäße führenden) bewimperten Tentakeln besetzte Kopf wird in wissenschaftlichen Beschreibungen gewöhnlich als *Lophophor* oder *Tentakelträger* bezeichnet. Dieser Körperabschnitt ist von der Dorsalseite her eingebuchtet (Fig. 96). Er gewinnt sonach eine hufeisenförmige Gestalt oder läuft in zwei dorsalwärts schräg aufsteigende Schenkel, die *Lophophorarme*, aus, welche nicht selten, wie auch bei den Brachiopoden, spiralig eingerollt werden. Da die Tentakel am ganzen Rande des Lophophors angewachsen sind, so können wir sagen, der Kopf dieser Tiere trägt einen (dorsalwärts nicht ganz geschlossenen) Tentakelkranz, welcher entsprechend der dorsalen zwischen den beiden

Lophophorarmen gelegenen Einbuchtung ebenfalls hufeisenförmig eingebogen erscheint.

Die Mundöffnung (Fig. 95, 96 *m*) liegt innerhalb dieses Tentakelkranzes und wird von einer oberlippenähnlichen Hautfalte (Epistom *ep*) überwölbt, ähnlich wie der Kehldeckel den Eingang in den Kehlkopf des Menschen überdeckt. Die Afteröffnung (*an*) liegt außerhalb des Tentakelkranzes dorsalwärts auf einer am Halse vorragenden Analpapille, die auch gleichzeitig die paarigen Exkretionsporen (die Nierenöffnungen *n*) trägt.

Die das Körperinnere erfüllende Leibeshöhle trennt die Leibeswand (Fig. 95 *lw*) von der Darmwand (*dw*). Erstere stellt einen typisch ausgebildeten

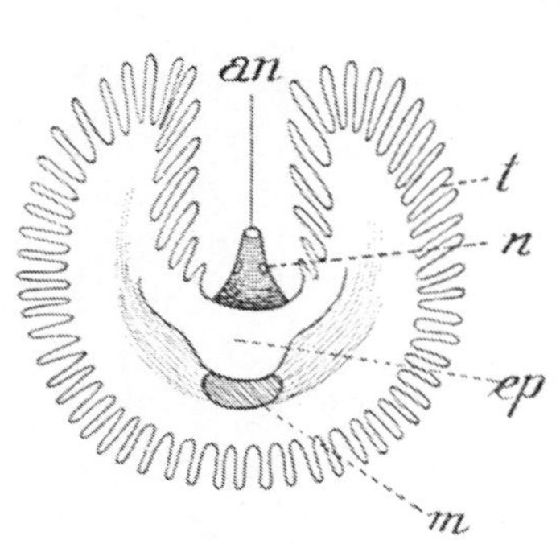

Fig. 96. Schematische Ansicht des Kopfes (Lophophors) von Phoronis in der Ansicht von oben. In Wirklichkeit sind die Lophophorarme meist spiralig eingerollt, was in der Zeichnung der Einfachheit halber weggelassen wurde. *an* After auf der Analpapille, *ep* Oberlippe (Epistom), *m* Mund, *n* äußere Nierenöffnung, *t* Tentakel.

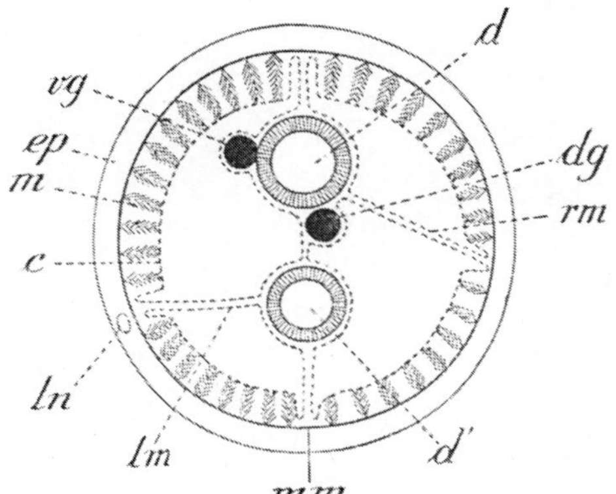

Fig. 97. Querschnitt durch die Rumpfregion von Phoronis. Schema zur Darstellung des Schichtenbaues dieser Form. *c* Coelomepithel, *d* absteigender Darmschenkel, *d'* aufsteigender Darmschenkel (Enddarm), *dg* Dorsalgefäß, *ep* Epidermis (ektodermales Körperepithel), *lm* linkes Seitenmesenterium, *ln* Längsnerv, *m* Muskelschicht (die Längsmuskeln des Hautmuskelschlauches sind quer durchschnitten), *mm* medianes Mesenterium, *rm* rechtes Seitenmesenterium, *vg* ventrales (mehr links gelegenes) Längsgefäß.

Hautmuskelschlauch dar und besteht von außen nach innen aus folgenden Schichten: 1. die Epidermis (das ektodermale Epithel der Haut, Fig. 97 *ep*); 2. die Leibesmuskulatur, welche aus einer äußeren Ringmuskellage und einer inneren Schicht längsverlaufender Fasern (*m*) besteht; 3. ein äußerst zartes peritoneales Coelomepithel (*c*). Die Darmwand (bei *d*) besteht von außen nach innen aus folgenden Schichten: 1. peritoneales Coelomepithel, 2. Darmmuskelschicht, 3. Darmepithel.

Die Leibeshöhle gliedert sich, entsprechend der Teilung des Körpers in Kopf und Rumpf, durch ein queres Septum (Fig. 95 *sp*) in zwei Abschnitte, von denen der vordere, als Lophophorhöhle (*lh*) bezeichnet, sich in die Tentakel und das Epistom fortsetzt, während der zweite hintere, größere Raum, die Rumpfhöhle, durch Mesenterien in längsverlaufende Unterabteilungen zerlegt wird. Der Darm ist nämlich an der Leibeswand durch ein median verlaufendes Hauptmesenterium (Fig. 97 *mm*) und durch sekundär hinzukommende Lateralmesenterien (*lm*, *rm*) befestigt.

Das Nervensystem von *Phoronis* bildet zeitlebens (wie auch bei vielen Brachiopoden) einen Teil der äußeren Haut. Wir unterscheiden einen den

Mund umgebenden Schlundring, welcher dorsalwärts zu einem Gehirnganglion anschwillt und einen linksseitig entsprechend der Ansatzstelle des linken Lateralmesenteriums verlaufenden Längsnerven (Fig. 97 *ln*) abgibt.

Das Blutgefäßsystem von *Phoronis* ist ein geschlossenes. Wir können an dem absteigenden Schenkel des Darmes ein dorsales (*dg*) und ventrales (*vg*) längsverlaufendes Hauptgefäß unterscheiden, welche am Magen durch Vermittlung eines Blutgefäßnetzes in Verbindung stehen. Im dorsalen Längsgefäß steigt das Blut zum Kopf empor, von welchem es, in den Tentakeln arteriell geworden, durch das mehr linksseitig gelegene Ventralgefäß nach hinten abfließt. Die Verbindung zwischen Dorsal- und Ventralgefäß vollzieht sich im Kopfe durch Vermittlung eines kompliziert gebauten Gefäßringes, der Blutgefäße in die Tentakel abgibt. Das Blut von *Phoronis*, an sich farblos, enthält rote, haemoglobinführende Blutkörperchen.

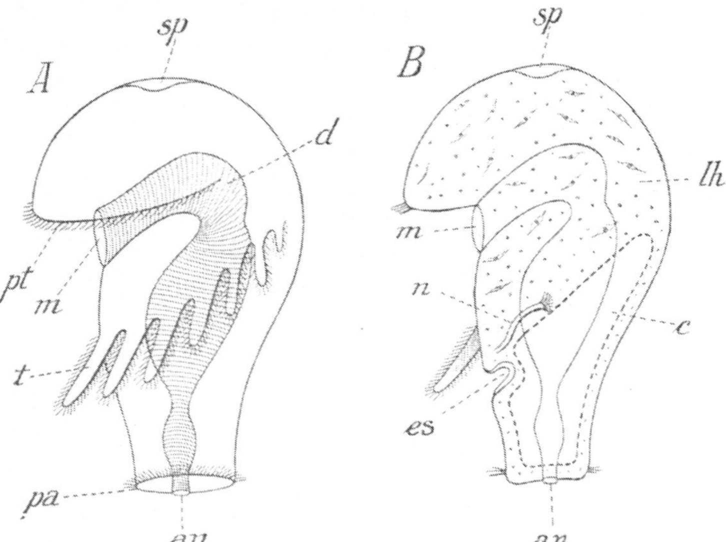

Fig. 98. Schematische Darstellung der Larve von Phoronis (sog. Actinotrocha). *A* in der Ansicht von der linken Seite, *B* innere Organisation. Man vergleiche das Bild der Trochophora Fig. 6 *A* S. 182 und Fig. 45 *A* S. 223. *an* After, *c* Rumpfcoelom (sekundäre Leibeshöhle), *d* Darm, *es* Ektodermeinstülpung, aus welcher die ganze Körperwand des späteren Rumpfes gebildet wird; *lh* primäre Leibeshöhle, aus dem Blastocoel entstanden; die Lophophorcoelomhöhle des ausgebildeten Tieres entsteht erst später; *m* Mund, *n* larvale Niere, *pa* praeanaler Wimperkranz, *pt* bewimperter Rand des Kopflappens (Prototroch), *sp* Scheitelplatte, *t* larvale Tentakel.

Das linksseitig nach hinten führende Ventralgefäß gibt in die Coelomhöhle blinde Fortsätze ab, die von einem fettkörperähnlichen Gewebe, das durch Wucherung des Coelomepithels entsteht und seiner Funktion nach vielleicht in die Gruppe peritonealer Exkretionsorgane zu rechnen ist, umhüllt werden. Hier werden auch die Geschlechtsprodukte gebildet, welche reif in die Leibeshöhle gelangen und durch die Nephridien nach außen befördert werden. Letztere (Fig. 95 *n*) sind 2 kurze, mit bewimperten Ostien in der Leibeshöhle beginnende Kanälchen, welche zu den Seiten des Afters nach außen münden (Fig. 96 bei *n*). Die Embryonen durchlaufen die ersten Stadien ihrer Entwicklung zwischen den Tentakeln des Muttertieres.

Entwicklung von Phoronis.

Die freischwimmenden Larven, als *Actinotrocha* (Fig. 98) schon von Joh. Müller beschrieben, können als modifizierte Trochophorastadien betrachtet werden. Wir erkennen an der *Actinotrocha* als Zentrum des larvalen Nervensystems die apikale Scheitelplatte (*sp*), während die Episphaere den Mund kappenförmig überwölbt. Der stark bewimperte Rand dieses Praeorallappens (*pt*) ist dem Prototroch zu vergleichen, während eine hinter dem Munde schräg herabziehende Tentakelkrone (*t*) aus dem postoralen Wimperkranz hervorgegangen zu sein scheint. In ihr erkennen wir den Vorläufer des Tentakelkranzes der ausgebildeten Form. Sehr auffällig ist auch ein dem Paratroch zu vergleichender praeanaler Wimperkranz (*pa*). Der Darm hufeisenförmig ventralwärts eingekrümmt, besteht aus dem ektodermalen Oesophagus (Stomodaeum), aus einem erweiterten Magen und verengten Endabschnitt (Intestinum). Letztere gehen aus dem Mesenteron hervor, während ein eigentliches Proctodaeum zu fehlen scheint. Ein Paar larvaler, mit Solenocyten besetzter Exkretionsröhrchen (Fig. 98 B *n*), blind nach innen endigend, scheint während der ungemein komplizierten und schwer zu verstehenden Umwandlung der Actinotrocha in den jungen Wurm direkt in die Nephridien dieser Form überzugehen.

Wie sich die Organisation der Bryozoen und Brachiopoden auf das hier für Phoronis entwickelte Schema zurückführen läßt, soll nur kurz angedeutet werden. Die Einzeltierchen der Bryozoen sind von mikroskopischer Kleinheit und dementsprechend von einfacherem Bau. Durch Knospung bilden sie Stöckchen. Alle in einem solchen Stöckchen vereinigten Individuen stehen untereinander in körperlichem Zusammenhang. Dagegen finden wir bei den Brachiopoden nur Einzelformen, gestielt am Meeresgrunde festgewachsen, deren Körper vollständig von einer zweiklappigen Kalkschale umhüllt ist. Die beiden Schalenklappen sind hier nicht, wie bei den Klappmuscheln bilateral-symmetrisch, rechts- und linksseitig angeordnet. Wir unterscheiden bei den Brachiopoden eine gewölbte Schalenklappe, welche häufig schnabelartig verlängert die Bauchseite des Körpers bedeckt, von einer flacheren Dorsalklappe. Wie bei den Mollusken werden auch hier die Schalenklappen von einer Mantelfalte der Haut durch Sekretion erzeugt. Ein komplizierter Muskelapparat besorgt das Öffnen und Schließen dieser zweiklappigen Schale.

VIII. ÜBER DEUTEROSTOMIA IM ALLGEMEINEN.

Unter dem Namen *Deuterostomia* wird — wie oben (S. 212) erörtert wurde — eine Reihe von verschiedenen Stämmen des Tierreiches vereinigt, deren gemeinsames Merkmal darin zu suchen ist, daß in ihrer Entwicklung keinerlei Beziehungen des Blastoporus zum definitiven Munde zu erkennen sind. Der Urmund geht hier regelmäßig in den definitiven After über oder weist der Lage nach Beziehungen zu dieser Körperöffnung auf, während der Mund an einer von der Lage des Urmundes entfernten Stelle gebildet wird (vgl. Fig. 117 und 118). Fügen wir hinzu, daß in dieser ganzen Gruppe kaum irgendwo Spuren von ektodermaler Mesenchymbildung (Entwicklung eines Ektomesoderms) zu beobachten sind und daß das Mesoderm meist durch Abfaltung vom Urdarm (Fig. 42 S. 217 und Fig. 118 D) in der Form paariger Coelomdivertikel gebildet wird (oder doch in einer auf diese Entstehungsweise zurückführbaren Form), so haben wir die Hauptpunkte der embryologischen Kennzeichnung dieser Gruppe gegeben. Ihre freischwimmenden Larvenformen (Fig. 103, 119) zeigen nur entferntere Anklänge an den Trochophoratypus.

Groß ist die Formenmannigfaltigkeit der Deuterostomia und ungemein wechselnd der Reichtum an Einzelformen in den verschiedenen hierher zu rechnenden Stämmen. Als kleinere formenärmere Gruppen treten uns die planktonischen *Pfeilwürmer* (*Chaetognathen*) und die sedentärer Lebensweise zugeneigten *Enteropneusten* (*Schlundatmer*) entgegen, versprengte Überbleibsel einer in ferner Urzeit wohl reicher entwickelten Gruppe von Lebensformen. Von den beiden hierher zu zählenden formenreicheren Gruppen führt uns die der *Stachelhäuter* oder *Echinodermen* in gleicher Weise in die ältesten Zeiten der Erdgeschichte zurück, während der Stamm der *Chordatiere* (*Chordaten*), zu denen man die *Manteltiere* (*Tunicata*), die *Schädellosen* (*Acrania*) und die *Vertebraten* oder *Wirbeltiere* rechnet, einem jüngergeborenen Sproß der tierischen Reihe vergleichbar, in Zeiten, die der Gegenwart näher liegen, seine höchste Entfaltung erreicht hat.

Wenn wir die kleine Gruppe der Pfeilwürmer, aus deren Entwicklung wir oben (S. 217 Fig. 42) nach den lichtvollen Darstellungen O. Hertwigs ein Stadium herausgegriffen haben, übergehen, so treten uns in den Gruppen der Enteropneusten, der Echinodermen und der Chordaten drei Stämme entgegen, deren nähere Beziehungen zueinander durch Untersuchungen embryologischer und anatomischer Natur in den letzten Dezennien dem suchenden Auge sich eröffnet haben. Wie verschiedenartig auch die Vertreter dieser Gruppen auf den ersten Blick uns anmuten, so scheinen sie doch durch gewisse gemeinsame Züge, durch eine wahrscheinlich stets ungemein komplizierte Phylogenese in geheimnisvoller Weise verbunden. Wir deuten nach dieser Richtung kurz an: die Neigung zur Ausbildung röhrig versenkter Teile des Zentralnervensystems, die uns im Kragenmark von Balanoglossus, in den Radiärnerven der Echiniden und Holothurien, im Medullarrohr der Vertebraten entgegentritt, die Entwicklung eines inneren, durch Verkalkung mesenchymatischer Teile entstandenen Skelettes, das Vorkommen porenartiger Ausmündungen des Coeloms. Eine gewisse Tendenz zu asymmetrischer Körperentwicklung ist in manchen Formen dieser Gruppe zu erkennen, so die in ihren ursächlichen Beziehungen noch jeder Erklärung unzugängliche Verlagerung des Mundes nach der linken Körperseite bei Rhabdopleura, in der Metamorphose der Echinodermen und bei den schwer zu analysierenden Larvenformen von Amphioxus.

IX. ENTEROPNEUSTA, SCHLUNDATMER.

Bau von Balanoglossus.

Die Sippe der *Eichelwürmer* (*Balanoglossen*), derzeit schon in eine Reihe von Familien und Gattungen aufgeteilt, deren anatomische Erforschung an die Namen Kovalewsky und Spengel geknüpft ist, umfaßt wurmähnliche bilateralsymmetrische Formen (Fig. 99), welche in der Gezeitenzone in selbstgegrabenen, mit Schleim austapezierten Röhren im Sande leben. Es sind typische Coelomtiere, im Vorhandensein eines Hautmuskelschlauches sowie dorsaler und ventraler Mesenterien und längsverlaufender Blutgefäßstämme an die Anneliden erinnernd. Nicht eigentlich segmental gegliedert, aber durch die in regelmäßiger Aufeinanderfolge wiederkehrenden Kiemenspalten (Fig. 99 *Br*),

Gonadensäckchen und Leberausstülpungen (*L*) des Darmkanals gleichsam einen ersten Versuch zu metamerer Gliederung des Körpers andeutend, zerfällt ihr Körper in drei Regionen von sehr verschiedener Längenerstreckung, welche als Eichel (*E*), Kragen (*K*) und Rumpf (*R* in Fig. 104) bezeichnet werden. Der vorderste Körperabschnitt, die Eichel, gewissermaßen ein wurmartig schwellbarer mit verengtem Halse dem Körper eingefügter Kopflappen, enthält in seinem Inneren ein unpaares mit linksseitigem Porus (Eichelporus Fig. 100, 104 *ep*) sich öffnendes Coelom (Fig. 100 *ec*). Die kurze, stark muskulöse Kragenregion birgt ein Paar von Coelomsäckchen (*kc*), welche sich in medianen Mesenterien berühren und durch Kragenporen (Fig. 104 *kp*) ausmünden. Die langgestreckte Rumpfregion enthält in ihrem Inneren zwei geschlossene, in einem medianen Mesenterium aneinanderstoßende Säcke des Rumpfcoeloms (Fig. 104 *rc*). Die Mesenterien der Kragen- und Rumpfregion dienen als Aufhängebänder des gestreckt verlaufenden Darmkanals. Der Mund (Fig. 100, 104 *m*) findet sich ventral an der Grenze von Eichel- und Kragenregion, der After (Fig. 99 *Af*, Fig. 104 *a*) terminal am hinteren Körperende. Im übrigen zerfällt die Rumpfregion in verschiedene, wenig scharf begrenzte Abschnitte, je nachdem die dorsal gelegenen äußeren Kiemenöffnungen (Fig. 99 *Br*), wie dies im vorderen Abschnitte der Fall ist, der betreffenden Partie einen besonderen Charakter verleihen, oder die häufig in faltenförmigen Erhebungen (Genitalpleuren) der Leibeswand geborgenen Gonadensäckchen (bei *Bg*) vorherrschen, oder die Leberdivertikel (*L*) des Darmkanals bräunlich gefärbte Vorragungen erzeugen. Die abdominale Endregion des Körpers entbehrt aller dieser Bildungen.

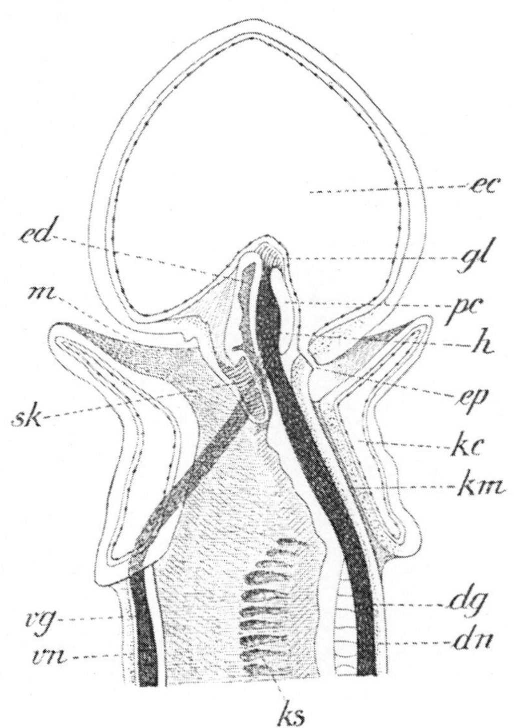

Fig. 100. Medianschnitt durch Glossobalanus minutus. Nach SPENGEL und einem Bilde aus LANGS Lehrbuch, vereinfacht. *dg* dorsales Blutgefäß, *dn* dorsaler Nervenstrang, *ec* Eichelcoelom, *ed* Eicheldarmdivertikel, sog. Notochord, *ep* Eichelporus, *gl* Eichelglomerulus, *h* Herz, *kc* Kragencoelom, *km* Kragenmark, *ks* Kiemenspalten, *m* Mund, *pc* Pericardialsäckchen, *sk* Skelettkörper, *vg* ventrales Blutgefäß, *vn* ventraler Nervenstrang.

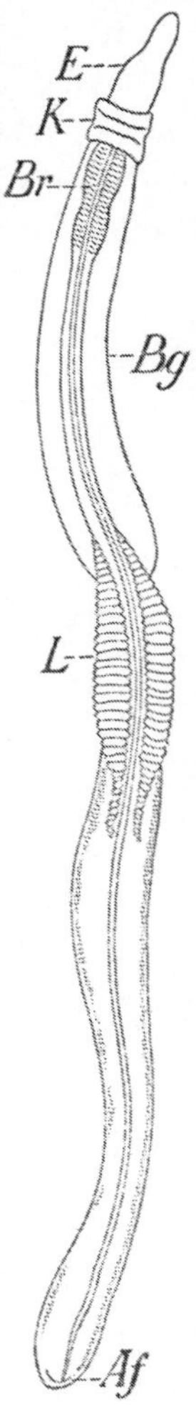

Fig. 99. Glossobalanus minutus. Nach SPENGEL aus CLAUS-GROBBEN. *E* Eichel, *K* Kragen, *Bg* Branchiogenitalregion, *Br* Kiemenspalten, *L* Leberregion, *Af* After.

Der Kragenabschnitt des Darmes setzt sich nach vorne in ein dorsalwärts entspringendes und in die Eichel ragendes unpaares Divertikel (Eicheldarm Fig. 100, 104 *ed*) fort, welches wegen des eigenartigen Charakters seiner Zellen von manchen Autoren als Chordarudiment (Notochord) gedeutet wurde. Der vorderste Abschnitt des Darms im Rumpfe ist von seitlichen Kiemenspalten durchbohrt (Fig. 100 *ks*, 101 *ki*), welche durch besondere Kiemengänge (Fig. 101 *kg*) dorsalwärts nach außen münden. Der Besitz eines durch Kiemenspalten gekennzeichneten, respiratorischen Funktionen sich widmenden vorderen Darmabschnittes nähert die Balanoglossen in auffallender Weise dem Stamm der Chordatiere, auf dessen wirbellose Vorstufen sie in geheimnisvoller Weise hindeuten.

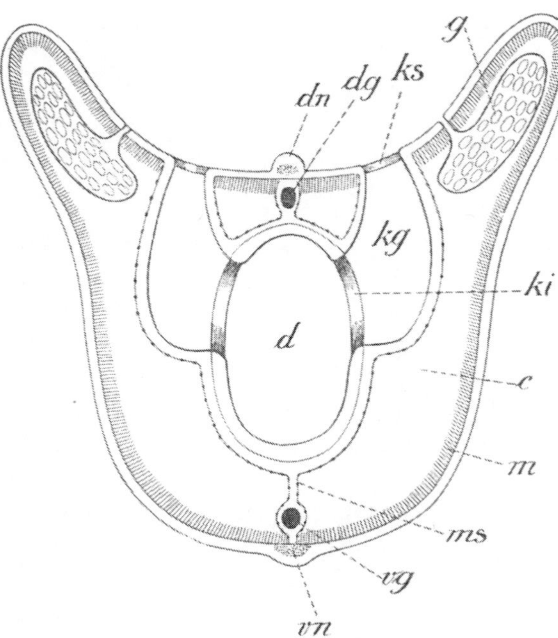

Fig. 101. Querschnitt durch die Kiemenregion von Balanoglossus. Schema. *c* Rumpfcoelom, *d* Darm, *dg* dorsales Blutgefäß, *dn* dorsaler Nervenstrang, *g* Genitalsäckchen, *kg* Kiemengang, *ki* dessen innere Öffnung in den Darm (innere Kiemenspalten), *ks* dessen äußere Öffnung (äußere Kiemenspalten), *m* Körpermuskelschicht *ms* ventrales Mesenterium, *vg* ventrales Blutgefäß, *vn* ventraler Nervenstrang.

Das Nervensystem subepithelial gelegen und einen in den tieferen Schichten der drüsenreichen Haut verbreiteten Plexus von Ganglienzellen und Nervenfasern bildend, sammelt sich in der Mittellinie des Rükkens und des Bauches zu einem dorsalen (Fig. 100, 101 *dn*) und ventralen (*vn*) Längsstamme, welche an der Grenze von Kragen und Rumpf durch seitliche verstärkte Züge des allgemeinen Plexus zusammenhängen. Die Fortsetzung des dorsalen Längsstammes nach vorne ist in der Kragenregion röhrenförmig (Fig. 100 *km*) in das Körperinnere versenkt (Kragenmark) und steht mit einer mächtigen Nervenmasse an der Eichelbasis in Verbindung.

Balanoglossus besitzt ein geschlossenes Blutgefäßsystem, welches in der Körperwand, sowie in den Kiemenbalken und in der Darmwand ein reichverzweigtes Netz bildet. Ein Längsstamm im dorsalen Mesenterium (Fig. 100, 101 *dg*) führt das in der Richtung von hinten nach vorn strömende Blut zu einem in der Eichel gelegenen, sowohl nach morphologischer wie nach funktioneller Beziehung noch ungemein rätselhaften Organkomplex. Es sammelt sich daselbst in einem zwischen dem Eicheldarm und einem dorsalen geschlossenen Pericardsäckchen (Fig. 100 *pc*) gelegenen lacunären Becken (Herz *h*), dessen Ränder hufeisenförmig von einem Blutgefäßgeflecht (*gl*) eingefaßt erscheinen. Dieses mit drüsigen Peritonealzellen belegte Wundernetz (Eichelglomerulus) wird als Exkretionsorgan gedeutet. Von hier fließt das Blut in seitlich den Schlund umziehenden Bahnen nach dem ventralen Hauptgefäß (Fig. 100, 101 *vg*) ab, welches es den hinteren Körperpartien zuführt.

In der Kiemenregion, dieselbe nach hinten überschreitend, finden sich paarige Gonadensäckchen (Fig. 101 *g*), welche seitlich von den äußeren Kiemenöffnungen in einer Porenreihe nach außen münden.

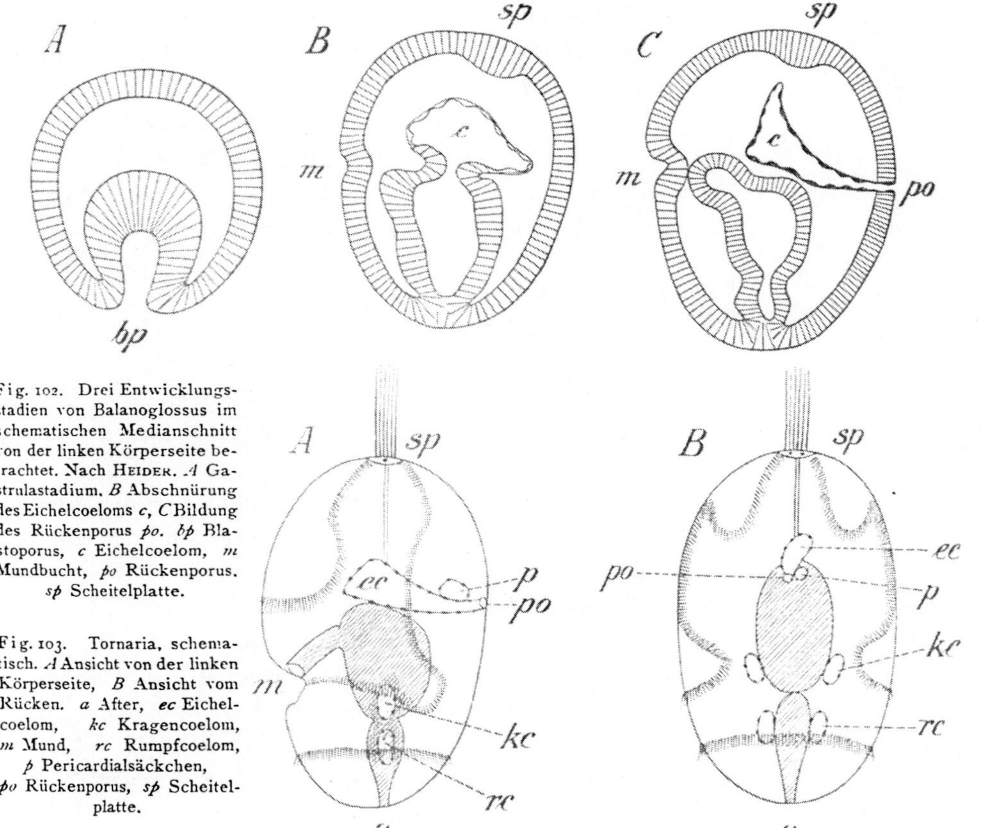

Fig. 102. Drei Entwicklungsstadien von Balanoglossus im schematischen Medianschnitt von der linken Körperseite betrachtet. Nach HEIDER. *A* Gastrulastadium, *B* Abschnürung des Eichelcoeloms *c*, *C* Bildung des Rückenporus *po*. *bp* Blastoporus, *c* Eichelcoelom, *m* Mundbucht, *po* Rückenporus. *sp* Scheitelplatte.

Fig. 103. Tornaria, schematisch. *A* Ansicht von der linken Körperseite, *B* Ansicht vom Rücken. *a* After, *ec* Eichelcoelom, *kc* Kragencoelom, *m* Mund, *rc* Rumpfcoelom, *p* Pericardialsäckchen, *po* Rückenporus, *sp* Scheitelplatte.

Entwicklung von Balanoglossus.

Wenn die Eichelwürmer in dem Besitz eines Chordarudimentes, eines röhrenförmigen dorsalen Kragenmarkes und einer von Kiemenspalten durchbrochenen Partie des Darmes an vereinfachte Chordaten gemahnen, so schließen sie sich in ihrer Entwicklung auf das innigste den Echinodermen an. Die typische Larvenform der Balanoglossen, als *Tornaria* (Fig. 103) bezeichnet, erinnert so sehr an die bekannten Formen der Echinodermenlarven, daß Johannes Müller, der in einer Reihe verehrungswürdiger Arbeiten die Grundlagen unserer Erkenntnis dieser Formen verzeichnete, die Tornaria für eine Larvenform der Stachelhäuter hielt. Wer die ersten Entwicklungsvorgänge, durch welche die Tornaria aus dem Ei gebildet wird, verfolgt, wird immer aufs neue von der Ähnlichkeit mit der Art der Echinodermenentwicklung überrascht.

Die kleinen, dotterarmen, hololecithalen Eier durchlaufen eine reguläre Furchung, welche zur Ausbildung einer rundlichen Keimblase und einer typischen Invaginationsgastrula (Fig. 102 A) führt. Der Gastrulamund, an dessen Stelle die spätere Afteröffnung sich bildet, wird vorübergehend verschlossen (Fig. 102 B und C), während sich vom Urdarm nach vorne eine zartwandige Blase (*c*) abschnürt, welche bald an der Rückenseite des Embryos durch einen Porus (*po*) nach außen mündet. Dieser Rückenporus wird zum Eichelporus des Balanoglossus, während wir in der abgeschnürten Blase die Anlage des Eichelcoeloms erkennen. Am Vorderende des birnenförmigen Embryos entwickelt sich als Ektodermverdickung die Scheitelplatte (*sp*) der Larve, welche wie die der Trochophora als Sinnesapparat und larvales Nervenzentrum fungiert. Die Eichelcoelomblase (*ec* in Fig. 103) ist durch einen kontraktilen Strang an die Scheitelplatte (Fig. 103 *sp*) angeschlossen. Der Darm krümmt sich nun ventralwärts gegen eine inzwischen entstandene Ektodermeinsenkung (Mundbucht, Fig. 102 *m*), in welche sein Vorderende sich eröffnet; mit diesem Durchbruch und mit der Wiedereröffnung des Afters (Blastoporus) ist der Darm durchgängig und zur Aufnahme von Nahrungspartikeln geeignet geworden (Fig. 103). Er hat sich inzwischen durch Einschnürungen in drei Abschnitte (Oesophagus, Magen und Intestinum) gegliedert. Diese Veränderungen entsprechen jenen, die wir oben (S. 212) für die betreffenden Entwicklungsstadien der Echinodermen geschildert haben.

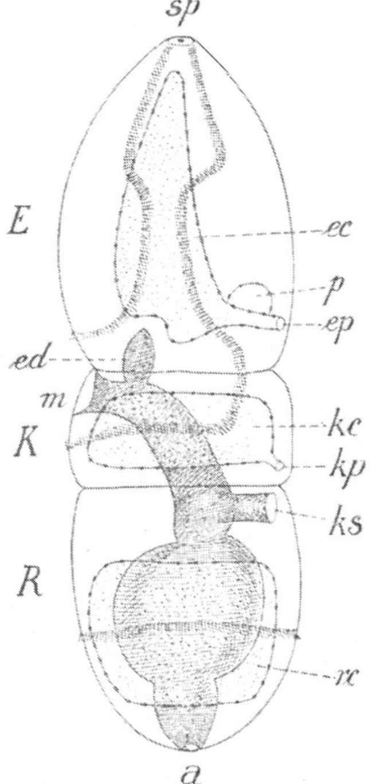

Fig. 104. Übergang von der Tornaria in den jungen Balanoglossus. Schema im Anschlusse an MORGAN. *a* After, *E* Eichelregion, *ec* Eichelcoelom, *ed* Eicheldarmdivertikel, sog. Notochord, *ep* Eichelporus, *K* Kragenregion, *kc* Kragencoelom, *kp* Kragenporus, *ks* erste angelegte Kiemenspalte, *m* Mund, *p* Pericardialsäckchen, *R* Rumpfregion, *rc* Rumpfcoelom, *sp* Scheitelplatte.

Die freischwimmende *Tornaria* (Fig. 103) wird durch die rudernde Tätigkeit eines kompliziert verlaufenden Wimpersaumes bewegt. Von der Scheitelplatte ziehen radiär geordnet vier Wimperschnüre nach hinten, von denen die beiden ventralen sich quer vor dem Munde vereinigen, während die beiden dorsalen Schnüre nach verschiedenartigen Biegungen zu einem postoralen Quersaume verschmelzen. Der Mund liegt sonach in einem rings umsäumten Mundfelde. Eine ganz ähnliche Anordnung der Wimperapparate wird uns später bei den Echinodermenlarven begegnen. Der hintere Körperabschnitt ist von einer zirkulären Wimperschnur umsäumt.

Von inneren Umbildungen ist anzuführen, daß der Raum zwischen Darm und Haut sich mit Mesenchymzellen erfüllt, welche aus der Wand des Eichelcoeloms amoeboid in die gallertige Füllmasse der primären Leibeshöhle einwandern, und daß neben dem Magen zwei Säckchen als Anlagen des Kragencoeloms (Fig. 103 *kc*) und neben dem Enddarm ein hinteres Säckchenpaar (Rumpfcoelome *rc*) auftreten, vermutlich auf dem Wege der Divertikelbildung sich von den genannten Darmpartien trennend. Ein kleines, kontraktiles

Bläschen, das sog. Herz (*p*) der Tornaria, dem Porenkanal anliegend und in Hinsicht auf die Art seiner Entstehung viel umstritten, ist als Anlage des Pericardialsackes in der Eichel der ausgebildeten Form zu betrachten.

Wenn die pelagisch flottierende Tornaria ihre planktonische Existenz verläßt, um sich im Sande zu vergraben und in den jungen Eichelwurm umzuwandeln, so werden die Wimperschnüre rückgebildet. Es entwickelt sich (Fig. 104) aus dem praeoralen Teil des Larvenkörpers die Eichel (*E*), aus dem oralen Abschnitt die Kragenregion (*K*) und aus dem hinteren Körperabschnitt mit der zirkulären Wimperschnur der Rumpf (*R*), welcher später eine beträchtliche Streckung erfährt. Das Eicheldarmdivertikel (Notochord *ed*) und die paarigen Kiemengänge (*ks*) entwickeln sich als Ausstülpungen des vordersten, aber entodermalen Teiles des Darmkanals.

Den Eichelwürmern stehen die beiden merkwürdigen, erst in neuerer Zeit bekannt gewordenen Gattungen *Rhabdopleura* und *Cephalodiscus* nahe, welche in selbsterzeugten Röhren wohnend in ihrem Habitus durch Anpassung an die sedentäre Lebensweise an die Tentaculata erinnern. Der Körper ist verkürzt, der Darm U-förmig gebogen, die Eichel zu einer Saugscheibe umgebildet, vom Kragen erheben sich bewimperte Tentakel. Die Palaeontologen haben in den rätselhaften, ihrer Stellung nach viel umstrittenen Graptolithen die Skelettröhren vorweltlicher Rhabdopleuren erkannt.

X. ECHINODERMA, STACHELHÄUTER.

Eine eigenartige Gruppe von Formen, die sich wie Fremdlinge in unserer Lebewelt ausnehmen. Von rezenten Typen, die hierher zu rechnen sind, bewohnen die fünfstrahligen *Seesterne* (*Asteroidea* Fig. 106), denen sich die *Schlangensterne (Ophiuroidea)* mit rundlichen, seitlich beweglichen Armen anschließen, die kugelförmigen, bestachelten *Seeigel* (*Echinoidea* Fig. 105) und die gurkenförmig gestalteten *Seewalzen* (*Holothurioidea*) auch schon die seichteren Buchten und Uferzonen unserer Meere, mit zahlreichen häufig saugnapftragenden Füßchen *(f)* am Grunde langsam umherwandelnd, während die *Haarsterne (Crinoidea)*, meist festgewachsen und gestielt (Fig. 109, 115), verkalkten Liliengewächsen vergleichbar, mehr der Tiefsee angehören, aus welcher sie selten in unsere Museen gelangen. Spärliche Überreste einer unendlichen Mannigfaltigkeit früherer Erdperioden. Die verkalkten Hartgebilde ihres Körpers, fossiler Erhaltung fähig und in den ältesten Sedimentschichten unserer Gebirge verbreitet, lehren uns in den vorweltlichen *Beutelstrahlern (Cystoidea)*, den *Knospenstrahlern (Blastoidea)* und mannigfaltigen *Encriniten* Typen erkennen, die von den jetzt lebenden nicht unerheblich abweichen und deren Rekonstruktion nach den erhaltenen Resten die Gedankenarbeit und verknüpfende Phantasie der Forscher ständig in Anspruch nimmt.

Symmetrieverhältnisse. Eine fünfstrahlige Radiärsymmetrie beherrscht den Bauplan dieser Tiere (Fig. 105, 106). Die bereits erwähnten schwellbaren Füßchen, in Doppelreihen angeordnet, welche wie Meridiane über den Körper hinlaufen (Fig. 105 *f*) oder auf Armen erhoben sind (Fig. 106 *Af*), kennzeichnen die Radien (Fig. 105 *r*), während die füßchenlosen Zonen zwischen diesen Meridianen resp. die Winkel zwischen den Armen als Interradien (*i*) bezeichnet werden. Eine Hauptachse läßt sich durch die Mitte dieses fünfstrahligen Gebildes legen. Der eine Pol derselben ist meist von der Mundöffnung (Fig. 105 *m*, 106 *O*) eingenommen und kennzeichnet die Stelle, an welcher die fünf Füßchenreihen zusammenlaufen. Der gegenüberliegende Pol wird bei den festsitzenden Formen zum Anheftungspol, während er bei den freilebenden *Eleutherozoa*, unter welchem Namen Seesterne, Schlangensterne, Seeigel und Seewalzen zusammengefaßt werden, häufig die Afteröffnung (Fig. 105 B *a*) trägt. Doch ist diese Lage des Afters jedenfalls durch sekundäre Modifikation bedingt, während bei den ursprünglicheren Formen der After stets mehr oder weniger von dem aboralen Pole entfernt in einem Interradius gefunden wird.

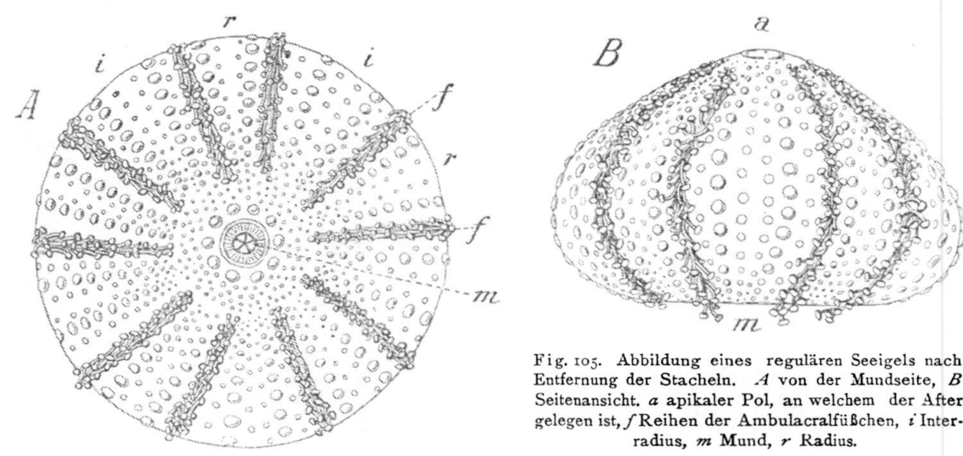

Fig. 105. Abbildung eines regulären Seeigels nach Entfernung der Stacheln. *A* von der Mundseite, *B* Seitenansicht. *a* apikaler Pol, an welchem der After gelegen ist, *f* Reihen der Ambulacralfüßchen, *i* Interradius, *m* Mund, *r* Radius.

Die fünfstrahlige Radiärsymmetrie ist nicht so sehr fixiert, daß nicht Abweichungen von ihr bemerkbar werden. Wir kennen Seesterne mit vermehrter Armzahl, wie die Solasteriden und Heliasteriden, während bei vielen Crinoiden die Arme durch dichotomische Verästelung in zahlreiche Zweige auseinanderfahren. Wichtiger sind vielleicht jene bei den Cystideen verbreiteten Fälle, die auf eine ursprünglich geringere Armzahl hindeuten. Wir finden hier Formen mit zwei und drei Armen. Es liegt nahe, daran zu denken, wie dies auch Häckel annahm, daß ursprünglich, wie bei Rhabdopleura, ein einziges mit Füßchen resp. Tentakeln besetztes Armpaar vorhanden war, zu welchem später ein unpaarer vom Munde dorsalwärts und nach hinten gerichteter Arm hinzukam, während die normale Fünfzahl dadurch erreicht wurde, daß der rechte und linke Arm durch Spaltung sich verdoppelte (Fig. 107).

Diese Tatsachen deuten darauf hin, daß die fünfstrahlige Radiärsymmetrie der Echinodermen im Anschlusse an die sedentäre Lebensweise allmählich aus ursprünglicher Bilateralität hervorgebildet wurde. Es ist nicht zu bezweifeln, daß die Stachelhäuter von bilateral-gebauten Ahnenformen abzuleiten sind. Dafür spricht auch der Umstand, daß die Tornaria-ähnlichen pelagischen Larvenformen dieser Gruppe gleich Wurmlarven bilateralen Bau erkennen lassen.

Wenn wir so bei den ursprünglicheren und häufig gestielt festsitzenden Formen dieses Tierkreises die allmähliche Fixierung radiärer Symmetrie erkennen, so zeigen die sekundär zu freier, kriechender Lebensweise zurückgekehrten Eleutherozoa eine gewisse Neigung, diese fünfstrahlige Symmetrie wieder aufzugeben. Den irregulären Seeigeln und den Seegurken wird eine neue, nicht auf die ursprünglich in den Larven erkennbare Bilateralität zu beziehende Medianebene induziert, welche in der Anordnung der fünf Radien in einem Trivium und Bivium zum Ausdruck kommt.

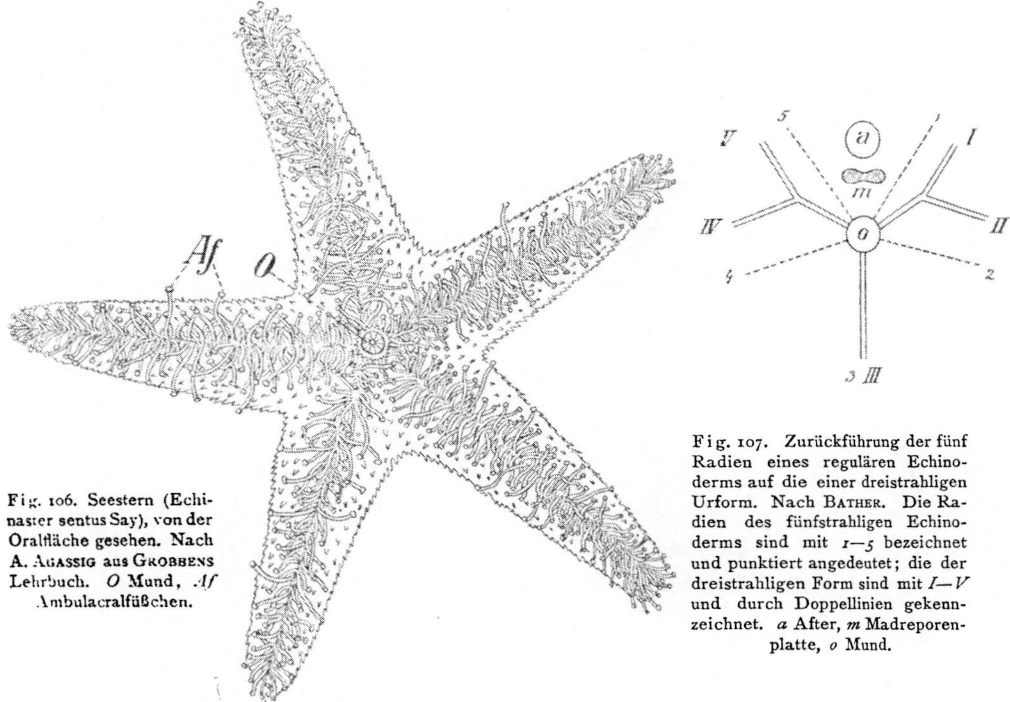

Fig. 106. Seestern (Echinaster sentus Say), von der Oralfläche gesehen. Nach A. AGASSIG aus GROBBENS Lehrbuch. *O* Mund, *Af* Ambulacralfüßchen.

Fig. 107. Zurückführung der fünf Radien eines regulären Echinoderms auf die einer dreistrahligen Urform. Nach BATHER. Die Radien des fünfstrahligen Echinoderms sind mit *1—5* bezeichnet und punktiert angedeutet; die der dreistrahligen Form sind mit *I—V* und durch Doppellinien gekennzeichnet. *a* After, *m* Madreporenplatte, *o* Mund.

Skelett.

Ihren Namen verdanken die Stachelhäuter dem Besitze eines im Bindegewebe, vor allem im mesodermalen Lederhautgewebe sich entwickelnden, häufig aus dichtgefügten Kalkplatten zusammengesetzten und mit beweglichen Stacheln bewehrten Skelettes. Typisch ist der feinere, an mikroskopischen Durchschnitten sich enthüllende Bau dieser Kalkteile, welche aus netzartig verbundenen Balken zusammengesetzt sind (Fig. 108). Ursprünglich werden diese Kalknetze durch Verwachsung kleiner dreistrahliger, wohl immer (Théel, Woodland) intracellulär entstandener Sklerite gebildet. Während in der lederartigen, von den Ostasiaten als Leckerbissen und Aphrodisiacum hochgeschätzten Haut der Holothurien nur mikroskopische Kalkrädchen oder gegitterte Täfelchen gebildet werden, kommt es in den übrigen Gruppen der Echinodermen zur Entwicklung größerer, als Armglieder gegeneinander beweglicher Skelettstücke oder zur Ausbildung eines festgefügten Plattenpanzers. Auf ihm finden sich als bewegliche Anhänge größere, auf geknöpften Gelenkflächen eingefügte Stacheln, kleinere zangenartige, zur Reinigung der Oberfläche, zum Teil auch als Giftapparate dienende Pedicellarien und die in versteckten Buchten geborgenen, glashellen Sphaeridien, Sinnesapparate von unbekannter Bedeutung.

Wir haben bereits früher angedeutet, daß die Hauptachse des fünfstrahligen Echinodermenkörpers vom Mundpole zum gegenüberliegenden Scheitelpol gezogen werden kann. Die fünf Radien ordnen sich seitlich um diese Hauptachse an oder man kann vielleicht das Verhältnis am besten derart ausdrücken, daß man sagt: bei einem Seesterne steht die Hauptachse in der Mitte des Sternes senkrecht auf der Fläche, in welcher die fünf Arme ausgebreitet sind. Mit dem Scheitelpole der Hauptachse waren die ursprünglichen Stachelhäuter an der Unterlage festgewachsen; hier entwickelt sich der vielen Crinoiden (Fig. 109) zukommende Anheftungsstiel. Der Körper der Echinodermen wird durch eine

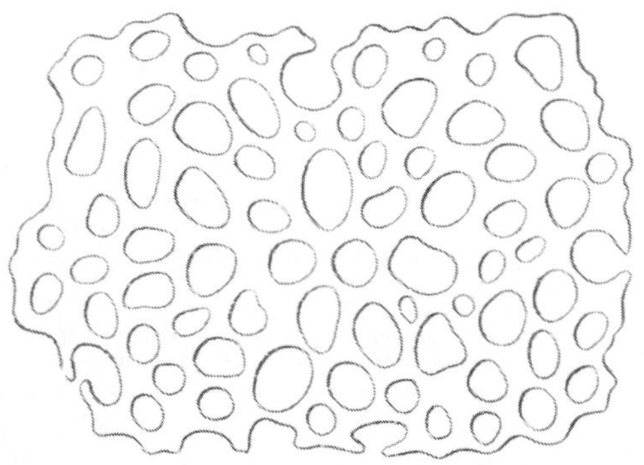

Fig. 108. Netzförmige Kalkplatte aus einem Seestern. Nach LUDWIG.

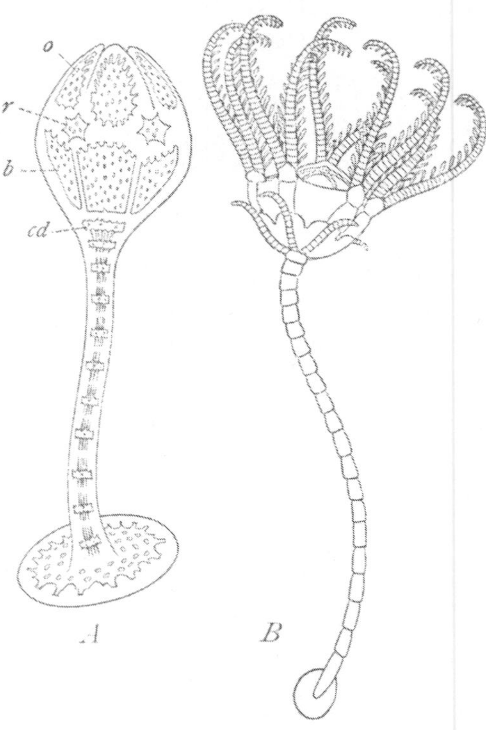

Fig. 109. Festsitzende, gestielte Entwicklungsstadien eines Haarsternes (Antedon). Nach THOMSON aus GROBBENS Lehrbuch. *A* jüngeres, sog. Cystideenstadium, *B* älteres, als „Pentacrinus europaeus" bezeichnetes Stadium. *b* Basalia, *cd* Centrodorsalplatte, *r* Radialia, *o* Oralia.

auf diese Hauptachse senkrecht stehende horizontale Ebene in zwei Hälften geteilt, von denen wir die den Mund aufnehmende als orale oder actinale, die gegenüberliegende als aborale oder abactinale Körperhälfte bezeichnen. Bei dem Seestern (Fig. 106) ist beispielsweise die orale Körperhälfte normalerweise der Unterlage zugewendet. Sie trägt den Mund und die Füßchenreihen. Der Rücken des Seesterns, seine aborale (abactinale) Fläche ist von einer lederartigen Haut bedeckt, in welcher sich die Madreporenplatte und die hier am Apicalpol gelegene Afteröffnung vorfinden. Bei den Seeigeln (Fig. 105) hat sich die actinale Zone mit den Füßchenreihen auf Kosten der abactinalen so sehr vergrößert, daß letztere nur durch eine kleine, die Afteröffnung umgebende Plattenzone repräsentiert ist.

Plattencyclen. Bei den Crinoiden ist die Grenze zwischen actinaler und abactinaler Körperhälfte durch die Insertionsstellen der Arme gegeben. Das Plattenskelett der meisten Echinodermen läßt sich auf ein gewisses Schema, auf bestimmte, primär angelegte Kalkplatten zurückführen, von deren Anordnung die jugendliche pentacrinus-ähnliche Antedonlarve (Fig. 109 A) uns eine Vorstellung gibt. Wir finden in der abactinalen Körperhälfte, die hier als Kelch (calyx) der Haarsterne bezeichnet wird, zunächst an der Insertionsstelle des Stieles eine Zentralplatte *(cd)*. An sie schließen sich fünf interradial gelegene Platten an, welche als Basalia *(b)* bezeichnet werden. Ein Kranz von weiteren fünf Platten zeigt radiale Anordnung (Radialia *r*). Das primäre Plattenskelett der actinalen Körperhälfte ist aus fünf interradial gelegenen Oralplatten *(o)* zusammengesetzt, während in den Seesternlarven in dieser Region gewöhnlich fünf radiale Platten angelegt werden, welche, als Terminalia bezeichnet, sich später an den Spitzen der Arme, das unpaare Primärfüßchen tragend, vorfinden. Die Abweichungen, welche das Skelett der rezenten Echinodermen von diesem Primärschema der Plattenanordnung erkennen läßt, sind mannigfaltige. Es wird durch neu hinzukommende perisomatische Plattensysteme in verschiedenartiger Weise ergänzt. Es finden sich dann die Oralplatten in der Nähe des Mundes (Oralplatten der Ophiuriden, Odontophor der Asteroiden), die Zyklen der abactinalen Körperhälfte (Basalia, Radialia) in der Umgegend des apicalen Körperpoles gruppiert, während an den Seiten des Körpers die zwischen dem apicalen und oralen System gelegene Zone von neu hinzugebildeten Plattenreihen eingenommen ist.

Medianebene des Echinoderms.

Die fünfstrahlige Radiärsymmetrie der Echinodermen ist keine vollkommene. Wir erkennen schon bei äußerlicher Betrachtung, daß in vielen Fällen die Afteröffnung nicht den apicalen Pol einnimmt, sondern in einem Interradius gelegen ist. Ebenso ist die Ausmündungsstelle des Ambulacralgefäßsystems, welche durch eine siebartig durchlöcherte Platte, die sog. Madreporenplatte, gekennzeichnet ist, in einem Interradius gelagert. Wenngleich die Interradien des Afters und des Madreporiten in vielen Fällen nicht zusammenfallen, so werden wir doch annehmen dürfen, daß beide Bildungen ursprünglich ein und demselben Interradius angehörten (Fig. 107, 110). Wir wollen diesen Interradius mit Rücksicht auf gewisse Entwicklungsformen (Fig. 111) als vorderen Interradius bezeichnen. Orientieren wir ein Echinoderm derart, daß wir seine Mundseite (orale oder actinale Fläche) betrachten und daß — wie dies in Fig. 111 dargestellt ist — der Interradius des Madreporiten (bei ×) nach vorn (in der Zeichnung nach oben) gerichtet ist, so werden die einzelnen Radien von diesem Interradius beginnend und in der Richtung des Uhrzeigers fortschreitend mit den Zahlen 1, 2, 3, 4 und 5 bezeichnet. Eine Ebene, welche durch den Interradius der Madreporenplatte und des Afters (den vorderen Interradius) und durch den nach hinten gerichteten unpaaren Radius 3 gelegt wird, kann sonach als Medianebene des Echinoderms betrachtet werden (vgl. auch Fig. 107 und 110). In jenen zahlreichen Fällen, in denen der After sekundär aus dem vorderen Interradius nach einer anderen Stelle verlagert wird, wird die Medianebene nur noch durch die Lage des Madreporiten gekennzeichnet. Es muß hervorgehoben werden, daß diese für das ausgebildete Echinoderm festzuhaltende Medianebene nicht mit der für die bilateralsymmetrischen Larvenformen geltenden zusammenfällt, wie wir sofort erkennen werden.

Darm. Der Darm der Echinodermen, fast völlig aus dem entodermalen Urdarm hervorgegangen und meist nur undeutlich in einzelne Abschnitte gegliedert, beschreibt bei den ursprünglicheren Formen eine horizontale flache Spiraltour (Fig. 112). Betrachten wir eine Antedonlarve von der Mundseite (Fig. 110), so erkennen wir, daß der Darm, von der Mundöffnung beginnend, im Körperinnern eine fast vollkommene Zirkeltour im Sinne des Uhrzeigers beschreibt, bis er im vorderen Interradius (Interradius 5—1) aber dem Radius 5 genähert nach außen mit dem After mündet. Der Darm befindet sich in einem echten Coelom und ist durch ein horizontal verlaufendes Mesenterium (Fig. 112 *ms*) an der Leibeswand befestigt. Dies Mesenterium teilt die Leibeshöhle in eine actinale und eine abactinale Hälfte. Für die Zurückführung des Baues der Echinodermen auf den der bilateral-symmetrischen Larve ist von Wichtigkeit, im Auge zu behalten, daß das erwähnte horizontale Mesenterium aus dem in der Medianebene der Larve gelegenen dorsoventralen Mesenterium hervorgegangen ist. Und zwar entwickelt sich die actinale oder orale Partie der Leibeshöhle aus dem linken Coleomsack der Larve (dem linken Rumpfcoelom oder linken hinteren Enterocoel der Autoren Fig. 121 *ls*), während das abactinale Kompartiment der Leibeshöhle dem rechten Coelomsack der Larve, genauer gesprochen, dem rechten Rumpfcoelom (rechten, hinteren Enterocoel der Autoren Fig. 121 *rs*) entstammt. Dem entsprechend entwickeln sich die fünf Oralplatten, wie auch die Terminalia im Umkreise des ursprünglich linken Coelomsackes; die ganze Anlage des abactinalen Plattensystems dagegen geht aus der Wand des ursprünglich rechten Coelomsackes hervor.

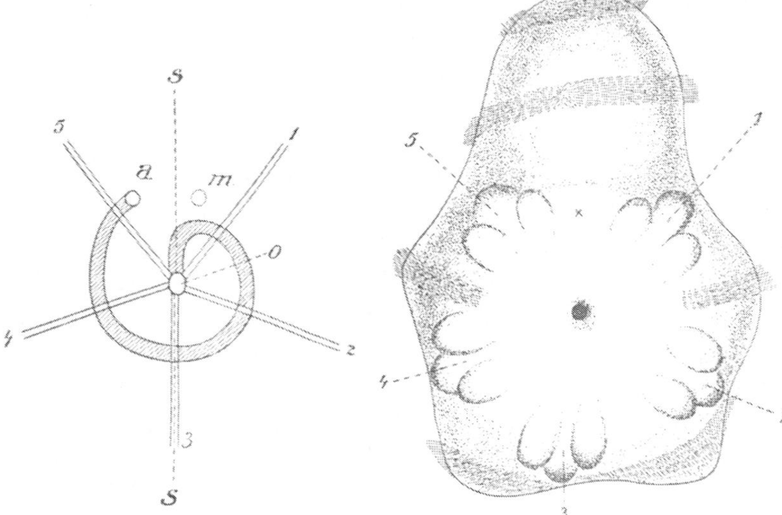

Fig. 110. Verlauf des Darmkanals in der Jugendform von Antedon. Schema im Anschlusse an SEELIGER. *1—5* die fünf Radien, *a* After, *m* Primärporus des Ambulacralsystems, *o* Mund, *s—s* Median- oder Sagittalebene.

Fig. 111. Entwicklungsstadium eines jungen Schlangensterns (Ophiura brevispina). Nach CASWELL GRAVE. Die fünf Radien *1—5* sind durch eine dreilappige Figur (die drei ersten Füßchenanlagen) gekennzeichnet. In der Mitte der Mund. Bei × die Lage der Mündung des Ambulacralgefäßsystems angedeutet.

Ambulacralsystem. Im übrigen ist auch die ganze Anordnung der inneren Organe der Echinodermen stark von der fünfstrahligen Radiärsymmetrie des Körpers beeinflußt. Wir betrachten hier zunächst nur ein Organsystem des Körpers der Stachelhäuter, welches als für diese Gruppe besonders typisch erachtet werden kann. Wir meinen jenes System, welches die älteren Autoren als Wassergefäßsystem bezeichneten und welches derzeit meist den Namen „Ambulacralgefäßsystem" führt, da es mit den Lokomotionsorganen in innigster Beziehung steht. Es handelt sich um ein System von Kanälen, welche von einer reichlich mit Seewasser durchsetzten, blutähnlichen Flüssigkeit erfüllt sind, die zur Schwellung der hohlen Füßchen verwendet wird. Als Zentralteil dient ein den Oesophagus umziehender Ringkanal (Fig. 113 *r*), von welchem fünf, den Radien folgende Radiärgefäße (*r'*) ausgehen, welche an die einzelnen Füßchen Seitenästchen (*f*) abgeben. Vom Ringkanal zieht im Interradius 5—1 ein mit Kalkkonkrementen in seiner gefältelten Wand versehener Kanal (der sog. Steinkanal, canal aquifère *st*) zur Madreporenplatte (*m*). Durch letztere wird Seewasser dem Inhalte des

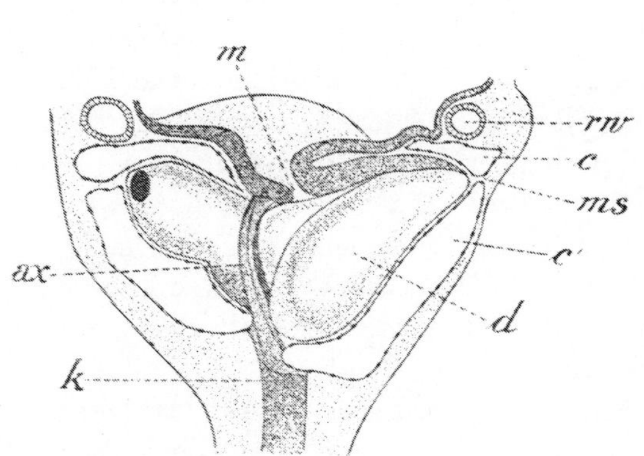

Fig. 112. Junges Entwicklungsstadium von Antedon (vgl. Fig. 109) in der Ansicht vom Radius *3* als durchsichtiges Objekt gezeichnet. Schematisch nach SEELIGER. *ax* Axialorgan, *c* aktinale Hälfte der Leibeshöhle, in der Larve linker Coelomsack, *c'* abaktinale Hälfte der Leibeshöhle, in der Larve rechter Coelomsack, *d* Darm, *k* Anlage des sog. gekammerten Organs, *m* Mund, *ms* Mesenterium, *rw* Ringgefäß des Ambulacralsystems.

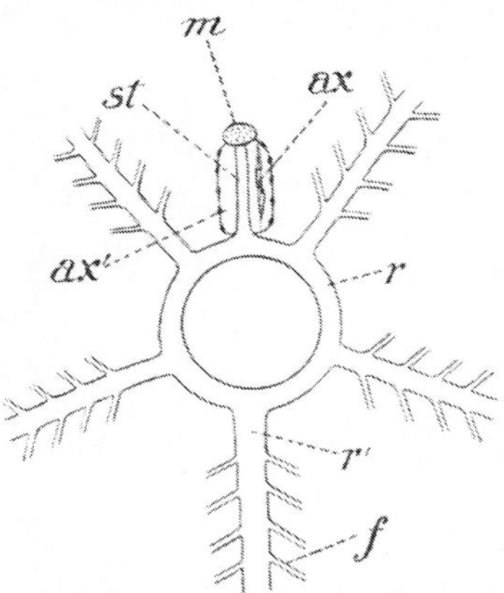

Fig. 113. Schematische Darstellung des Ambulacralgefäßsystems eines Seesterns. *ax* Axialorgan, *ax'* Axialsinus, *m* Madreporenplatte, *st* Steinkanal, *r* zirkumoraler Gefäßring, *r'* Radiärgefäß, *f* Seitenästchen des Radiärgefäßes, welche die Füßchen versorgen.

Ambulacralgefäßsystems zugeführt, welches in der siebartig durchbohrten Madreporenplatte, sowie im Steinkanal einer Art von Filtration unterworfen wird. Es ist von morphologischem Interesse, daß der Steinkanal bei manchen Echinodermen nicht direkt an die Madreporenplatte herantritt, sondern in eine unter dem Madreporiten gelegene Ampulle mündet.

Das ganze Ambulacralgefäßsystem ist ein selbständig gewordener Teil der Leibeshöhle und kann, wie wir später sehen werden, auf das umgewandelte linke Kragencoelom von Balanoglossus bezogen werden (vgl. *lh* in Fig. 121 D). Wie dort die Coelomräume durch besondere Poren nach außen münden, so ist auch die durch den Steinkanal vermittelte Ausmündung des Ambulacralgefäßsystems eine Einrichtung der gleichen Kategorie. Die Anlage des Ambulacralgefäßsystems in den Jugendzuständen der Echinodermen wird als Hydrocoel bezeichnet. Seine Ausmündungsstelle ist dem linken Eichelporus von Balanoglossus gleichwertig zu erachten.

Der Steinkanal ist von einem drüsigen Organ begleitet, dem sog. Axialorgan (Fig. 113 *ax*), welches entwicklungsgeschichtlich zur Ausbildung der Geschlechtsorgane in Beziehung steht. Es findet sich, wie auch der Steinkanal, in einem besonderen Kompartimente der Leibeshöhle (*ax'*), dem sog. Axialsinus, welcher auf das umgewandelte vorderste Coelombläschen der Larve (dem Eichelcoelom von Balanoglossus vergleichbar) zurückzuführen ist (Fig. 121 C u. D *la*).

Coelom. Wie aus dem Vorhergehenden ersichtlich ist, ist das Coelomsystem der Echinodermen von besonderer Komplikation. Wir haben bisher kennen gelernt: den actinalen und den abactinalen Coelomraum, beide ursprünglich durch das erwähnte horizontale Mesenterium voneinander getrennt; ferner das aus dem Hydrocoel hervorgegangene Wassergefäßsystem, die Ampulle unter der Madreporenplatte und den Axialsinus. Wir haben noch zwei von dem actinalen Coelomkompartiment sich absondernde Teile der Leibeshöhle anzuführen: den sog. Peribuccalsinus und das System der sog. Pseudohaemalkanäle.

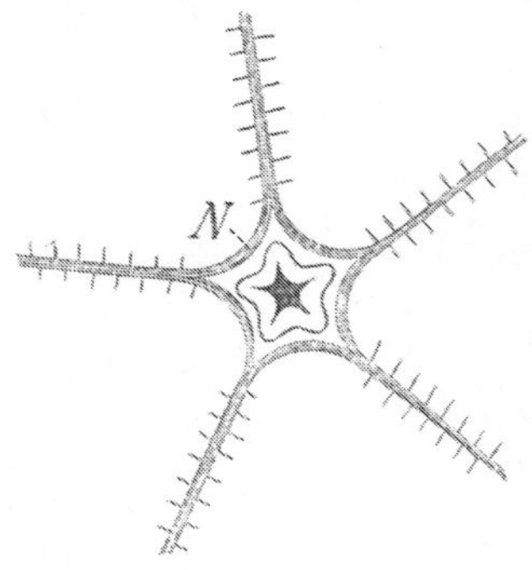

Fig. 114. Schema des Nervensystems eines Seesterns. Aus GROBBENS Lehrbuch. *N* Nervenring, welcher die fünf radialen Zentren verbindet.

Der Peribuccalsinus, auch als orales Coelom bezeichnet, umgibt den vordersten Abschnitt des Darmkanals. Er bildet sonach einen ringförmigen Hohlraum in der Umgebung der Mundöffnung. Von dem actinalen Coelom oft nur undeutlich abgegrenzt, erscheint er doch in manchen Gruppen als schärfer begrenzter Hohlraum. So bei den regulären Echiniden, bei denen er den als Laterne des Aristoteles bezeichneten Kauapparat in sich aufnimmt.

Nervensystem. Die Besprechung der Pseudohaemalkanäle (Subneuralkanäle) erfordert eine Orientierung über die Lage des Nervensystems der Stachelhäuter. Bei den Crinoiden und den Asteriden liegt es oberflächlich im Epithel des Körpers. Es finden sich hier fünf radial verlaufende (in der Haut der Füßchenrinnen gelegene) Hauptnervenstämme (Fig. 114), welche in der Umgebung des Mundes zu einem fünfeckigen Nervenring (*N*) zusammentreten. Bei den Schlangensternen, den Seeigeln und den Holothurien hat das Nervensystem im wesentlichen dieselbe Konfiguration. Nur ist es hier durch röhrenartige Einstülpung mehr nach innen versenkt. Die bei diesem Versenkungsprozeß gebildeten, von Ektoderm ausgekleideten Röhren werden als Epineuralkanäle bezeichnet.

Da das Ambulacralgefäßsystem in gleicher Anordnung der Innenfläche der Leibeswand angefügt ist, so müßten wir erwarten, daß die hauptsächlichsten Kanäle des Ambulacralgefäßsystems die Hauptnervenzüge von innen dicht berühren. Zwischen beiden ist aber das System der sog. Pseudohaemalkanäle (Subneuralkanäle) eingefügt, welche — wie die Entwicklungsgeschichte lehrt — als ein Derivat des aktinalen Leibeshöhlenkompartiments zu betrachten sind.

Abgesehen von all diesen Kanälen kommt den Echinodermen auch ein echtes geschlossenes Blutgefäßsystem zu, ein System von wandungslosen Lacunen, im Bindegewebe entwickelt, ohne Herz und ohne eigentlichen Kreislauf. Bei den Echiniden und Holothurien ist es den Zootomen seit langem bekannt. Wir finden dort zwei den Darm begleitende Hauptgefäße, welche aus einem Lacunennetz der Darmwand gespeist werden und in einen den Schlund umkreisenden Gefäßring einmünden. Von letzterem werden fünf in den Radien die Ambulacralgefäße begleitende Hauptstämme entsendet. Außerdem entspringt vom zirkumoralen Gefäßring ein das Axialorgan umspinnender Gefäßplexus, welcher abactinalwärts mit den Gefäßgeflechten der Gonaden zusammenhängt.

A. Crinoidea, Haarsterne oder Seelilien.

Wenn wir im vorhergehenden mehr ein allgemeines Schema des Baues der Echinodermen entworfen haben, so wollen wir, zu konkreterer Beschreibung rezenter Formen übergehend, zunächst die in spärlichen Vertretern erhaltenen Crinoiden ins Auge fassen. Die meisten Crinoiden (Armlilien) sind mittelst eines langen Stieles, der im Innern ein gegliedertes Kalkskelett birgt und häufig Rankenwirtel trägt, am Grunde des Meeres festgewachsen (Fig. 115). Indes ist gerade die am häufigsten studierte Form (Antedon bifida = Comatula mediterranea) nur in ihren Jugendstadien (Fig. 109) festgewachsen, während sie im ausgebildeten Zustande mit graziösen peitschenden Bewegungen ihrer gefiederten Arme umherschwimmt oder sich mit einem apicalen Rankenbüschel an Meerespflanzen festklammert. Der Körper der Crinoiden ist kelchförmig. Doch bezeichnet man meist die in den Stiel übergehende abactinale Körperhälfte als Calyx, während die abgeflachte actinale Körperhälfte als Kelchdecke beschrieben wird. Letztere trägt in ihrer Mitte die Mundöffnung (Fig. 115 *O*), in einem Interradius nicht selten auf schornsteinförmiger Erhebung den After (*A*). An der Grenze von Kelch und Kelchdecke entspringen fünf, häufig gegabelte oder dichotomisch verzweigte, gegliederte Arme, welche fiederförmig feinste Endausläufer, sog. Pinnulae tragen. Diese Pinnulae sind auch nur als Zweige der Arme, nicht als Bildungen besonderer Art zu betrachten. Über die Anordnung der Platten im Kelche jugendlicher Crinoiden haben wir oben (S. 303) kurz berichtet.

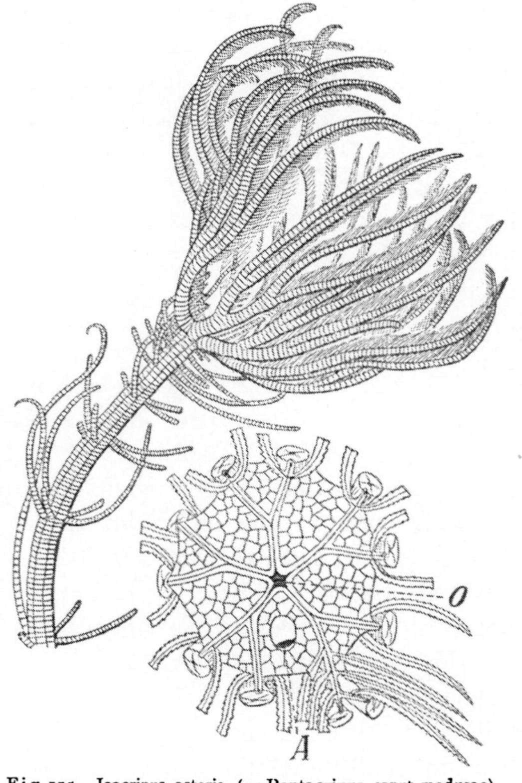

Fig. 115. Isocrinus asteria (= Pentacrinus caput medusae). Nach J. MÜLLER aus GROBBENS Lehrbuch. *O* Mund, *A* After an dem von der Oralfläche dargestellten Kelche.

Der Darm vollführt von der Mund- zur Afteröffnung die oben geschilderte Zirkeltour (Fig. 110). Die Nahrung wird dem Munde durch bewimperte Ambulacralfurchen zugeführt, welche vom Munde radialwärts ausstrahlend und sich verzweigend auf die Arme sich fortsetzen und in den Pinnulae enden. Diese

Ambulacralfurchen sind von Saumläppchen und kleinen tentakelförmigen, der Saugscheiben entbehrenden Füßchen begleitet.

Diesen Furchen entsprechen im Innern die Verzweigungen des Ambulacralgefäßsystems. Am circumoralen Ringe des Hydrocoels finden sich meist zahlreiche Steinkanäle, welche sich in das Coelom öffnen, während entsprechend gelagerte Kelchporen, d.i. Durchbohrungen der Kelchdecke, den Verkehr mit dem umgebenden Medium vermitteln.

In der Kelchachse, von der Darmspirale umkreist, findet sich das Axialorgan (Fig. 112 *ax*), welches sich apicalwärts vom sog. gekammerten Organ (einem Derivat der abactinalen Coelomhälfte) umgeben in den Stiel fortsetzt. Actinalwärts läuft das Axialorgan bei den Jugendformen in Stränge aus, welche sich als Genitalstränge in die Arme fortsetzen und in den Pinnulae reife Geschlechtsprodukte erzeugen, die durch Platzen der Wand der Pinnulae, durch Entwicklung sekundärer Genitalöffnungen, nach außen gelangen. Man hat das Axialorgan mit seinen Verzweigungen einem Baume verglichen, welcher in seinen Endausläufern in den Pinnulae zur Fruktifikation gelangt.

B. Eleutherozoa.

Wir gehen hier zunächst von der Betrachtung eines Seesternes (Fig. 106) aus. Gegenüber dem kelchförmigen Bau der Crinoiden ist hervorzuheben, daß die Hauptachse des Körpers eine Verkürzung erfahren hat, während sich der Körper mehr in der Fläche der Arme ausbreitet. Die Arme der Seesterne sind den Armen der Haarsterne vielleicht nicht vergleichbar. Man müßte, um sich das Verhältnis zurechtzulegen, annehmen, daß die Crinoidenarme verloren gegangen sind und die Seesternarme als sekundäre Ausbuchtungen des Kelches entwickelt wurden, womit wir nicht andeuten wollen, daß wir dieser Vorstellungsweise den Wert einer phylogenetischen Ableitung zugestehen.

Der in fünf Arme sich fortsetzende oder oft unter Verkürzung der Arme pentagonal gestaltete Körper läßt eine actinale und eine abactinale Fläche erkennen. Da die actinale Fläche beim Kriechen gegen die Unterlage gerichtet ist, so wird sie auch häufig als Bauchseite bezeichnet. Sie trägt in der Mitte die Mundöffnung (Fig. 106 *O*) und von dieser radiär ausstrahlend die fünf Füßchenalleen (*Af*), welche an der Spitze der Arme mit einem an der Basis des unpaaren Terminaltentakels gelegenen Auge enden. Dieses unpaare Primärfüßchen, welches ontogenetisch von allen Füßchen zuerst angelegt wird, sitzt auf der sog. Terminalplatte des Armes.

Die abactinale Körperfläche, der sog. Rücken des Seesternes, ist von einer lederartigen Haut bedeckt; sie trägt im Interradius 5—1 die Madreporenplatte und in ihrer Mitte subzentral die Afteröffnung. Genau genommen findet sich der After nicht am apicalen Pole, sondern etwas seitlich im Interradius 4—5. Der kurze Darm zeigt nur in den jüngsten Entwicklungsstadien eine Andeutung der oben geschilderten Spirale. Er ist sackförmig (*Mg*) und trägt fünf Paare von Divertikeln (Fig. 116 *Db*), welche sich in die Arme erstrecken.

Die Genitalorgane finden sich in der Form interradial gelagerter Büschel (Fig. 116 *G*). Gewöhnlich ist in jedem Interradius ein Paar solcher Bündel gelegen. Sie münden in der abactinalen Körperwand nach außen und zeigen eine ähnliche Beziehung zum Axialorgan, wie wir sie bei den Crinoiden vorfanden. Das Axialorgan, mit dem Steinkanal (*St*) in einem besonderen Leibeshöhlenkompartiment (*As*) gelegen (vgl. oben S. 305), setzt sich an der Innenfläche der abactinalen Körperwand in einen den apicalen Pol umziehenden ringförmigen Strang (*Rs*) fort, welcher interradiale Fortsätze (Rs_1) entsendet, die von einer wahrscheinlich nicht dem Axialsinus, sondern dem linken Somatocoel entstammenden Hülle umgeben an die Genitalbüschel herantreten. Es können sonach auch hier die Gonaden als die fruktifizierenden Endausläufer des genannten Strangsystemes betrachtet werden.

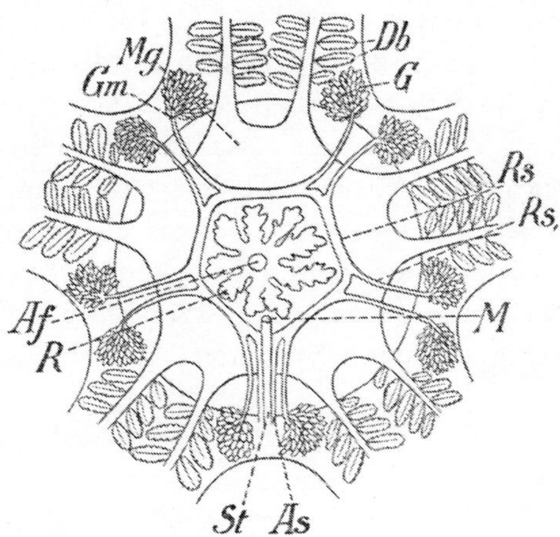

Fig. 116. Genitalorgane und zentraler Teil des Darmes eines Seesterns. Schematisch nach LANG aus GROBBENS Lehrbuch. *G* Genitaldrüsen, *Gm* Ausmündungsstelle derselben, *As* Achsensinus (vgl. Fig. 113), *Rs* apikaler Ringsinus mit dem Genitalstrang, Rs_1 radiäre Fortsetzungen desselben zu den Genitaldrüsen, *St* Steinkanal, *M* Madreporenöffnung, *Mg* Magen, *Db* radiäre Blindsäcke desselben, *R* Rektaldivertikel, *Af* After.

Von der Form des Seesternes (Fig. 106) können wir die des Seeigels (Fig. 105) ableiten, wenn wir uns vorstellen, daß die Arme immer mehr verkürzt und schließlich vollständig in den Körper zurückgezogen wurden, während gleichzeitig sich die aktinale Körperhälfte auf Kosten der abaktinalen vergrößerte. Die letztere zieht sich dann zu einem kleinen, am Scheitel des Seeigels gelegenen Felde zusammen, in welchem sich subzentral im Radius 4 die Afteröffnung vorfindet. So ist es zu erklären, daß die Füßchenreihen in Halbmeridianen von der Mundöffnung bis nahe zur Afteröffnung heranreichen, und daß die Terminalplatten (hier als Ocellarplatten bezeichnet) den Kranz der Basalia, welche hier Genitalplatten genannt werden und das Analfeld umgrenzen, direkt berühren.

Die Körperform der Holothurien läßt sich unschwer auf die des Seeigels zurückführen, wenn wir annehmen, daß die vom Mund zum After ziehende Körperlängsachse eine erhebliche Streckung erfuhr, und daß die Platten des Hautpanzers, den Lederigeln (Echinothuriidae) vergleichbar, gegeneinander beweglich wurden und schließlich der Rückbildung anheimfielen, woraus die nur mit kleineren Kalkkörperchen durchsetzte Lederhaut der Seegurken resultierte.

Wenn wir so die Form des Seeigels und der Seewalze von den Seesternen ableiten, so ist darunter nicht etwa eine stammesgeschichtliche Herleitung zu verstehen. Es handelt sich uns nur um eine völlig ideelle Zurückführung, durch welche die Homologien in den einzelnen Kreisen der Echinodermen zum Ausdruck gebracht werden sollen. Die einzelnen Stämme dieser Gruppe haben sich vermutlich frühzeitig, von cystoideenähnlichen Urformen ausgehend, voneinander gesondert.

Nur eins möchten wir bemerken. Gegenüber einer von manchen Seiten vertretenen Auffassung, derzufolge unter den jetzt lebenden Stachelhäutern die Holothurien eine besonders ursprüngliche Stellung einnehmen sollten, welche es vielleicht gestattet, durch ihre Vermittlung die Echinodermen an Wurmformen (etwa an Gephyreen?) anzuschließen, möchten wir aussprechen, daß wir die Holothurien als sekundär vereinfachte Ausläufer der Echinodermengruppe betrachten. Wenn es auch auffallen muß, daß bei diesen Formen der primäre Steinkanal sowie der Genitalausführungsgang im dorsalen Mesenterium gelegen ist, daß hier eine einzige, nicht in einen Axialsinus aufgenommene Gonade sich findet, daß ein Axialorgan vermißt wird, so ergeben sich doch bei dem Versuche einer derartigen Ableitung der Echinodermen erhebliche Schwierigkeiten. Alles deutet darauf hin, daß die Stammform der Echinodermen eine gestielt festsitzende war und daß die radiärsymmetrische Körperbildung im Anschlusse an die sedentäre Lebensweise erworben wurde. Unter diesem Gesichtspunkte muß uns die wurmähnlich kriechende Bewegungsweise der Holothurien und die im Anschlusse hieran sich geltend machende stärkere Betonung der bilateralen Symmetrie nicht als ein ursprüngliches, sondern als ein nachträglich entstandenes Merkmal erscheinen. Diese Tiere sind — wie wir meinen — nach vorübergehender Festsetzung sekundär zu den Lebensgewohnheiten ihrer wurmähnlichen Vorfahren zurückgekehrt.

C. Entwicklung der Echinodermen.

Einige Vorgänge der ersten Entwicklung der Echinodermen wurden bereits oben (S. 212) berührt. Wenn es sich damals um die Entwicklung des Darmkanals, um die Beziehungen des Blastoporus zu Mund- und Afteröffnung der Larve handelte, so müssen wir jetzt einige Vorgänge nachholen, welche das Bild der ersten Entwicklung der Stachelhäuter vervollständigen, wir meinen: die Mesenchymbildung und die Coelomentstehung.

Das kleine, mit feinen Dotterkörnern gleichmäßig durchsetzte Ei der Echinodermen entwickelt auf dem Wege einer totalen und eigentümlich regulären Dotterklüftung (sog. Radiärtypus der Furchung) eine kugelförmige Coeloblastula (Fig. 117 A), aus welcher durch Einstülpung eine Gastrula (B) entsteht. Die gallerterfüllte Furchungshöhle (primäre Leibeshöhle) wird durch den relativ kleinen Urdarm nicht völlig verdrängt. Indem in diesen Raum vom Scheitel des Urdarmes aus Zellen der Darmwand amoeboid einwandern (*ms*), kommt es zur Ausbildung eines Mesenchymgewebes, aus welchem das Bindegewebe, das Skelettgewebe und die Blutlacunen des ausgebildeten Tieres, aber nicht die Körpermuskeln hervorgehen. Oft setzt die Mesenchymbildung schon vor der Entwicklung der Urdarmeinstülpung ein, doch auch in diesem Falle vom vegetativen Pole aus erfolgend. Nur spärlich lauten einige Angaben, dahingehend, daß auch vom Ektoderm aus Mesenchym gebildet werden könne.

In der Regel wird der Blastoporus (Fig. 117 *bp*) nicht verschlossen. Aus ihm, dessen Lage uns ursprünglich den hinteren Pol der Primärachse kennzeichnet, geht die Afteröffnung der Larve hervor. Während der Urdarm sich streckt, krümmt er sich etwas nach der Seite (Fig. 117 C) und jene Seite, gegen die er sich biegt, kennzeichnet uns die spätere Ventralseite der Larve. Sein Vorderende deutet gegen eine inzwischen als Einsenkung des Ektoderms entstandene

Mundbucht (Fig. 118 A *m*). Bevor er aber mit dieser Mundbucht sich vereinigt, schnürt er von seinem Vorderende rechts und links je ein Säckchen (Fig. 118 A und D *c*) ab, welche als primäre Enterocoelsäckchen bezeichnet werden sollen.

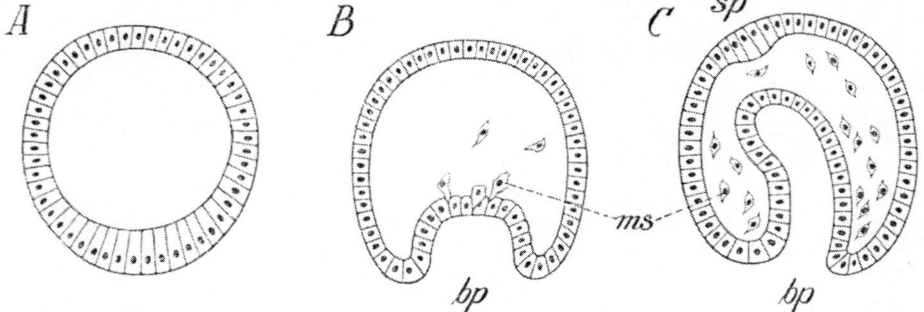

Fig. 117. *A* Blastula, *B* und *C* Gastrulastadien eines Echiniden, Fig. *C* in der Ansicht von der linken Körperseite. ematisch. *bp* Blastoporus, *ms* Mesenchymzellen, *sp* Akron (Scheitelplatte).

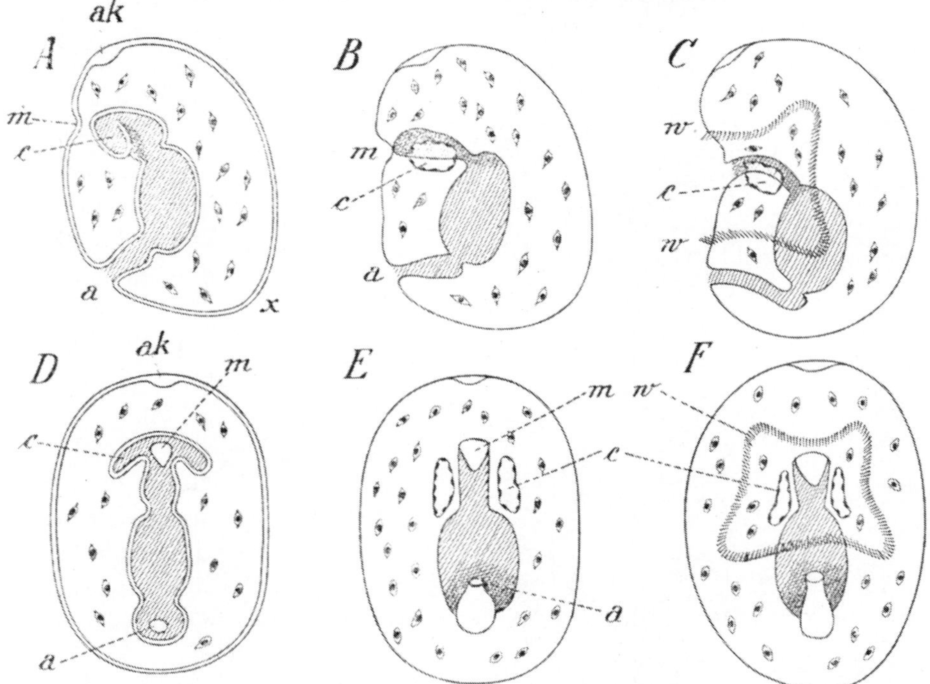

Fig. 118. Entwicklung der Echinodermenlarve. Schema. *A*, *B* und *C* Ansichten dreier aufeinander folgender Stadien von der linken Seite gesehen; *D*, *E* und *F* dieselben Stadien, von der Bauchseite gesehen. *a* After, *ak* Akron (Scheitelplatte), *c* primäres Enterocoelsäckchen, *m* Mund resp. Mundbucht, *w* Wimperschnur.

Inzwischen ist am vorderen Körperpole, doch etwas nach der Ventralseite verschoben, eine Ektodermverdickung aufgetreten, das sog. Akron, welches wir der Scheitelplatte der Trochophora und Tornaria gleichsetzen können (Fig. 117 C *sp*, 118 *ak*). Der Darmkanal gliedert sich nun durch auftretende Einschnürungen in drei Abschnitte: Oesophagus, Magen und Intestinum (Fig. 118); durch Vereinigung mit der Mundbucht wird er durchgängig und zur Nahrungsaufnahme geeignet. Auch der After (*a*) verändert seine Lage. Er rückt an der Ventralseite empor, wodurch der Enddarm in seiner Verlaufsrichtung gegen die des Magens abgeknickt wird. Man könnte vielleicht diese Lageveränderung des Enddarms und der Afteröffnung am richtigsten dadurch erklären, daß man ein stärkeres Anwachsen der dorsalen hinteren Partien des Embryos (bei x in Fig. 118A) annimmt.

Es wird nun jene Partie der Ventralfläche, welche den Mund enthält, ein wenig nach innen eingebuchtet (Fig. 118 C) und dieses versenkte Mundfeld umgibt sich mit einer ungefähr trapezförmig gestalteten Wimperschnur (Fig. 118 C und F*w*). Wir können an ihr einen praeoralen, quer vor dem Munde verlaufenden Teil und einen etwas längeren hinter dem Munde querlaufenden postoralen Abschnitt und zwei Seitenabschnitte unterscheiden. Frühzeitig erscheinen schon die Ecken dieses umsäumten Mundfeldes ein wenig ausgebuchtet: die Vorderecken nach vorne, die Hinterecken nach hinten, und diese Buchten werden in der Folge immer stärker ausgebildet (Fig. 119 B, K, N).

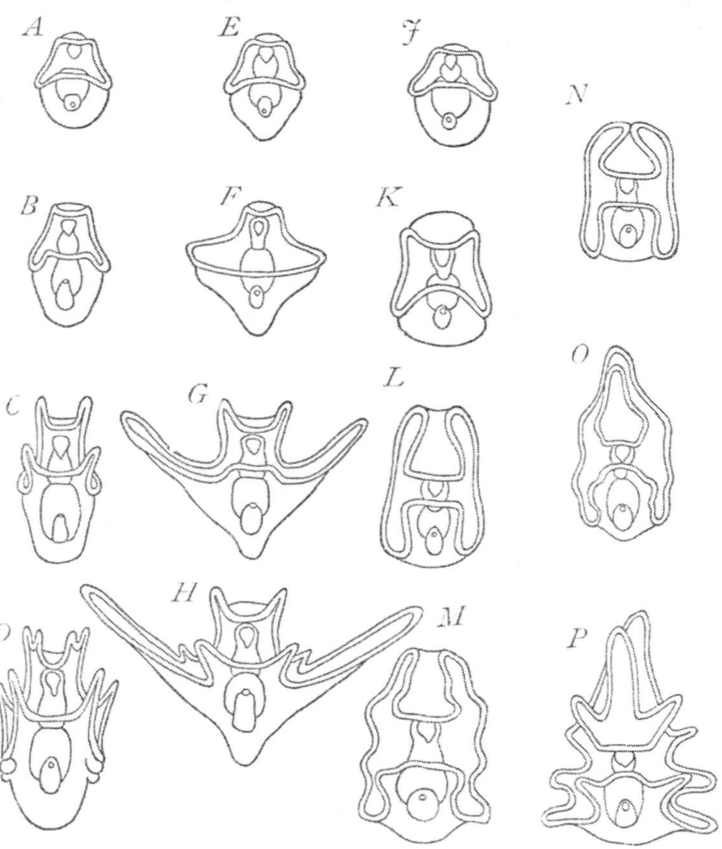

Fig. 119. Ableitung verschiedener Typen von Echinodermenlarven. Nach JOH. MÜLLER aus MORTENSEN, Echinodermenlarven. Nord. Plankton. *D* Echinidenpluteus, *H* Ophiuridenpluteus, *M* Auricularia, *P* Bipinnaria. *A*, *E* und *J* Ausgangsstadien der Entwicklungsreihen; man vergleiche Fig. 118 *C* und *F*. *A*, *B*, *C* und *D* Entwicklungsreihe des Echinidenpluteus, *E*, *F*, *G* und *H* Entwicklungsreihe des Ophiuridenpluteus, *J*, *K*, *L* und *M* Entwicklungsreihe der Auricularia, *J*, *K*, *L*, *N*, *O* und *P* Entwicklungsreihe der Bipinnaria.

Überblicken wir in kurzem den Bau des so erreichten jungen Larvenstadiums (Fig. 118 C und F). Es hat im allgemeinen noch immer rundlich-ellipsoidischen Körperumriß. Das Vorderende ist durch die Scheitelplatte, die wenig hervortritt und bald verschwindet, gekennzeichnet. An der Ventralseite finden wir das eingebuchtete umsäumte Mundfeld. Der Darm verläuft ventralwärts eingekrümmt und in drei Abschnitte gegliedert vom Munde zum After. Der Raum zwischen Darmwand und äußerer Haut ist von Mesenchym erfüllt. Zu beiden Seiten des Oesophagus finden sich die primären Enterocoelsäckchen.

Bei der Betrachtung der weiteren Entwicklung der Echinodermenlarven sind vor allem zwei Punkte ins Auge zu fassen:

1. die Veränderungen der äußeren Körpergestalt, welche von der Umbildung der Wimperschnur, von ihren mannigfaltigen Lappen- und Fortsatzbildungen abhängig sind, und
2. die Weiterentwicklung der Enterocoelsäckchen im Inneren.

Bekannt sind die verschiedenen Formen der Echinodermenlarven, welche als Pluteus (Fig. 119 D und H), Auricularia (M), Bipinnaria (P) und Brachiolaria unterschieden werden. Fig. 119 mag dem Leser eine Vorstellung davon übermitteln, wie sich diese verschiedenen Typen aus dem oben gekennzeichneten Anfangsstadium hervorbilden. Während Fig. 119 D und H zwei verschiedene Pluteustypen (Echinidenpluteus und Ophiuridenpluteus) darstellen, liefert Fig. 119 M ein Bild der für die Holothurien charakteristischen Auricularia und Fig. 119 P ein Schema der Bipinnaria der Asteriden, welcher sich auch die Brachiolaria derselben Gruppe anschließt. Während bei den Pluteusformen längere, durch Kalkstäbe gestützte Arme zur Entwicklung kommen, werden in der Auricularia und Bipinnaria kürzere ohrförmige Lappen der Wimperschnur entwickelt. Wir wollen hier nur kurz bei der Hervorbildung der Gestalt der Auricularia und der Bipinnaria verweilen. Fig. 119 I, K, L und M zeigt verschiedene Stadien der Auricularia. Wir erkennen, daß es sich um stärkere Akzentuierung der oben erwähnten, die Ecken der trapezförmigen Wimperschnur einnehmenden Buchten handelt, während in den longitudinal verlaufenden Partien des Wimpersaumes (Fig. 119 M) durch welligen Verlauf die ohrförmigen Lappen der Auricularia hervorgebildet werden. Die beiden nach vorne ziehenden Buchten des umsäumten Mundfeldes nähern sich immer mehr der Gegend, in welcher die Scheitelplatte gelegen war. Sie begrenzen auf diese Weise ein vor dem Munde zur Ausbildung kommendes Frontalfeld (Fig. 119 L und N). Wenn diese beiden Buchten sich miteinander vereinigen, so wird das Frontalfeld vollkommen aus dem Zusammenhang mit den übrigen Teilen der Wimperschnur ausgeschaltet und dieser Schritt führt zur Entwicklung der typischen Bipinnaria (O und P). Es werden auf diese Weise Verhältnisse der Wimperschnur entwickelt, welche in auffallender Weise an die Tornaria der Enteropneusten gemahnen. Die Beziehungen zwischen der Körperform der Auricularia, Bipinnaria und Tornaria sind durch Fig. 120 verdeutlicht.

Typen der Echinodermenlarven.

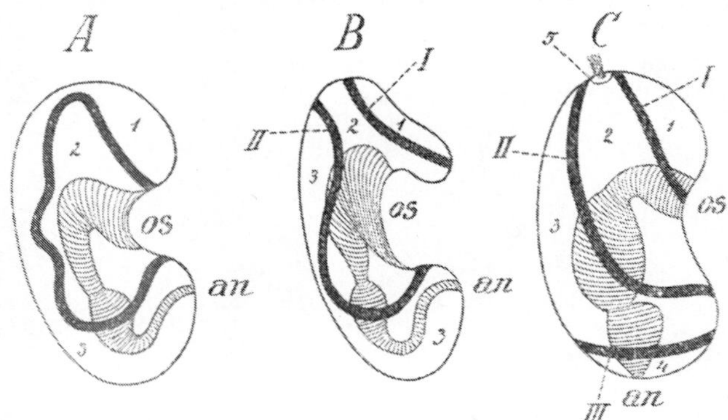

Fig. 120. *A* Auricularia (vgl. Fig. 119 *M*), *B* Bipinnaria (vgl. Fig. 119 *O*), *C* Tornaria (vgl. Fig. 103). Schemen nach LANG. Ansicht von der rechten Körperseite. *1* Scheitelfeld, *2* Mundfeld, *3* Dorsalfeld, *4* Analfeld. *I* praeorale, *II* longitudinale, *III* circumanale Wimperschnur, *5* Scheitelplatte, *os* Mund, *an* After.

Coelom-entwicklung.

Wir fanden in der jungen Larve zwei Coelomsäckchen zu den Seiten des Oesophagus (Fig. 118 C und F *c*). Diese strecken sich nach hinten und schnüren zwei neben dem Magen gelegene Säckchen (Fig. 121 A, B *ls*, *rs*) ab. Wir haben dann zwei Paare von Säckchen. Das vordere Paar (vorderes Enterocoel *lve*, *rve*) liegt neben dem Oesophagus, das hintere Paar, welches dem Magen seitlich angeschmiegt ist (*ls*, *rs*), wollen wir als Somatocoel bezeichnen, weil aus ihm die eigentliche Leibeshöhle des Echinoderms hervorgeht. Die Autoren bezeichnen es meist als hinteres Enterocoel. Das linke vordere Enterocoelsäckchen (Fig. 121 *lve*) entsendet nun einen kurzen Kanal (Porenkanal 121 B *po*) nach der Rückenwand und mündet mit einem meist ziemlich in der Medianlinie des Rückens gelegenen Porus nach außen. Dieser Rückenporus oder Hydroporus ist als Anlage der ersten primären Durchbohrung der Madreporenplatte zu betrachten. Er entspricht vollständig dem Eichelporus der Tornaria (Fig. 103 *po*).

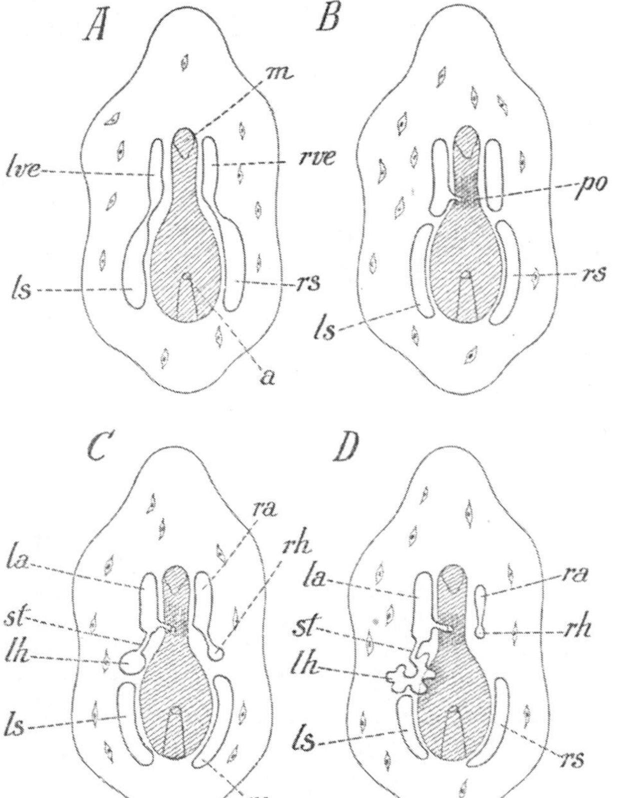

Fig. 121. Schema der Entwicklung der Coelomsäckchen in einer Echinodermenlarve. Ansicht vom Rücken. *a* After, *la* linkes Axocoel, *lh* linkes Hydrocoel, *ls* linkes Somatocoel, *lve* linkes vorderes Enterocoel, *m* Mund, *po* Rückenporus, *ra* rechtes Axocoel, *rh* rechtes Hydrocoel, *rs* rechtes Somatocoel, *rve* rechtes vorderes Enterocoel, *st* Steinkanal.

Bald sproßt aus dem linken vorderen Enterocoel nach hinten eine neue Knospe hervor (Fig. 121 C *lh*). Sie wird zur Hydrocoelanlage, d. h. zur Anlage des Ambulacralgefäßsystems. Frühzeitig nimmt sie hufeisenförmige Gestalt (Fig. 121 D *lh*) an und wenn das Hufeisen sich zu einem Ringe schließt, so ist der zircumorale Gefäßring gebildet. Man erkennt auch bald, daß von dem Hufeisen fünf Zipfel hervorwachsen, in denen wir die Anlage der Radiärkanäle des Ambulacralsystems zu erkennen haben. Die Verbindung, in welcher das Hydrocoelsäckchen mit dem linken vorderen Enterocoel steht, ist als Anlage des Steinkanals zu betrachten (Fig. 121 D *st*). Wir verstehen nun, warum der Steinkanal nicht direkt in der Madreporenplatte ausmündet, sondern vielfach in eine unter dieser Platte gelegene Ampulle. Offenbar haben wir in dieser Ampulle einen Rest des linken vorderen Enterocoelsäckchens (*la*) zu erblicken. Aber aus diesem Säckchen geht überdies noch der Axialsinus hervor. Wir wollen es von dem Momente an, da sich das Hydrocoelsäckchen von ihm abtrennte, als Axocoelsäckchen bezeichnen.

Die gleichen Umwandlungen erfährt wenig später das rechte vordere Enterocoelsäckchen. Auch dieses wird in ein rechtes Hydrocoel (Fig. 121 D *rh*) und rechtes Axocoel (*ra*) gesondert. Doch haben diese Bildungen mehr rudimentären Charakter und scheinen bald zu verschwinden, ohne daß bestimmte Teile des ausgebildeten Echinoderms aus ihnen hervorgingen. Vielleicht könnte man eine von Bury bei Echinidenlarven beobachtete, kleine kontraktile pulsierende Blase, welche dem Porenkanal anliegt und dem „Herzen" der Tornaria homolog scheint, in irgendeiner Weise auf sie beziehen.

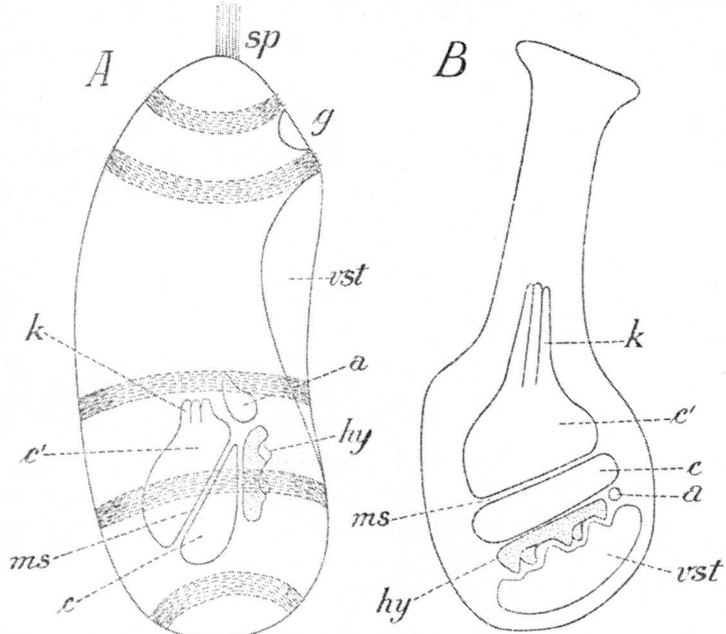

Fig. 122. Zwei Entwicklungsstadien von Antedon bifida (Comatula mediterranea). *A* freischwimmende Larve, *B* festgesetztes Stadium (vgl. Fig. 109 und 112). Schemata nach SEELIGER. *a* Axocoel (später mehr verschwindend und vermutlich mit *c* verschmelzend), *c* aktinales, ursprünglich linkes Somatocoel, *c'* abaktinales, ursprünglich rechtes Somatocoel, *g* Anheftungsgrübchen, *hy* Hydrocoel, *k* Anlage des sog. gekammerten Organs, *ms* Anlage des horizontalen Mesenteriums, *sp* Scheitelplatte mit Wimperschopf, *vst* sog. Vestibulum, ein praeoraler Hohlraum von vorübergehender Bedeutung. Der Darmkanal ist im Inneren des Komplexes der Coelomräume gelegen. Er ist in der Abbildung nicht angegeben.

Wenn wir Fig. 121 C betrachten, so erkennen wir, daß die Coelomanlage der Echinodermenlarve aus drei hintereinander liegenden Paaren von Säckchen besteht, welche wir als Axocoel (*la*, *ra*), Hydrocoel (*lh*, *rh*) und Somatocoel (*ls*, *rs*) bezeichnen. Das linke Axocoel mündet durch den Porenkanal dorsalwärts aus. Das linke Hydrocoel ist dem linken Axocoel durch den Steinkanal (*st*) verbunden. Die beiden Somatocoele umgreifen den Magen. Würden sie ihn völlig umwachsen, so müßte ein in der Medianebene gelegenes Mesenterium zur Ausbildung kommen.

Metamorphose. Die Metamorphose, durch welche die Echinodermenlarve in die ausgebildete Form übergeführt wird, ist ungemein verwickelt, und wir können sie hier nur in den allgemeinsten Zügen andeuten. Die Auricularia geht in die junge Holothurie durch Vermittlung eines tönnchenförmigen Zwischenstadiums über, in welchem die Wimperschnur sich in fünf zirkulär verlaufende Wimperzonen aufgelöst hat. Die gleichen fünf Wimpergürtel weist auch die einzige uns bekannte

Crinoidenlarve, die von Antedon (Comatula Fig. 122 A) auf. Es scheint überhaupt dem Zwischenstadium mit fünf Wimperzonen eine allgemeinere morphologische Bedeutung zuzukommen, als man bisher angenommen hat, da Caswell Grave auch bei Ophiuriden und Echiniden Stadien mit derartig angeordneten Wimperzonen aufgefunden hat (vgl. Fig. 111). Ohne auf diese Formen näher eingehen zu wollen, sei erwähnt, daß der Hydroporus regelmäßig hinter dem dritten Wimperreifen sich findet, während der Mund ursprünglich vor diesem gelegen zu sein scheint.

Die Entwicklung von Antedon (Comatula), durch die Untersuchungen von Bury und Seeliger genau festgestellt, aber ungemein kompliziert und schwer zu verstehen, kann als eine mehr abgekürzte Metamorphose betrachtet werden. Ein der Auricularia vergleichbares Larvenstadium fehlt hier. Die Larve kommt mund- und afterlos in dem Stadium mit fünf queren Wimperzonen aus dem Ei (Fig. 122 A). Am vorderen Pole findet sich eine mit Wimperschopf besetzte Scheitelplatte (*sp*) und neben ihr ventralwärts eine drüsige Anheftungsgrube (*g*), mit welcher das junge Wesen sich festsetzt. Die Bauchseite ist etwas eingebuchtet, die Rückenseite mehr gewölbt. Aus dem ganzen vorderen Teil der Larve geht der Stiel des festsitzenden pentacrinoiden Jugendzustandes (sog. Cystideenstadium der Comatula, Fig. 109 A) hervor. Wir sehen auch schon an der freischwimmenden Larve, daß die inneren Organe in den hinteren Körperabschnitt hinter dem dritten Wimperreifen verlagert sind (Fig. 122 A). Wir erkennen die Anlage des mit fünf Zipfeln versehenen Hydrocoelringes (*hy*). Er kennzeichnet uns die actinale Fläche dieses Innenkomplexes, in dessen Mitte später die Mundöffnung durchbricht. Dieser Komplex erleidet im Verlaufe der Metamorphose eine Rotation derart, daß seine actinale Fläche nach hinten gerückt und auf die Hauptachse senkrecht gestellt wird (Fig. 122 B).

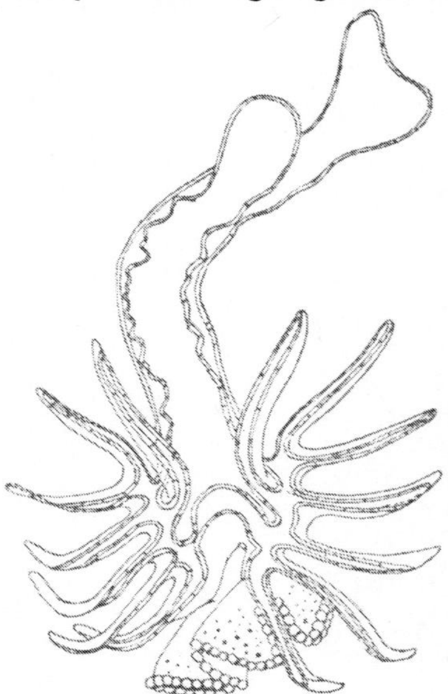

Fig. 123. Bipinnaria asterigera von Luidia sarsi Düb. et Kor. Nach JOH. MÜLLER (MORTENSEN) aus STEUERS Planktonkunde.

Während die junge Holothurie und das pentacrinoide Stadium von Comatula sich durch Umformung der Larvengestalt entwickeln, wird der junge Seestern nur aus einem hinten gelegenen Teil der Bipinnaria geformt, so daß man den Eindruck gewinnt, wie wenn das junge Echinoderm durch einen Knospungsprozeß aus der Larve hervorwüchse. Der Larvenkörper mit seinen Anhängen wird dann mehr und mehr rückgebildet und erhält sich an dem jungen Seestern noch eine Zeitlang in der Form eines Rudiments. Wir geben ein Bild der Bipinnaria asterigera (Larve von Luidia sarsi Fig. 123), aus welchem zu ersehen ist, daß der junge Stern dem Larvenrest gegenüber die gleichen Lagebeziehungen aufweist, wie in der festgesetzten Comatulalarve der Calyx zum Anheftungsstiel. Durch einen ganz ähnlichen Knospungsprozeß wachsen auch die jungen Seeigel und Schlangensterne aus den ihnen zukommenden Pluteuslarven hervor. An der Metamorphose dieser Formen ist besonders bemerkenswert, daß die actinale Seite des jungen Echinoderms aus der linken Körperseite der Larve, die abaktinale Fläche aus der rechten Larvenhälfte hervorgeht. Wir sahen ja schon in Fig. 121 D, daß die Hydrocoelanlage linkerseits in der Form eines Hufeisens auftritt. Sie bildet gewissermaßen den Kristallisationskern, um den das neuanzulegende Echinoderm sich gruppiert. Wenn das Hufeisen sich zu einem Hydrocoelring geschlossen hat, so bricht in seiner Mitte die Mundöffnung des jungen Tieres durch. In vielen Fällen verfällt nämlich der Schlund der Larve einer Rückbildung, während der definitive Mund sekundär gebildet wird.

D. Zur Phylogenie der Echinodermen.

Wir sind durch die vorhergehenden Andeutungen den komplizierten Vorgängen der Metamorphose, durch welche das Echinoderm aus der bilateralsymmetrischen Larvenform herausgebildet wird, auch nicht annähernd gerecht geworden. Es hätte dies ein genaueres Eingehen auf die von einem Larventypus zum anderen variierenden Verhältnisse erfordert. Zur Vervollständigung dieses Bildes sei es gestattet, ein aus allen diesen Beobachtungen abstrahiertes Schema vorzuführen und dasselbe in die Sprache phylogenetischer Spekulationen zu kleiden. Die isolierte Stellung der Echinodermen, ihr von den übrigen Gruppen abweichender Bau und ihre eigenartige Ontogenese — alles deutet auf eine ungemein komplizierte Stammesgeschichte dieses Tierkreises. Vielfach wurde versucht, in die Rätsel dieser Vorgänge einzudringen. Die geistvollen Überlegungen Bütschlis, die Konstruktionen Semons und Haeckels, die auf die Kenntnis der anatomischen Verhältnisse sedentärer Anneliden sich stützenden Ausführungen Ed. Meyers seien hier genannt. Wir basieren im folgenden auf den ontogenetischen Ergebnissen Burys und Mac Brides und schließen uns in freierer Weise an Lang und Bather an.

Die hypothetische bilateralsymmetrische Stammform der Echinodermen mag als *Dipleurula* (Fig. 124 A) bezeichnet werden. Wir denken an ein würmchenähnlich kriechendes Wesen mit dreigliedrigem Darmkanal. Mund (*m*) und After (*an*) lagen an der Bauchseite, der Enddarm nach vorne gekrümmt. Das vordere Körperende war von einem Nervenzentrum (Scheitelplatte *sp*) eingenommen. Drei Paare von Coelomsäckchen (*ax*, *hy*, *ls*) begleiten seitlich den Darmkanal, in der Medianebene zur Bildung dorsoventraler Mesenterien zusammentretend. Wir bezeichnen diese Coelomsackpaare in der Reihenfolge von vorne nach hinten als Axocoel, Hydrocoel und Somatocoel. Die paarigen Axocoelsäckchen mündeten am Rücken des Tieres mit paarigen Rückenporen (*po*) nach außen und standen mit den folgenden Hydrocoelen durch einen Gang (Steinkanal *st*) in Verbindung. Dipleurula.

Es ist zu vermuten, daß die *Dipleurula* ein enteropneustenähnliches Wesen war. Wir würden dann das Axocoel dem Eichelcoelom, das Hydrocoel dem Kragencoelom, das Somatocoel dem Rumpfcoelom von Balanoglossus vergleichen, während der Rückenporus der Dipleurula dem Eichelporus der Tornaria zu homologisieren wäre. Ob die Dipleurula eine frei umherkriechende Form war oder wie Rhabdopleura in selbstgebauten Röhren wohnte, mag dahingestellt bleiben.

Umwandlungen der Dipleurula.

Der Übergang der Dipleurula zur festsitzenden Lebensweise erfolgte in der Weise, daß das Tierchen sich mit dem vorderen Körperende an der Unterlage festheftete (Fig. 124 B), während der hintere Körperabschnitt sich etwas von der Unterlage abhob. Der Kopflappen des Tieres wurde auf diese Weise zum Anheftungsstiel. Hierbei erfuhr das Axocoel eine Streckung. Aus ihm, und zwar aus dem linken Axocoelsäckchen geht der Axialsinus (*ax'*) und die Ampulle (*ax''*) unter der Madreporenplatte der ausgebildeten Form hervor.

Die erste Abweichung von der bilateralen Symmetrie der Dipleurula kam dadurch zustande, daß der Mund nach der linken Körperseite verschoben wurde (Fig. 124 B *m*). Er buchtete bei dieser Wanderung das linke Hydrocoelsäckchen ein, welches nun hufeisenförmig den Schlund umgab. Frühzeitig mögen im Umkreise des Mundes tentakeltragende Arme aufgetreten sein, ursprünglich vielleicht nur zwei oder drei, bald zur Fünfzahl übergehend (vgl. S. 300). Und zwar wurden die Radien 1 und 2 dorsalwärts, Radius 3 nach hinten, die Radien 4 und 5 nach der Ventralseite zu entwickelt. Der Interradius 5—1, welcher die Verwachsungsstelle des hufeisenförmigen Ambulacralgefäßringes in sich aufnahm, war nach vorne gerichtet. In diesen Interradius gelangen später der After und der Hydroporus.

Mit diesen Umbildungen, welche zu regerer organbildender Tätigkeit an der linken Körperseite Veranlassung gaben, steht in Zusammenhang die Rückbildung des rechtsseitigen Axocoels mit seinem Porenkanal und des rechten Hydrocoels. Inwieweit sich von diesen Bildungen Reste im Echinodermenkörper erhalten haben (vgl. oben S. 315), soll hier nicht näher erörtert werden. Wir werden sie in unseren weiteren Betrachtungen vernachlässigen.

Der nächste Schritt der Entwicklung war dadurch gekennzeichnet, daß der Körper sich in der Richtung der früheren Längsachse allmählich verkürzte (Fig. 124 C). Es war eine Tendenz maßgebend, die Organe um das durch den Mund gekennzeichnete organbildende Zentrum zu massieren. So gelangte der Darm zur charakteristischen Form einer dexiotropen Spirale, während der After (*an*) nach vorne verlagert wurde. Dieser spiraligen Einkrümmung des Darmkanals folgten auch die beiden Somatocoelsäcke (Fig. 124 B *ls, rs*) und das sie trennende dorsoventrale Mesenterium.

Ausbildung des festsitzenden Stadiums.

Als letzten Schritt in der fortschreitenden Umbildung der Dipleurula zum Echinoderm müssen wir bezeichnen eine Drehung des früheren hinteren Körperabschnittes um 90°, wobei die frühere Hauptachse (*v—h* in Fig. 124 C) als Drehungsachse fungierte. Infolge dieser Drehung kam alles, was früher an der linken Körperseite gelegen war, nach oben, was früher rechts lag, nach unten. Nun liegt der Mund dem Anheftungspole gegenüber (Fig. 124 D). Der linke Somatocoelsack ist zum Coelom der actinalen Körperhälfte (*ls*) geworden, während sich der ursprünglich rechte Somatocoelsack (*rs*) in das Coelom der abactinalen Seite umwandelt. Das beide trennende ursprünglich dorsoventrale Mesenterium (*ms*) ist nun zu einer horizontalen Scheidewand geworden. Im Umkreise des actinalen Coelomsackes (des ursprünglich linken Somatocoels) entwickeln sich die Platten der Kelchdecke (die Oralplatten), während die Plattenzyklen des apicalen Systems in der Umgebung des abactinalen Coelomsackes (des ursprünglich rechten Somatocoels) gebildet werden.

Der Axialsinus gelangt im Verlaufe dieser Umbildungen immer mehr in die Körperachse. Wir haben noch nicht von der Entstehung des im Axialsinus sich

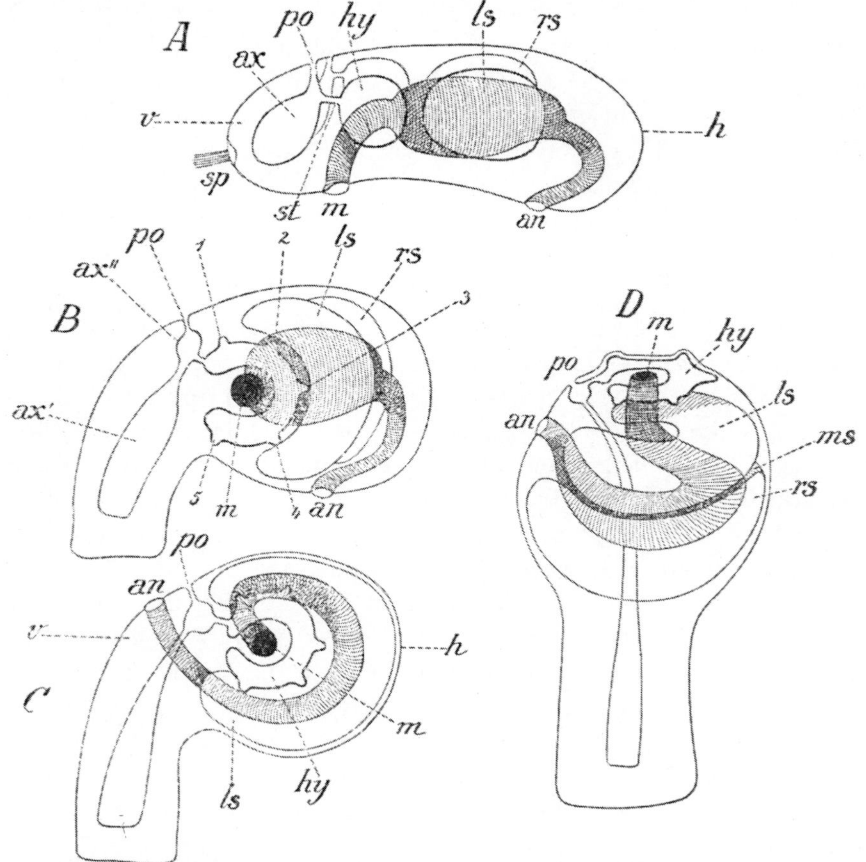

Fig. 124. Schemen zur Verdeutlichung unserer Vorstellungen bezüglich der Phylogenie der Echinodermen (im Anschlusse an BATHER). Da diese Schemen den verschiedenen Entwicklungszuständen der Echinodermen nachgebildet sind, so können sie auch (mit gewissen, leicht vorzunehmenden Modifikationen) zur Verdeutlichung der Vorgänge während der Metamorphose der Echinodermenlarven dienen. *A* sog. Dipleurula, ungefähr den Verhältnissen von Fig. 121 *C* sich anlehnend, *B* und *C* Umwandlungsstadien, hauptsächlich nach den Vorgängen in den Asteridenlarven entworfen, *D* festsitzendes Endstadium der Metamorphose, den Verhältnissen der jungen Antedonlarve (Fig. 122 *B*) sich nähernd. *an* After, *ax* Axocoel, *ax'* Anlage des Axialsinus, *ax"* Anlage der Ampulle unter der Madreporenplatte, *h* hinten, *hy* Hydrocoel, *ls* linkes Somatocoel (in *D* aktinaler Coelomsack), *m* Mund, *ms* horizontales Mesenterium, *po* Rückenporus, *rs* rechtes Somatocoel (in *D* abaktinaler Coelomsack), *sp* Scheitelplatte, *st* Steinkanal, *v* vorne, *v—h* ursprüngliche Körperlängsachse, *1, 2, 3, 4, 5* die Anlage der fünf Radiärgefäße des Ambulacralsystems.

bergenden Axialorganes gesprochen, welches zur Hervorbildung der Gonaden in der oben (S. 308) gekennzeichneten Beziehung steht. Es entwickelt sich als eine Wucherung der Wand des actinalen Coelomsackes, welche, die Wand des Axialsinus vor sich her stülpend, schließlich in den Axialsinus gerät.

Wir haben im vorhergehenden diese ganzen, der Ontogenese abgelauschten Umbildungsvorgänge mehr pragmatisch geschildert, ohne uns über die Ursachen dieser einzelnen Schritte Rechenschaft zu geben. Warum heftete sich die Dipleurula mit dem Kopfende an, warum wurde der Mund nach links und schließlich nach oben verlagert, warum erfolgte die spiralige Einrollung des Darmkanals? Hier sei nur in kurzem angedeutet, daß die festsitzende Lebensweise auch in anderen Tiergruppen ähnliche Erscheinungen zutage fördert. Der Übergang zu sedentären Formen wird nicht selten in der Weise vermittelt, daß die Anheftung mit dem Kopfende vor sich geht, so bei den Lepaden, wo auch der Kopf zum Stiel auswächst, und bei den Ascidienlarven. Regelmäßig hat dies dann gewisse Rotationsvorgänge zur Folge, durch welche der Mund in eine günstigere Lage gebracht wird. Eine Tendenz zur Ausbildung radiärer Symmetrie, eine schleifenförmige Einrollung des Darms, durch welche der After in die Nähe der Mundöffnung gerückt wird, die Ausbildung bewimperter, nahrungzuführender Tentakelkronen wird bei vielen festsitzenden Tieren beobachtet.

XI. TUNICATA, MANTELTIERE.

Dies letzte Kapitel führt uns in jenes Grenzgebiet, in welchem die Wirbellosen und die Wirbeltiere ineinander übergehen. Der zwölfte Typus des Tierreichs (vgl. S. 185), die Chordatiere oder *Chordata*, erreicht im Stamme der *Vertebraten* oder Wirbeltiere die höchste Stufe tierischer Organisation. Er umfaßt aber auch eine Reihe niederstehender Formen, denen eine in Wirbel gegliederte Skelettsäule fehlt, deren Skelettachse nur durch einen (auch in den Embryonen der Wirbeltiere erscheinenden) elastischen Stab, die Rückensaite oder Chorda dorsalis repräsentiert ist — nach diesem Merkmal hat der ganze Typus seinen Namen. Zu diesen tieferstehenden Formen der Chordaten rechnen wir die Gruppe der *Acrania* oder Schädellosen (Hauptvertreter: Amphioxus) und die Gruppe der Manteltiere oder *Tunicaten*. Amphioxus kann seiner ganzen Organisation nach als ein Urwirbeltier betrachtet werden. Er soll daher aus unseren hier gegebenen Darlegungen ausscheiden. Dagegen würden die Tunicaten hier insoferne zu berücksichtigen sein, als in ihnen im Anschlusse an die sedentäre Lebensweise die Grundzüge der Chordatenorganisation mehr und mehr verwischt werden und nur in ihrer Entwicklungsweise deutlicher zutage treten. Man könnte den eigenartigen Stamm der Tunicaten in modifizierter Anwendung eines geistvollen Ausspruches von Dohrn als einen verlornen Sohn der Wirbeltierreihe bezeichnen. Freilich hat es sein Mißliches, die Gruppe der Tunicaten aus dem Zusammenhang mit den übrigen Chordatieren herauszulösen und gesondert zur Darstellung zu bringen. Denn ein wahres Verständnis für ihren Bau und ihre Entwicklung eröffnet sich uns nur durch ständigen Vergleich mit den übrigen Gruppen der Chordaten, vor allem mit Amphioxus.

Wenngleich der Stamm der *Tunicaten* im allgemeinen zu den formenärmeren Gruppen der tierischen Reihe zu zählen ist, so zerfällt er dennoch in eine Mannigfaltigkeit verschiedener, nach Lebensweise und Bau differenter Untergruppen. Wir rechnen hierher die planktonischen *Appendicularien*, kaulquappenähnlich mit beweglichem, gesäumtem Ruderschwanz umherschwimmend, ihrem Bau nach an Ascidienlarven erinnernd, ferner die sackförmigen Seescheiden (*Ascidien*), meist festsitzende Formen und häufig mit kleinen durch Knospung erzeugten Individuen stockbildend, aber in den *Pyrosomen* (Feuerwalzen) freischwebende, leuchtende Kolonien bildend, während die durch ihren Generationswechsel berühmt gewordenen *Salpen*, schwimmenden Tönnchen vergleichbar, den am weitesten abgeänderten Typus dieser Gruppe aufweisen. Wir entwickeln den Bauplan der Manteltiere an dem Beispiele einer solitären Ascidie. Die Organisation dieser Formen hat in Bronns „Klassen und Ordnungen des Tierreichs" durch O. Seeliger eine eingehende, verdienstvolle, durchwegs auf eigenen Beobachtungen fußende Darstellung erfahren.

Bau der Ascidien.

Die *Ascidien* (Seescheiden) finden sich am Grunde des Meeres auf Steinen festgewachsen. Ihr Körper kann im allgemeinen als sackförmig bezeichnet werden (Fig. 125, 126). Sie sind mit dem hinteren Körperende festgewachsen, während das vordere Ende in zwei kurzröhrige Siphonen ausgezogen erscheint, welche zwei mit Lappen umsäumte, augentragende Öffnungen (Fig. 125 *i* und *e*) besitzen. Diese Leibesöffnungen könnten wir als Mund und After bezeichnen und es zeigt sich hier wieder das Merkmal sedentärer Formen: U-förmige Einkrümmung des Darmes und Annäherung des Afters an den Mund. Indes hat sich der Gebrauch eingebürgert, den Mund dieser Formen als Ingestionsöffnung (*i*), den After (*e*) als Egestionsöffnung zu benennen. Der Körper ist bilateralsymmetrisch; wir erkennen aus der Entwicklung der Seescheiden, daß jene Seite des Körpers, welcher die Ingestionsöffnung genähert ist, als Bauchseite (*ve*), die gegenüberliegende (*do*) als Rückenseite zu betrachten ist.

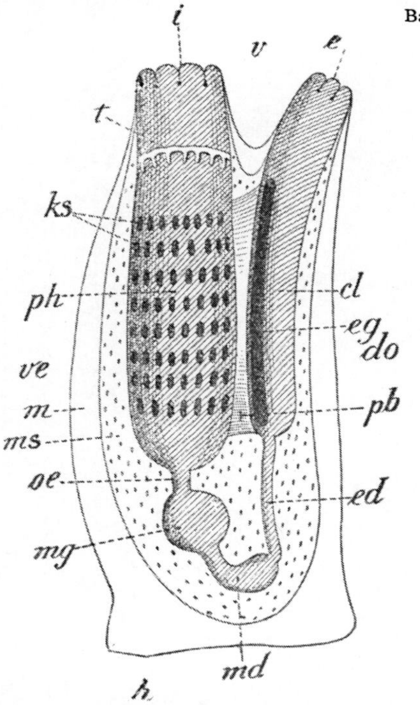

Fig. 125. Medianschnitt durch eine Ascidie. Ansicht von der linken Körperseite. Schema. *cl* Cloake, *do* dorsal, *e* Egestionsöffnung, *eg* Eingang in den rechten Peribranchialsack, *ed* Enddarm, *h* hinten, *i* Ingestionsöffnung, *ks* Kiemenspalten, *m* Mantel, *md* Mitteldarm, *mg* Magen, *ms* Mesenchym, *oe* Oesophagus, *pb* rechter Peribranchialsack, *ph* Pharynx, *t* Tentakelkranz, *v* vorne, *ve* ventral.

Ihren Namen führen die Manteltiere von ihrer Körperbedeckung, die nach mancher Hinsicht merkwürdig ist (Fig. 125 *m*, 135 *mt*). Die ganze Oberfläche ist von einer knorpelähnlichen, halbdurchscheinenden Schicht überdeckt (Mantel oder genauer: Cellulose-Mantel), welche ihrem Ursprunge nach als ein cuticulares Abscheidungsprodukt des oberflächlichen Körperepithels (Ektoderms) zu betrachten ist und eine Substanz enthält, die sich nach ihrer Zusammensetzung und ihren Reaktionen von der Cellulose der Pflanzen nicht wesentlich unterscheidet. Durch amoeboide Einwanderung von Mesodermzellen, welche auf ihrem Wege das ektodermale Epithel durchsetzen, erhält dieser Mantel sekundär den histologischen Charakter eines Bindegewebes.

Bei der Betrachtung des inneren Baues der *Ascidien* wollen wir uns zunächst an die Darmschleife halten. Vorerst sei bemerkt, daß sich zwischen Körperwand (Ektoderm) und Darmwand (Entoderm) als mittlere Schicht nur mesenchymatisches Gewebe (Fig. 125 *ms*) einschiebt. Ein Coelom — irgend etwas einer sekundären Leibeshöhle Vergleichbares — fehlt diesen Tieren.

Wir fassen zunächst ins Auge, daß der Anfangs- und Endabschnitt des schleifenförmig gebogenen Darmes besonders erweitert erscheinen. Die Ingestionsöffnung (Fig. 125 *i*) führt in einen erweiterten Anfangsteil (Pharynx *ph*), während der erweiterte Endabschnitt als Kloake (*cl*) bezeichnet wird, weil er die Kotmassen und Geschlechtsprodukte in sich aufnimmt und sie durch die Egestionsöffnung entleert. Der mittlere Teil der Darmschleife gliedert sich in Oesophagus (*oe*), Magen (*mg*), Mitteldarm (*md*) und Enddarm (*ed*). Es hat sich der Mißbrauch eingebürgert, die Übergangsstelle des Pharynx in den Oesophagus als Mund, die Ausmündung des Enddarmes in die Kloake als After (Fig. 126 *an*) zu bezeichnen. Obgleich man für die erstere Öffnung jetzt wohl gewöhnlich den Ausdruck „Oesophaguseingang" verwendet, so hat sich die Bezeichnung „After" doch erhalten. Sie ist auch, wie wir sehen werden, entwicklungsgeschichtlich begründet. Es schreibt sich diese Bezeichnungsweise von den Zeiten her, da man bestrebt war, die Organisation der Ascidien auf die der Lamellibranchiaten zurückzuführen. Wir erwähnen von Anhangsgebilden des Darmes die ihrer Funktion nach rätselhafte darmumspinnende Drüse (Fig. 126 *dr*), ein verzweigtes, zartwandiges Darmdivertikel, welches von der Übergangsstelle des Magens in den Mitteldarm entspringend sich mit zahlreichen Endästen am Enddarm verzweigt.

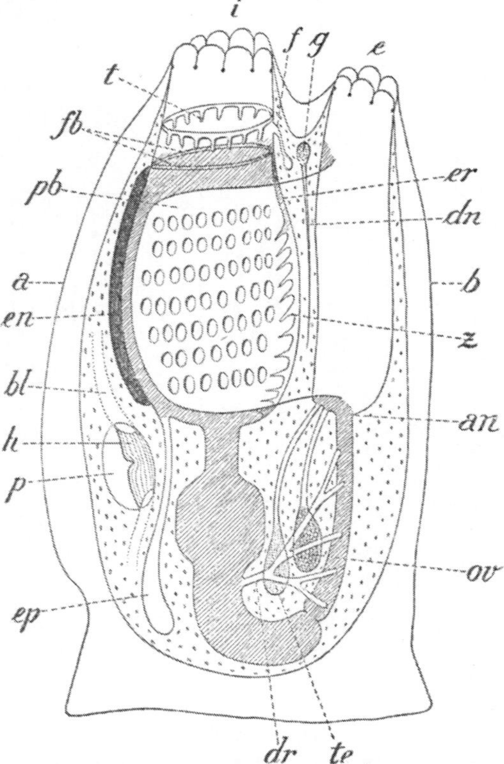

Fig. 126. Linke Seitenansicht einer Ascidie; Schema. Vgl. Fig. 125. *a—b* Höhe des Querschnittes Fig. 127, *an* After, *bl* Blutgefäße, *dn* dorsaler Ganglienzellstrang, *dr* darmumspinnende Drüse, *e* Egestionsöffnung, *en* Endostyl (Hypobranchialrinne, *ep* Epicard, *er* Epibranchialrinne, *f* Flimmergrube, *fb* Flimmerbogen, *g* Gehirn, *h* Herz, *i* Ingestionsöffnung, *ov* Ovarium, *p* Pericardialsack, *pb* linker Peribranchialsack, *t* Tentakelkranz, *te* Hoden, *z* Züngelchen der Dorsallamina.

Vom Pharynx sei zunächst erwähnt (Fig. 125 *ph*), daß seine Wand von zahlreichen, in Querreihen angeordneten Kiemenspalten (*ks*) durchbohrt ist. Die Kloakenhöhle (*cl*) hat in Wirklichkeit eine viel größere Ausdehnung als dies aus unserem schematischen Medianschnitt zu ersehen ist. Sie bildet nämlich zwei seitliche Divertikel, welche den Pharynx von rechts und links umfassen (Fig. 125, 126 *pb*). Diese Divertikel werden nicht mehr zur Kloake im engeren Sinne hinzugerechnet, sondern als Peribranchialräume bezeichnet. Der Pharynx ist sonach seitlich vollkommen von den beiden Peribranchialsäcken umschlossen (Fig. 127 *ph* und *pb*). Die Kiemenspalten (*ks*), welche die Pharynxwand durchbohren, öffnen sich in die Peribranchialräume. Das Atemwasser gelangt durch die Ingestionsöffnung in den Pharynx, es fließt durch die Kiemenspalten in die Peribranchialräume und von hier durch die Kloake und Egestionsöffnung nach außen. Die Entwicklungsgeschichte lehrt, daß diese beiden Peribranchialsäcke von dem ganzen System der Kloakenhöhle zuerst angelegt werden (Fig. 134 *pb*), daß die Kloake durch mediodorsale Verwachsung der beiden Säcke gebildet wird. Wenn wir die Verhältnisse der Appendicularien herbeiziehen, so erinnern uns diese Peribranchialsäcke in auffallender Weise an die Kiemengänge von Balanoglossus (Fig. 101 *kg*).

Wir müssen noch bei der Schilderung der Pharynxhöhle verweilen. Sie enthält eigentümliche Wimpereinrichtungen, die unser Interesse in Anspruch nehmen, weil sich Spuren davon bei Amphioxus und bei den Jugendformen der Neunaugen erhalten haben. Wir gelangen von der Ingestionsöffnung ausgehend zunächst in einen Vorraum: die durch ektodermale Einstülpung entstandene Mundhöhle, welche gegen den Pharynx durch einen Tentakelkranz (Fig. 125, 126 *t*) abgegrenzt ist. Diese „couronne tentaculaire" nicht selten auf einem wulstförmigen „cercle coronal" inseriert, findet sich ebenso bei Amphioxus auf dem sog. Velum, das auch bei dem Ammocoetes-Stadium der Petromyzonten wiederkehrt. Der Pharynx der Tunicaten besitzt in seiner ventralen Mittellinie eine drüsige Flimmerrinne (Hypobranchialrinne Fig. 126 *en*). Als Endostyl bezeichnet, gehört sie zu den typischesten Bildungen in der Anatomie aller Tunicaten. Ihr entspricht an der Dorsalseite des Pharynx eine ähnliche, längsverlaufende Flimmerrinne, die Epibranchialrinne (*er*), welche aber bei den meisten Ascidien nur in ihrem vorderen Teile ausgebildet weiter hinten durch eine Reihe von züngelförmigen Vorsprüngen („languettes" auf der Dorsallamina sitzend Fig. 126, 127 *z*) vertreten ist. Der Endostyl geht vorne in zwei Flimmerrinnen (die sog. Flimmerbogen Fig. 126 *fb*) über, welche den Pharynx umkreisend dorsalwärts in das Vorderende der Epibranchialrinne einmünden. An der Stelle, an welcher die Flimmerbogen in die Epibranchialrinne übergehen, findet sich die sog. Flimmergrube (*f*), die Ausmündungsstelle einer unter dem Gehirn gelegenen Drüse (Neuraldrüse), welche man der Hypophyse der Wirbeltiere verglichen hat. Die Ascidien ernähren sich von kleinsten im Meereswasser suspendierten Partikelchen eines organischen Detritus, welche in der Pharynxhöhle von dem Wimperstrom des Endostyls erfaßt und mit Schleim umhüllt längs dieser Rinne nach vorne geführt werden. Sie gelangen sodann auf dem Wege der Flimmerbogen in die Epibranchialrinne und längs der Dorsalwand des Pharynx nach hinten ziehend in den Oesophaguseingang.

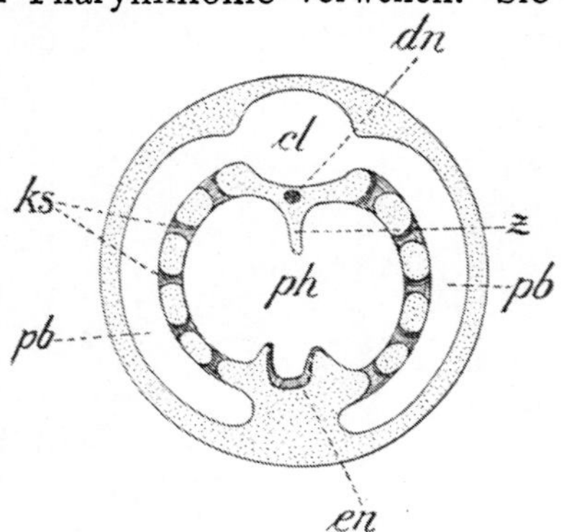

Fig. 127. Querschnitt durch die Kiemenregion einer Ascidie in der Höhe der Linie *a—b* in Fig. 126. *cl* Cloake, *dn* dorsaler Ganglienzellstrang, *en* Endostyl (Hypobranchialrinne), *ks* Kiemenspalten, *pb* Peribranchialsäcke, *ph* Pharynx, *z* Züngelchen der Dorsallamina.

Als Nervenzentrum dient ein Ganglienknötchen (Fig. 126 *g*), welches in der Gegend zwischen dem Egestions- und Ingestionssipho zu finden ist und von dem mehrere Paare von Nerven ausstrahlen. Nach hinten setzt es sich in einen unpaaren dorsalen Ganglienzellstrang (*dn*, auch in Fig. 127) fort, in welchem wir die rudimentäre Anlage eines Rückenmarks erblicken.

Das Zirkulationssystem besteht aus zwei einander ganz fremdartig gegenüberstehenden Teilen, von denen der eine die als Lücken im Bindegewebe zu betrachtenden Blutbahnen (Fig. 126 *bl*) umfaßt, während der andere durch das in einem Pericardialsäckchen (*p*) geborgene Herz (*h*) vertreten ist. Um das Verhältnis des Herzens zum Pericardialsäckchen verständlich zu machen, wird es sich empfehlen, auf die Entwicklung dieser Bildungen kurz einzugehen. Das Pericardialsäckchen wird durch Divertikelbildung von der Pharynxwand abgeschnürt an jener Stelle, an welcher sich das hintere Ende des Endostyls befindet. Es ist ursprünglich ein einfaches rundliches Säckchen, welches aber durch rinnenförmige Einbuchtung seiner dorsalen Wand zu einem doppelwandigen Rohre umgebildet wird (Fig. 128). Die beiden Enden dieses Rohres gehen in die Hauptblutbahnen des Körpers über (Fig. 126 *h*). Die äußere Wand des Rohres wird jetzt zum Pericardialepithel, der Zwischenraum zwischen äußerer und innerer Wand zur Herzbeutelhöhle (Fig. 128 *p*); die innere Wand des Rohres wird muskulös umgebildet zur Wand des Herzschlauches, der in seinem Inneren den blutführenden Hohlraum (Fig. 128 *h*) birgt. Dieser Hohlraum müßte dorsalwärts noch geöffnet sein, wenn nicht die daselbst befindliche Lücke durch verdichtetes Bindegewebe geschlossen würde. Ein inneres Epithel der Herzhöhle, ein Endocard, fehlt. Die Blutbahnen, welche an der einen Seite in das Herzrohr hineinführen und dasselbe an der anderen Seite verlassen, sind wandungslose Lacunen im mesenchymatischen Bindegewebe. Ungemein auffällig ist die bei allen Tunicaten zu beobachtende, in regelmäßigen Zwischenpausen erfolgende Umkehr in der Richtung des Blutstromes, durch welche alle Blutbahnen, die noch soeben als Arterien angesprochen werden mußten, in Venen umgewandelt werden und umgekehrt.

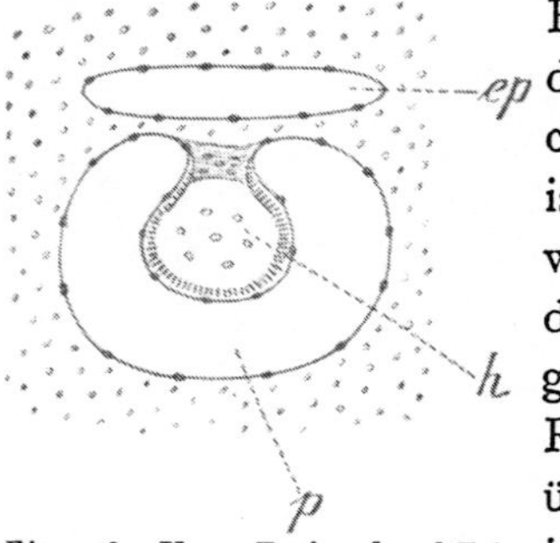

Fig. 128. Herz, Pericard und Epicard einer Ascidie im Querschnitt. Man vergleiche Fig. 126 bei *p*. *ep* Epicard, *h* Herz, *p* Pericard.

Ähnlich wie sich das Pericardialsäckchen durch Divertikelbildung von der Pharynxwand abschnürt, entsteht ein zweiter zartwandiger Schlauch dorsalwärts vom Herzen, das sog. Epicard (Fig. 126, 128 *ep*), eine Bildung, welche bei den Knospungsvorgängen der sozialen Ascidien zum Teil eine wichtige Rolle spielt.

Die Geschlechtsorgane sind zwitterig. Hoden (Fig. 126 *te*) und Ovarien (*ov*) liegen meist in der Darmschleife und münden durch gesonderte Ausführungsgänge in die Kloake.

Alles, was wir von Exkretionsorganen der Ascidien zu sagen wissen, ist, daß im Mesenchym geschlossene Bläschen beobachtet werden, in denen sich Harnkonkremente vorfinden.

Ascidienentwicklung.

Von hohem Interesse und ein beliebtes Thema embryologischer Studien sind die Entwicklungsvorgänge im Ei der Ascidien und noch merkwürdiger sind die verschiedenen an den Knospen der Tunicaten zu beobachtenden Umbildungsprozesse. Letztere können uns hier nicht beschäftigen. Aus dem Ei der Ascidien schlüpft eine kleine, freischwimmende, kaulquappenähnliche Larve (Fig. 134), an welcher wir einen vorderen rundlichen Körperabschnitt und einen mit vertikalem Flossensaum versehenen, seitlich beweglichen Ruderschwanz unterscheiden. Letzterer ist ein vergängliches Larvenorgan. Die Organisation der Ascidie wird im vorderen Körperabschnitt angelegt. Über die ersten Entwicklungsvorgänge im Eie gehen wir flüchtig hinweg. Wir müssen es uns versagen, über die erstaunlichen Ergebnisse Conklins zu berichten, der die Teilungen der Zellen, ihren Stammbaum und ihr mit fortschreitender Differenzierung immer komplizierter werdendes Gefüge bis zum Stadium von 218 Zellen auf das Genaueste verfolgte. Wir sind durch diese Untersuchungen in die Lage versetzt, bestimmte Organanlagen in ihren ersten Anfängen zu erkennen. Die Furchung der kleinen, dotterarmen Eier ist eine totale und ziemlich aequale. Es kommt zur Bildung eines Blastulastadiums mit ziemlich engem Blastocoel und einer Gastrula, die wir mit gewissen Reservationen als Invaginationsgastrula in Anspruch nehmen können (Fig. 129 A). Hier nur ein paar Worte über die Orientierung dieses Stadiums. Der Keim der Ascidien ist von Anfang an bilateralsymmetrisch gebaut. Bei allen Chordaten liegt der Urmund (Blastoporus) an der späteren Dorsalseite und bei den Ascidien können wir tatsächlich das Gastrulastadium so orientieren, daß die primäre Eiachse auf die spätere Körperlängsachse senkrecht steht. Es entspricht der vegetative Pol (*veg*) der Mitte des späteren Rückens, der animale Pol (*an*, durch die Richtungskörperchen gekennzeichnet) der Mitte der Bauchfläche. Bei den meisten Chordaten (bei Amphioxus, bei den Amphibien) steht die primäre Eiachse zur Körperlängsachse schräg, indem der animale Pol vorne ventralwärts, der vegetative Pol hinten dorsalwärts gelegen ist. Was wir zunächst zu betrachten haben, ist die allmähliche Verengerung des Urmundes, während der ganze Keim sich in der Richtung der späteren Längsachse streckt (Fig. 129 B). Die Verengerung des Urmundes

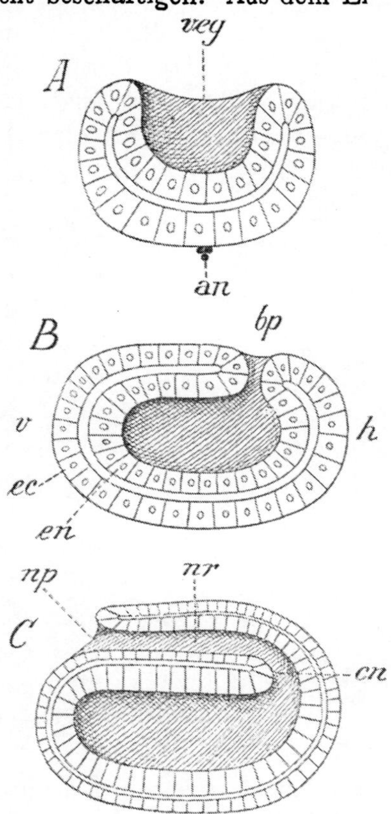

Fig. 129. Drei Entwicklungsstadien der Ascidien im Medianschnitt. Alle drei Stadien sind in gleicher Weise orientiert. Ansicht von der linken Körperseite. *A* Gastrula mit weitem Urmund, *B* Gastrula mit verengtem Urmund, *C* sog. Neurula, nach Entwicklung des Neuralrohres. *an* animaler Pol der primären Eiachse, *bp* Urmund (Blastoporus), *cn* Neurointestinalkanal, *ec* Ektoderm, *en* Entoderm, *h* hinten, *np* Neuroporus anterior, *nr* Neuralrohr, *v* vorn, *veg* vegetativer Pol der primären Eiachse.

vollzieht sich in der Weise, daß die hintere Urmundlippe in ihrer Lage stationär bleibt, während die seitlichen und die vordere Urmundlippe mehr und mehr zusammenrücken (Fig. 130). Es bleibt auf diese Weise schließlich ein hinten gelegener kleiner Eingang in den Urdarm übrig; die Darmhöhle hat nun in ihrem vorderen Abschnitte ein dorsales Dach bekommen (Fig. 129 B). Es ist mehr auf theoretischen Annahmen begründet, wenn man im allgemeinen für die Chordaten annimmt, daß der Verschluß des Urmundes durch eine Verwachsung der seitlichen Urmundlippen in einer dorsomedianen Verwachsungsnaht erfolgt. Wenngleich wir diesen Annahmen beipflichten, so ist doch in der Embryogenese der Ascidien tatsächlich von dieser Form des Urmundschlusses kaum etwas zu erkennen.

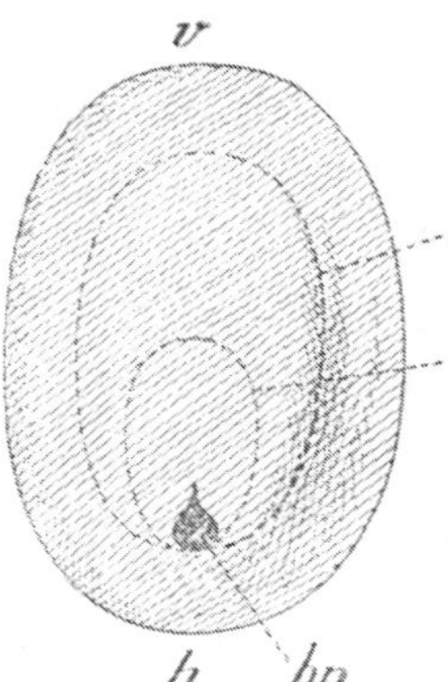

Fig. 130. Gastrula einer Ascidie mit verengtem Blastoporus in der Ansicht vom Rücken (vgl. Fig. 129 *B*). Zur Verdeutlichung der Art des Urmundschlusses. Die punktierten Linien *a* und *a'* kennzeichnen die frühere Ausdehnung des Urmundes.

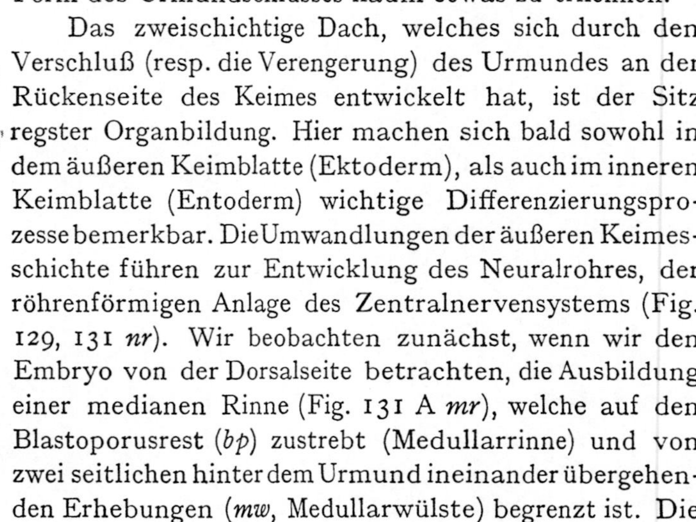

Das zweischichtige Dach, welches sich durch den Verschluß (resp. die Verengerung) des Urmundes an der Rückenseite des Keimes entwickelt hat, ist der Sitz regster Organbildung. Hier machen sich bald sowohl in dem äußeren Keimblatte (Ektoderm), als auch im inneren Keimblatte (Entoderm) wichtige Differenzierungsprozesse bemerkbar. Die Umwandlungen der äußeren Keimesschichte führen zur Entwicklung des Neuralrohres, der röhrenförmigen Anlage des Zentralnervensystems (Fig. 129, 131 *nr*). Wir beobachten zunächst, wenn wir den Embryo von der Dorsalseite betrachten, die Ausbildung einer medianen Rinne (Fig. 131 A *mr*), welche auf den Blastoporusrest (*bp*) zustrebt (Medullarrinne) und von zwei seitlichen hinter dem Urmund ineinander übergehenden Erhebungen (*mw*, Medullarwülste) begrenzt ist. Die Medullarwülste verwachsen miteinander (Fig. 131 B, vgl. auch Fig. 132). Hierdurch wird die Medullarrinne zu einem Rohre (Medullarrohr oder Neuralrohr) geschlossen. Diese Verwachsung schreitet in der Richtung von hinten nach vorne vor, so daß das Neuralrohr an seinem vorderen Ende längere Zeit geöffnet bleibt und diese Öffnung ist der sog. Neuroporus anterior (*np* in Fig. 131 C). Aus der Entwicklungsweise des Neuralrohres ergibt sich, daß sein Lumen hinten durch den Blastoporusrest mit der Darmhöhle in Verbindung bleibt (Fig. 129 C). Diese Kommunikation, welche bei den Ascidien frühzeitig zurückgebildet wird, wird als Neurointestinalkanal bezeichnet (*cn*). Sie hat in den theoretischen Auseinandersetzungen über die Entwicklung der Vertebraten eine bedeutungsvolle Rolle gespielt.

Die Entwicklungsvorgänge, welche sich am inneren Keimblatt an dem Dach der Urdarmhöhle abspielen, sind nicht weniger wichtig. Hier können wir frühzeitig drei durch gewisse histologische Merkmale gekennzeichnete Zellgruppen unterscheiden, eine mediane und zwei seitliche (Fig. 132 *ch* und *ms*). Die Zellen der medianen Gruppe ordnen sich zu einem Zellstrang an, aus welchem die Chorda dorsalis, der axiale Skelettstab, hervorgeht (Fig. 132—135 *ch*), während die beiden seitlichen Gruppen sich als Mesodermanlagen (Fig. 132 *ms*) von der

Darmwand trennen. Wir wissen aus der Entwicklung des Amphioxus, daß die Sonderung dieser Anlagen sich bei dieser Form durch Faltenbildung vollzieht. Aus den beiden seitlichen Falten gehen die Coelomhöhlen der Acrania hervor. Bei den Ascidien, denen ein Coelom völlig fehlt, werden diese Anlagen als solide Zellgruppen aus dem Gefüge der dorsalen Darmwand ausgeschaltet. Nach Abtrennung der Chordaanlage und der mesodermalen Zellgruppen schließt sich die Darmanlage zu einem Rohre zusammen (Fig. 132 C *d*).

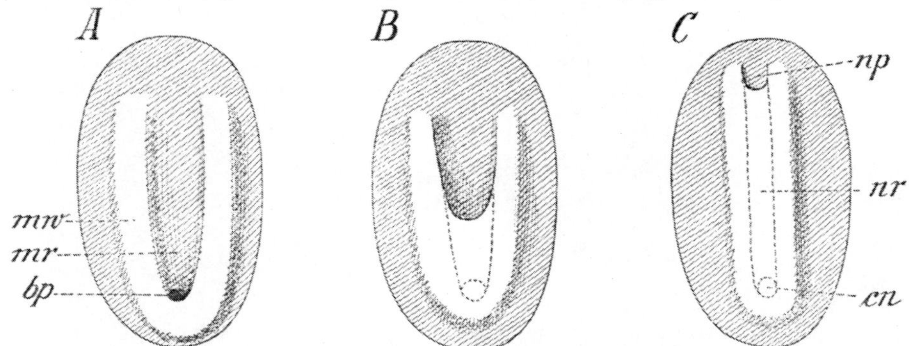

Fig. 131. Ascidienembryonen, vom Rücken gesehen. Schemen zur Verdeutlichung der Entwicklungsweise des Neuralrohres. *bp* Blastoporus, *mr* Medullarrinne, *mw* Medullarwülste, *np* Neuroporus anterior, *nr* Neuralrohr, *cn* Neurointestinalkanal.

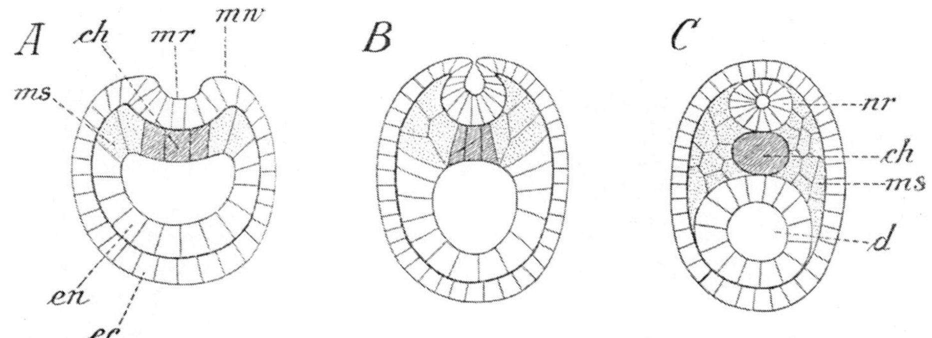

Fig. 132. Drei Stadien der Organentwicklung im Ascidienembryo, im schematischen Querschnitt. *ch* Chordaanlage (gestrichelt), *d* Darmkanal, *ec* äußeres Keimblatt, *en* inneres Keimblatt, *mr* Medullarrinne, *ms* Mesoderm (punktiert), *mw* Medullarwülste, *nr* Neuralrohr.

Der Embryo gewinnt nun bei seitlicher Betrachtung eine birnförmige Gestalt (Fig. 133). Es macht sich hierdurch die Scheidung in einen breiteren, vorderen Körperabschnitt und in einen Schwanzabschnitt geltend. Wir bemerken, daß die Chordaanlage und die Mesodermanlagen eine Tendenz zeigen, mehr in den Schwanzabschnitt zu rücken.

Auch an der paarigen Mesodermanlage ist die Trennung in einen Rumpf- und Schwanzabschnitt zu erkennen (Fig. 133 B). Vorne im Rumpfe findet sich eine Anhäufung kleinerer Zellen, aus denen die Mesenchymzellen der Ascidie hervorgehen (Fig. 134 *ms*). Im Schwanzabschnitt werden die Mesodermzellen in drei übereinanderliegenden Reihen angeordnet. Aus ihnen geht die Schwanzmuskulatur hervor (Fig. 135 *my*). Der Darm bildet im vorderen Körperabschnitt ein rundliches Säckchen (Fig. 133 A *d*), während er im Schwanzabschnitt nun nur mehr durch einen soliden Zellstrang (*en*), vertreten ist, welcher bald der Auflösung anheimfällt (sog. subchordaler Entodermstrang Fig. 134, 135 *en*).

Die folgenden Stadien führen bereits zum Bau der freischwimmenden Kaulquappenform hinüber (Fig. 134). Die Sonderung in einen vorderen Körperabschnitt und einen im Embryo ventralwärts eingekrümmten Schwanz ist deutlicher geworden. Vorne finden sich drei Haftpapillen (*h*), mit denen die Larve bei ihrer Festsetzung sich anheftet. Dorsalwärts ist der Mund (*i*) durchge-

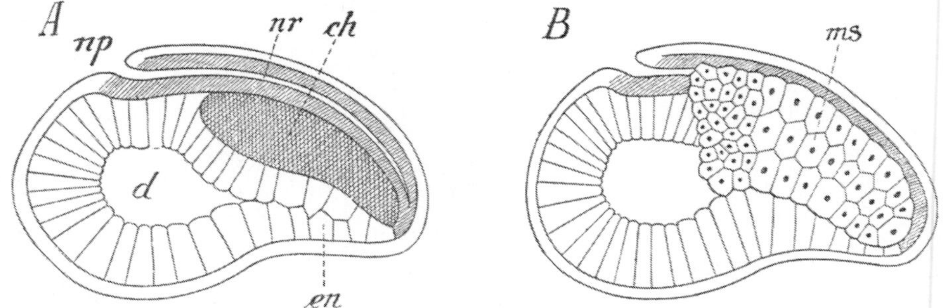

Fig. 133. Linke Seitenansicht zweier etwas späterer Embryonen von Ascidien. Schema nach VAN BENEDEN und JULIN. Vgl. Fig. 129 *C*. *A* im Medianschnitt, *B* mehr seitlich gesehen, um die Mesodermanlage darzustellen. *ch* Chorda, *d* Darm, *en* subchordaler Zellstrang (= rudimentäre Darmanlage der Schwanzregion), *ms* Mesoderm, *np* Neuroporus anterior, *nr* Neuralrohr.

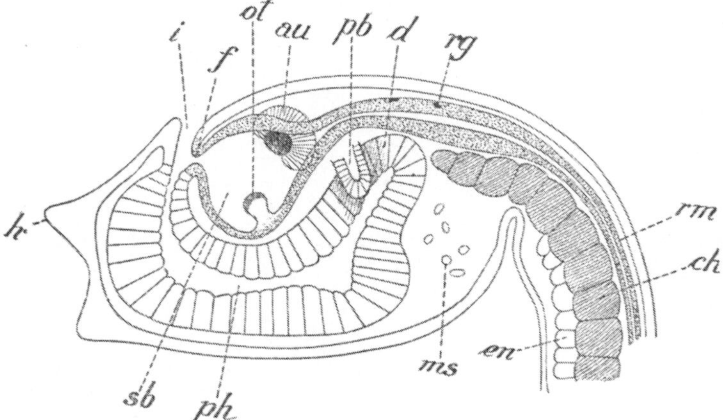

Fig. 134. Ascidienembryo nahe dem Ausschlüpfen. Nach KOWALEWSKY. Der bauchseitig eingekrümmte Schwanz ist nur zum Teil gezeichnet. *au* Auge, *ch* Chorda, *d* Darmanlage, *en* subchordaler Entodermzellstrang, *f* Anlage der Flimmergrube, *h* Haftpapillen, *i* Ingestionsöffnung (Mund), *ms* Mesenchymzellen, *pb* Anlage der linken Peribranchialhöhle, *ph* Pharynx, *ot* Ohr, *rg* Rumpfganglion (mittlerer Teil des Neuralrohres), *rm* Rückenmark des Schwanzabschnittes, *sb* Sinnesblase.

brochen. Während das ganze Darmsäckchen eigentlich später zum Pharynx (*ph*) der Ascidie sich umbildet, wächst aus seinem hinteren Ende die übrige Darmanlage (*d*) knospenartig hervor. Am Neuralrohr sind drei Abschnitte zu unterscheiden: vorne findet sich eine blasenförmige Erweiterung, die sog. Sinnesblase (*sb*), in deren Wand sich zwei als Auge (*au*) und Ohr (*ot*) gedeutete Sinnesorgane vorfinden; wir können diesen Abschnitt der Gehirnregion der Vertebraten entfernt vergleichen. Es folgt sodann ein an Ganglienzellen reicher Übergangsteil (sog. Rumpfganglion *rg*), welcher einer Medulla oblongata vergleichbar in das verengte Rückenmark des Schwanzabschnittes (*rm*) hinüberleitet. Der Neuroporus anterior hat sich vorübergehend geschlossen. Dagegen ist nun die Sinnesblase durch sekundären Durchbruch mit dem vordersten Teile des Darmkanals in Verbindung getreten und dieses kurze Kommunikationsröhrchen ist die Anlage der späteren Flimmergrube (Fig. 134 *f*). Es sind sonach die Flimmergrube und die Neuraldrüse als abgegliederte selbständig gewordene Partien des vordersten Abschnittes des Neuralrohres anzusehen.

Zu beiden Seiten des Körpers entstehen nun säckchenförmige Hauteinstülpungen: die Anlagen der Peribranchialsäcke (*pb*), welche sich bald an den Seiten des Darmes ausbreiten. Frühzeitig kommen in der Scheidewand, welche die Peribranchialsäckchen von dem Darmlumen trennt, die ersten Kiemenspalten zum Durchbruch. Die äußeren Öffnungen der Peribranchialsäckchen wandern dorsalwärts und verschmelzen miteinander in der dorsalen Mittellinie. Auf diese Weise wird die Kloakenöffnung (die Egestionsöffnung) gebildet. Inzwischen ist an der Körperoberfläche als cuticulare Ausscheidung die erste Anlage des Cellulosemantels aufgetreten.

Die Festheftung der freischwimmenden Larve vollzieht sich mit dem vorderen Körperende unter Vermittlung der erwähnten Haftpapillen (*h*). Während der Larvenschwanz rückgebildet wird erfolgt eine Rotation des Körpers, durch welche die Ingestionsöffnung und die Egestionsöffnung an das obere dem Festheftungspunkt gegenüber gelegene Körperende verlagert werden.

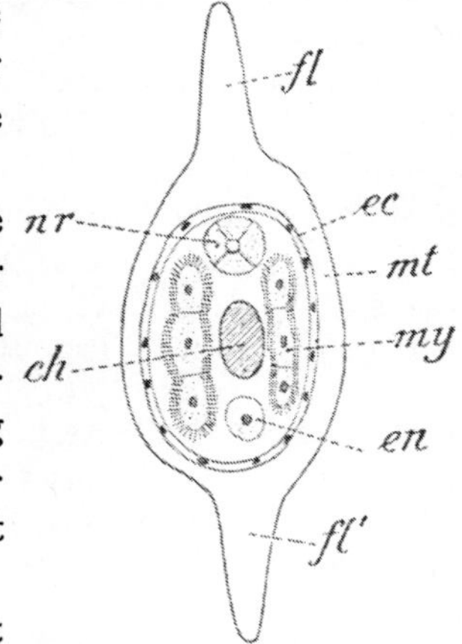

Fig. 135. Querschnitt durch den Schwanzabschnitt einer Ascidienlarve. Schematisch nach SEELIGER. Vgl. Fig. 132 *C*. *ch* Chorda, *ec* Epithel der Haut, *en* subchordaler Entodermzellstrang (vertritt hier den Darm), *fl* Rückenflosse, *fl'* Bauchflosse, *mt* Zellulosemantel, *my* Muskelzellen des Mesoderms, *nr* Neuralrohr.

Betrachten wir zum Schluß einen Querschnitt durch den Ruderschwanz einer freischwimmenden Ascidienlarve (Fig. 135). Wir sehen, daß der dorsale und ventrale Flossensaum ausschließlich vom Cellulosemantel gebildet werden. In der Medianebene finden sich drei längsverlaufende Organe: dorsalwärts das Neuralrohr (*nr*), in der Mitte die Chorda dorsalis (*ch*) und ventralwärts der entodermale Zellstrang (*en*), der hier die Darmanlage vertritt. Zu beiden Seiten finden wir Mesodermzellen (*my* Myoblasten), welche an ihrer Oberfläche längsverlaufende Muskelfibrillen abgeschieden haben, die hier im Querschnitt getroffen sind. Was wir hier sehen, ist der schematische Querschnitt durch ein Wirbeltier in vereinfachtester Form. Der Körper von Amphioxus weist wie der der Vertebraten eine deutliche metamere Segmentierung auf. Man hat sich bemüht, Spuren solcher Gliederung im Schwanzabschnitt der Appendicularien und der Ascidienlarven nachzuweisen und glaubte solche in der ziemlich regelmäßigen Anordnung peripherer von dem Rückenmark abtretender Nervenwurzeln gefunden zu haben. Im allgemeinen müssen wir es aber doch als recht zweifelhaft betrachten, ob den Tunicaten eine primäre, durch die sedentäre Lebensweise in Verlust geratene Metamerie zuzuschreiben ist oder nicht.

Literatur.

Unsere Kenntnis über Morphologie und Ontogenie der Wirbellosen ist in zahlreichen Schriften niedergelegt. Hier nur einiges, um dem Fernerstehenden den Weg in dieses Gebiet zu zeigen. Ausführlichere Literaturverzeichnisse findet der Leser in den Lehrbüchern von R. HERTWIG und CLAUS-GROBBEN. Überhaupt möchten wir diese zwei Werke zur ersten Einführung in das Gebiet empfehlen, obgleich auch von den übrigen angeführten Lehrbüchern jedes seine speziellen Vorzüge besitzt. HERTWIGS Lehrbuch, in klarer und übersichtlicher Anordnung das wichtige zusammenfassend, CLAUS-GROBBEN, etwas umfangreicher, eine größere Fülle von Details in gründlicher, gewissenhafter Darstellung bringend.

Ein umfangreiches Sammelwerk.

G. H. BRONNS Klassen und Ordnungen des Tierreichs, noch unvollständig, enthält in zahlreichen Bänden, welche — wenn veraltet — in Neubearbeitungen aufgelegt werden, eine Zusammenfassung aller unserer Kenntnisse, zum Teil in erstklassiger Darstellung. Hierher: O. BÜTSCHLI Protozoa, CHUN und WILL Coelenterata, v. GRAFF Turbellaria, BRAUN Trematodes und Cestodes, BÜRGER Nemertinen, SEELIGER Tunikaten, LUDWIG und HAMANN Echinoderma, KEFERSTEIN Mollusca, neu bearbeitet von SIMROTH; GERSTÄCKER und ORTMANN Crustacea, VERHOEF Myriopoden.

Vielbändige Handbücher der Zoologie:

DELAGE, Y., et HÉROUARD, E. Traité de Zoologie concrète. Bisher erschienen: I. La cellule et les protozoaires 1896, II. Spongiaires et Coelentérés 1899, III. Echinodermes 1903, V. Vermidiens 1897, VIII. Procordés 1898.

RAY LANKESTER, E. A Treatise on Zoology. I. Introduction and Protozoa 1909 von mehreren Verfassern, II. Porifera and Coelenterata 1900 von MINCHIN, FOWLER, BOURNE, III. Echinoderma 1900 von BATHER, IV. Platyhelmia etc. von BENHAM 1901, V. Mollusca 1906 von PELSENEER, VII. Crustacea 1909 von CALMAN, IX. Fishes 1909 von GOODRICH.

The Cambridge Natural History; I. HARTOG Protozoa, SOLLAS Porifera, HICKSON Coelenterata, II. Verschiedene Autoren Vermes and Polyzoa, III. SHIPLEY Brachiopoda, COOKE Mollusca, IV. WELDON Crustacea, V.-VI. SHARP Insects, VII. HARMER Hemichordata, HERDMANN Amphioxus and Tunicata; das übrige, sowie die Bände VIII—X auf Wirbeltiere bezüglich.

Lehrbücher der Zoologie.

HERTWIG, R. Lehrbuch der Zoologie. 10. Aufl. Jena 1912.

CLAUS-GROBBEN. Lehrbuch der Zoologie, begründet von C. CLAUS, neubearbeitet von K. GROBBEN. 2. Aufl. Marburg 1910.

BOAS, J. E. V. Lehrbuch der Zoologie. 6. Aufl. Jena 1911.

KENNEL, J. Lehrbuch der Zoologie. Stuttgart 1893.

GOETTE, A. Lehrbuch der Zoologie. 1902. Hauptsächlich auf Entwicklungsgeschichte begründet. Voll selbständiger Gedanken. Die Abbildungen meist Originale.

PARKER, T. J., and HASWELL, W. A. A Text-Book of Zoology. 2. Edit. London 1910.

HATSCHEK, B. Lehrbuch der Zoologie. Jena 1888. Ein geniales Werk, reich an fruchtbringenden Ideen. Bisher unvollständig.

Lehrbücher der Entwicklungsgeschichte.

BERGH, R. S. Vorlesungen über allgemeine Embryologie. Wiesbaden 1895.

BALFOUR, F. M. Handbuch der vgl. Embryologie. 2 Bde. Aus dem Englischen übersetzt von B. VETTER. Jena 1880—1881. Die erste zusammenfassende Darstellung dieses Gebietes. Ein kühner Wurf! Grundlegend.

KORSCHELT, E., und HEIDER, K. Lehrbuch der vgl. Entwicklungsgeschichte der wirbellosen Tiere. Spez. Teil I 1890, Coelenterata, Vermes, Echinoderma; II 1892, Arthropoda; III 1893, Mollusca, Tentaculata, Tunicata, Amphioxus. Allgem. Teil I 1902, Entw. Mechanik, Keimzellenbildung; II, Reifung und Befruchtung; III 1909, Furchung; IV 1910, Keimblätterbildung, ungeschlechtliche Fortpflanzung. In dem 3. und 4. Heft des allgem. Teils findet der Leser die auf Cell-lineage bezüglichen Angaben, die hier nicht berücksichtigt werden konnten.

Lehrbücher der vergleichenden Anatomie.

GEGENBAUR, C. Grundzüge der vgl. Anatomie. 2. Aufl. Leipzig 1870.

— Grundriß der vgl. Anatomie. 1874. Diese beiden Werke waren von grundlegendem Einfluß auf die Entwicklung der vergleichenden Morphologie.

LANG, A. Lehrbuch der vgl. Anatomie der wirbellosen Tiere. Jena. I. Protozoa, Coelenterata, Würmer, II. Arthropoden 1888, III. Mollusken, IV. Echinodermen und Enteropneusten 1894. 2. Aufl.: Protozoa 1901, Mollusca, bearbeitet von HESCHELER, 1900. Dritte Auflage im Erscheinen.

BÜTSCHLI, O. Vorlesungen über vgl. Anatomie. 1. Lief. Leipzig 1910. 2. Lief. 1912.

Den Bau des tierischen Körpers in funktioneller Hinsicht betreffend:

BERGMANN, C., und LEUCKART, R. Anatomisch-physiologische Übersicht des Tierreichs. Stuttgart 1852. Eine Fundgrube wertvoller Anregungen.

HESSE-DOFLEIN. Tierbau und Tierleben. I. Bd. Der Tierkörper als selbständiger Organismus von R. HESSE. Leipzig und Berlin 1910.

Lehrbücher der vergleichenden Histologie.

SCHNEIDER, K. CAM. Lehrbuch der vgl. Histologie der Tiere. Jena 1902.

— Histologisches Praktikum der Tiere für Studenten und Forscher. Jena 1908.

Verschiedene Schriften allgemeineren Inhalts.

BALFOUR, F. M. On the structure and homologies of the germinal layers of the embryo. Quart. Journ. Micr. Sc. Bd. 20. 1880.

BERGH, R. S. Gedanken über den Ursprung der wichtigsten geweblichen Bestandteile des Blutgefäßsystems. Anat. Anz. Bd. 20. 1902.

BRAEM, F. Was ist ein Keimblatt? Biol. Centrbl. Bd. 15. 1895.

BÜTSCHLI, O. Über eine Hypothese bezüglich der phylogenetischen Herleitung des Blutgefäßapparates eines Teils der Metazoen. Morph. Jb. Bd. 8. 1883.

— Bemerkungen zur Gastraeatheorie. Morph. Jb. Bd. 9. 1884.

CALDWELL, W. H. Blastopore, mesoderm and metameric Segmentation. Quart. Journ. Micr. Sc. Bd. 25. 1885.

CATTANEO, GIAC. Sull'origine della metameria. Napoli 1882.

— Delle varie teorie relative all'origine della metameria ... Boll. Mus. Zool. Anat. comp. Univ. Genova Nr. 28 1895.

CLAUS, C. Die Typenlehre und HAECKELS Gastraeatheorie. Wien 1874.

EISIG, H. Zur Entwicklungsgeschichte der Capitelliden. Mitt. Zool. Station Neapel. Bd. 13. 1898.

GOODRICH, E. G. On the coelom, genital ducts and nephridia. Quart. Journ. Micr. Sc. Bd. 37. 1895.

GOETTE, A. Abhandlungen zur Entwicklungsgeschichte der Tiere.

GROBBEN, C. Die systematische Einteilung des Tierreichs. Verh. Zool.-Bot. Ges. Wien 1908.

HAECKEL, E. Generelle Morphologie der Organismen. 2 Bde. Berlin 1866.

— Die Prinzipien der generellen Morphologie der Organismen. Berlin 1906.

— Die Gastraea-Theorie. Jen. Zeitschr. f. Nat. 1874.

— Systematische Phylogenie. 3 Bde. Berlin 1894—1896.

HATSCHEK, B. Studien über die Entwicklungsgeschichte der Anneliden. Arb. Zool. Inst. Wien. Bd. 1. 1878.

— Das neue zoologische System. Leipzig 1911.

HERRICK, C. J. The relations of the central and peripheral nervous system in phylogeny. Anat. Rec. Philadelphia Bd. 4. 1910.

HERTWIG, O. und R. Die Coelomtheorie. Versuch einer Erklärung des mittleren Keimblattes. Jena 1881.

— Die Aktinien, anatomisch-histologisch ... untersucht. Jen. Zeitschr. f. Nat. 1879. Bd. 13.

HUBRECHT, A. A. W. Die Abstammung der Anneliden und Chordaten und die Stellung der Ctenophoren und Platyhelminthen im System. Jen. Zeitschr. f. Nat. Bd. 39. 1905.

— The ancestral form of the Chordate. Quart. Journ. Micr. Sc. Bd. 33. 1883.

HUXLEY, Th. On the anatomy and affinities of the family of Medusae. Phil. Trans. London 1849.

— On the classification of the animal Kingdom. Quart. Journ. Micr. Sc. Bd. 15. 1875.

KLEINENBERG, N. Die Entstehung des Annelids aus der Larve von Lopadorhynchus. Z. Wiss. Zool. Bd. 44. 1886. Eine Arbeit, die von großem Einfluß gewesen ist.

KOWALEVSKY, A. Embryologische Studien an Würmern und Arthropoden. Mém. Acad. St. Petersburg 1871.

LANG, A. Der Bau von Gunda segmentata und die Verwandtschaft der Plathelminthen mit Coelenteraten und Hirudineen. Mitt. Zool. Station Neapel. Bd. 3. 1881.

— Über den Einfluß der festsitzenden Lebensweise auf die Tiere usw. Jena 1888.

— Fünfundneunzig Thesen über den phylogenetischen Ursprung . . . des Blutgefäßsystems. Vierteljahrsschr. Nat. Ges. Zürich. Bd. 47. 1902.

— Beiträge zu einer Trophocoeltheorie. Jen. Zeitschr. f. Nat. Bd. 38. 1903.

LANKESTER, E. RAY. On the primitive cell-layers of the embryo as the basis of genealogical classification of animals. Ann. Mag. Nat. Hist. Vol. 11. 1873.

— Notes on the embryology and classification of the animal Kingdom. Quart. Journ. Micr. Sc. Bd. 17. 1877.

LEUCKART, R. Über die Morphologie und Verwandtschaftsverhältnisse der wirbellosen Tiere. Braunschweig 1848.

MEISENHEIMER, J. Die Excretionsorgane der wirbellosen Tiere. I. Protonephridien und typische Segmentalorgane. Erg. d. Zool. Bd. 2. Jena 1909.

METSCHNIKOFF, E. Embryologische Studien an Medusen. Ein Beitrag zur Genealogie der Primitiv-Organe. Wien 1886.

MEYER, E. Die Abstammung der Anneliden, der Ursprung der Metamerie und die Bedeutung des Mesoderms. Biol. Centrbl. Bd. 10. 1890.

MONTGOMERY, Th. H. On the Modes of Development of the Mesoderm and Mesenchym. J. Morph. Bd. 12. 1897.

— On the Morphology of the excretory Organs of the Metazoa: A critical Review. Proc. Am. Phil. Soc. Bd. 47. 1908.

PARKER, G. H. The phylogenetic origin of the nervous system. Anat. Rec. Philadelphia. Bd. 4. 1910.

PERRIER, Edm. Les colonies animales et la formation des organismes. Paris 1881.

RABL, C. Über die Entwicklung der Tellerschnecke. Morph. Jb. Bd. 5. 1879.

— Theorie des Mesoderms. Morph. Jb. Bd. 15. 1889.

SALENSKY, W. Morphogenetische Studien an Würmern. Siehe besonders IV. Schlußbetrachtung, in welcher eine eingehende Darstellung der Mesoderm- und Coelombildung gegeben ist. Mém. Acad. St. Petersburg (8. sér). Bd. 19. 1907.

SEDGWICK, A. On the origin of metameric segmentation. Quart. Journ. Micr. Sc. Bd. 24. 1884.

SEMPER, C. Die Verwandtschaftsbeziehungen der gegliederten Tiere. III. Strobilation und Segmentation. Arb. Würzburg. Bd. 3. 1876/77.

SCHIMKEWITSCH, W. Über die Identität der Herzbildung bei den Wirbel- und wirbellosen Tieren. Zool. Anz. Bd. 8. 1885.

— Noch etwas über die Identität usw. Zool. Anz. Bd. 8. 1885.

— Über die Beziehungen zwischen den Bilateria und Radiata. Biol. Centrbl. Bd. 28. 1908.

SPENGEL, J. W. Betrachtungen über die Architektonik der Tiere. Zool. Jahrb. Suppl. VIII. 1905.

THIELE, J. Die Stammesverwandtschaft der Mollusken. Ein Beitrag zur Phylogenie der Tiere. Jen. Zeitschr. f. Nat. Bd. 25. 1891.

— Zur Coelomfrage. Zool. Anz. Bd. 25. 1902.

WOLTERECK, R. Zur Kopffrage der Anneliden. Verh. D. Zool. Ges. 1905.

— Wurmkopf, Wurmrumpf und Trochophora. Bemerkungen zur Entwicklung und Ableitung der Anneliden. (Nebst neueren Notizen über bipolare Coelenteraten.) Zool. Anz. Bd. 28. 1904.

ZIEGLER, H. E. Über den derzeitigen Stand der Coelomfrage. Verh. D. Zool. Ges. 1898.